CMP BOOKS
机工IT

U0185909

芯片EDA实战

新一代芯片验证语言
Eagle和PVM验证平台

易敏◎著

机械工业出版社
CHINA MACHINE PRESS

本书从芯片验证的目的出发，完善了功能覆盖率的定义，阐述了新的随机测试方法，即"功能覆盖率直接驱动的随机测试方法"，以及一种新的验证语言 EagleLang，即 Eagle 语言。该编程语言具有类似脚本语言的简洁语法，专用于芯片验证，也可以用于文本处理、数学计算、多线程编程等应用领域。该语言的编译执行具有接近 C++语言的效率，eagle 是该语言的编译器工具。

芯片仿真验证效率是影响芯片项目周期的主要因素，本书提出了新一代的验证方法学 PVM（Parallel Verification Methodology），采用多核并行技术搭建的 PVM 验证平台，具有执行效率高的特点，可以有效实现芯片仿真验证加速。另外，在 PVM 验证平台中采用工厂模式和动态编程技术，可以实现验证组件、测试用例的动态生成，减少验证平台、测试用例的编译时间。

本书主要适合芯片验证工程师、芯片驱动软件开发工程师、芯片系统建模工程师、芯片设计工程师阅读。本书也可以作为从事芯片 EDA 工具开发的软件工程师、编译器开发软件工程师的参考书籍。本书还可以作为高校师生了解芯片设计与验证技术的参考书籍。

图书在版编目（CIP）数据

芯片 EDA 实战：新一代芯片验证语言 Eagle 和 PVM 验证平台/易敏著 . —北京：机械工业出版社，2024.7

ISBN 978-7-111-75490-9

Ⅰ.①芯… Ⅱ.①易… Ⅲ.①芯片-电路设计 Ⅳ.①TN402

中国国家版本馆 CIP 数据核字（2024）第 068435 号

机械工业出版社（北京市百万庄大街 22 号　邮政编码 100037）
策划编辑：张淑谦　　　　　　责任编辑：张淑谦　王海霞
责任校对：王小童　李　杉　　责任印制：刘　媛
北京中科印刷有限公司印刷
2024 年 7 月第 1 版第 1 次印刷
184mm×240mm · 26 印张 · 636 千字
标准书号：ISBN 978-7-111-75490-9
定价：139.00 元

电话服务　　　　　　　　　　网络服务
客服电话：010-88361066　　机　工　官　网：www.cmpbook.com
　　　　　010-88379833　　机　工　官　博：weibo.com/cmp1952
　　　　　010-68326294　　金　　书　　网：www.golden-book.com
封底无防伪标均为盗版　　　　机工教育服务网：www.cmpedu.com

前　言

PREFACE

本书笔者接触逻辑芯片是从 1995 年开始的，最初使用 GAL/PAL 器件，随后使用 CPLD，到 1999 年开始接触 FPGA。刚接触的 PAL 器件内部只有组合逻辑，没有触发器。在使用 CPLD 进行一些基本逻辑电路（比如计数器、比较器等）设计时，使用真值表、逻辑表达式对每个 bit 位进行设计，使用了多少个与非门、非门、或非门、触发器都需要弄得一清二楚。为了节省触发器，需要根据系统分时，采用分时复用技术，让有限的触发器资源在不同时间段完成不同的功能。

在那个年代，还没有验证的概念。由于逻辑规模小，设计即验证、验证即设计，两者没有细分，都由一个人完成。当使用 FPGA 进行逻辑设计时，逻辑门和触发器数量大幅增加，可以设计更大规模的逻辑芯片。后来在一块 300mm² 的硬件单板上，使用 7 片 FPGA 芯片进行信号处理。这在当时已是非常庞大的设计了，验证难度大，需要开发测试装备，验证测试工作量也大，耗时比较长。

随着通信技术的发展，ATM/IP 数据处理的诉求开始增大。2001 年，笔者开始接触 ATM 通信数据的处理，采用大规模 FPGA 逻辑芯片开展设计。为确保设计质量，芯片验证工作从设计工作中分离出来，组建了专门的验证团队，开展了验证技术和验证方法的探索和实践，有效地保证了芯片项目的质量和交付效率。慢慢也就有了验证工程师的职位。

早期采用逻辑表达式、画原理图的方式进行芯片设计，后来逐步使用 VHDL、Verilog HDL 语言来进行芯片设计。验证方面，除了使用 Verilog 有限的验证功能外，开始使用 TCL 语言来进行数据激励构建、结果数据比较、过程控制等。Shell 脚本、Perl 脚本也发挥了很大作用。仿真工具方面，也先后使用了 ActiveHDL、Modsim、NCSim、VCS 等系列仿真工具。

随着芯片验证业务需求的快速增长，在验证团队规模没有大幅增加的情况下，已积累的零散的、初级的验证技术和方法已不能满足验证业务的需求。需要有统一的、稳定的验证平台架构、可重用的验证模块，以便在多个芯片项目中快速搭建验证平台，以提升验证交付效率。一些共用模块，如使用 Verilog 语言编写的 BFM 模块、使用 TCL 编写的激励模块、故障注入模块，以及使用

C/C++开发的验证平台框架被开发出来，使用 VBA 编写的电子表格工具也被开发出来。经过几轮的持续积累，逐步形成了一套验证方法和平台，PowerBench 验证平台工具就是这些成果的集中体现。这样，在验证团队中又分离出了一部分专门研究验证技术、验证方法和验证工具开发的团队，虽然人数不多，但在推动验证技术发展和技术落地上发挥着重要作用。

2003 年左右，Specman E 验证语言（简称 E 语言）开始在国内推广开来。E 语言提出并实现的基于功能覆盖率的随机测试方法是验证领域的重大创新，直到 2023 年，还没有被新的方法或理念所突破。令笔者感到非常幸运的是，在合适的时间和合适的岗位接触到 E 语言，并有机会对其潜心研究了近半年时间，并在随后的半年时间里带领团队实现了 E 语言全部的功能。笔者所在团队使用 C++实现底层逻辑，使用 TCL 语言进行封装，并使用电子表格方便用户定义功能覆盖率，自动产生功能覆盖率、随机约束代码，大幅降低了编程工作量，并减少了调试代码的时间。经过多轮版本迭代，到 2006 年，完整的验证平台工具 PowerBench 就形成了。

验证领域随后发生的事情大家就比较熟悉了，Synopsys 公司依托其庞大的市场能力，推出了 System Verilog，其市场地位超过了 E 语言（被 Cadence 公司收购后，其后续就没有什么发展了），现在也鲜有验证人员知道 E 语言了。

2016 年前后，AI 技术带火了 Python 语言。2018 年，笔者开始学习 Python 语言。有机会参与存算一体和类脑芯片项目的验证工作，受条件限制，只能使用开源仿真工具 iVerilog 进行项目验证。此时没有任何验证平台可以使用，而项目交付要求并没有降低，需要随机测试和功能覆盖率度量。于是使用 C 和 Python 搭建简易的平台，比较完整地实现了功能覆盖率、随机测试相关功能。这段经历让笔者感叹 Python 语言的表现能力，在编程技术门槛、编程效率上，Python 语言远超C++语言。现在 Python 语言已在芯片验证领域得到广泛的应用。

在使用 Python 语言开展芯片验证工作中，盘踞在笔者脑海里多年未解的验证技术问题也开始有了答案，验证方法学优化也有了方向。这使笔者产生了发明一种新的验证语言的强烈冲动！

回想当初开发 PowerBench 的经历，如果掌握了编译技术，就无须采用 TCL 来封装，自己就可以发明类似 E 的验证语言了。

为一门新的编程语言取名字是一件非常头疼的事情！在思考取名问题时，《射雕英雄传》的画面在笔者脑海中闪现并驻留，以雕为背景，最后选用 Eagle 作为新的编程语言的名字。后来，笔者在巴郎山巅观雪，群鹰不畏严寒在风雪中翱翔的画面更坚定了自己的选择。在为新公司注册取名时，没有选择当下最流行和芯片相关的命名方式，而是选择"新语软件"作为新公司的名称，以明示要发明一种新的编程语言。

另外，在选择 Eagle 语言源代码文件扩展名时，没有直接选择.e 而是选择了.egl，主要是因为 E 语言使用了.e 作为源代码文件扩展名，选用.egl 作为扩展名，以表达对 E 语言的崇敬。只有站在巨人的肩膀上继续创新，优化其设计，完善基于功能覆盖率的随机测试方法，才能将其先进的验证方法学发扬光大！

在开始 Eagle 语言的语法设计前，笔者就明确了发明新的编程语言的初衷：发明一种最懂验证工程师的验证语言，这种语言具备 Python 语言的简洁、高效、易用，又有接近 C++的执行效率，同时适合验证领域，功能强大。

当前芯片验证还面临着一个重大问题，即仿真执行效率问题，很多芯片公司都投入巨资开发昂贵的 FPGA 单板、购买价格昂贵且使用成本很高的硬件加速器 Emulator 来提升芯片验证执行效率。这两种方案都引入了专用的硬件设备，代价高昂。软件仿真验证技术不能往前发展了吗？高性能服务器的多核性能已发挥到极致了吗？没有，虽然众多小的仿真任务可以充分利用服务器的多核算力（一个仿真任务使用一个 CPU 核），但单个大的仿真任务却只能使用单个 CPU 核，即使其他 CPU 核空闲，也不能被大的仿真任务所利用，仿真速度上不来。

为充分利用服务器的多核性能，提升单个大的仿真任务的执行效率，笔者所在团队设计出了并行仿真验证平台 PVM（Parallel Verification Methodology）和多机分布式验证平台 DVM（Distributed Verification Methodology）。PVM、DVM 验证平台吸收了 OVM、UVM 验证平台的优点，在架构上做了创新：各个验证组件多线程并行执行；各个验证组件自带 tube 通信管道实现线程间安全、高效通信；通过配置文件按需动态生成 Testbench，不需要编译即可执行；使用配置文件设计测试用例，所有的测试用例都不需要编译。

Eagle 和 PVM 是新一代的专用验证语言和验证平台。

本书从开始编写到交付出版历时 3 年有余，主要是因为书中的 Eagle 编程语言和 PVM 验证平台都有一个从无到有的实现过程，并且一直处于调整过程中，其中的一些细节须反复推敲，导致无法及时定稿。Eagle 编程语言和 PVM 验证平台会持续改进和更新，虽然笔者一直期望给读者呈现的是最后确定的设计，但不可能等到所有的设计实现都完全固化后再出版。本书中所描述的接口函数定义、使用的示例可能会在具体的实现中发生变化。为此笔者深表歉意！Eagle 编程语言和 PVM 验证平台的设计变更笔者会在后续版本进行持续修订。

本书呈现的内容全部由济南新语软件科技有限公司的研发团队实现，感谢杨云召、成民对 PVM 验证平台架构、编译器前端设计所做出的突出贡献，感谢魏明、申传强、刘科、易天浩、牛夏舟在后端实现上发挥了重要作用，感谢夏兴万、郭香华构建了完备的测试环境，开发了成千上万的测试用例。感谢王胜、董昊搭建了演示 Demo，对工具平台的易用性提出了宝贵的意见。特别感谢曾未叶为研发团队提供了全方位的服务和行政支持！

本书能够出版，离不开机械工业出版社的大力支持，感谢张淑谦编辑的悉心指导和辛勤工作！

目录 CONTENTS

第二篇　Eagle 编程语言

第3章　CHAPTER.3　Eagle 语言概述　/ 40

第4章　CHAPTER.4　基本数据类型　/ 68

第三篇　PVM 和 DVM 验证平台

第 8 章　CHAPTER.8　PVM 验证平台并行架构设计　/　185

第四篇　PVM 验证平台配套工具

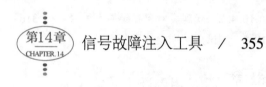

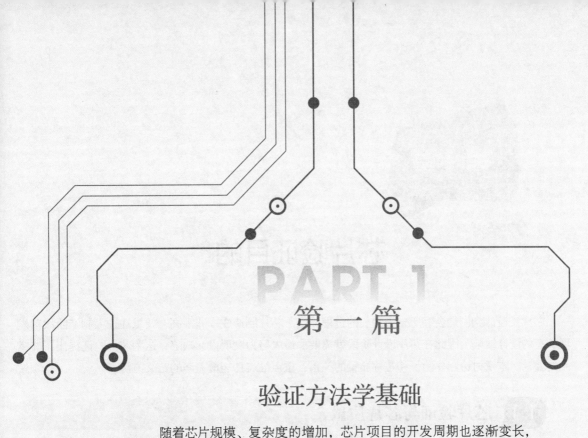

第一篇

验证方法学基础

随着芯片规模、复杂度的增加，芯片项目的开发周期也逐渐变长，需要提升开发效率。同时，芯片投片成本的急剧上升，迫使芯片项目要实现"零缺陷"交付。为了满足芯片项目的研发效率和交付质量要求，需要采用各种技术手段和工程方法。据统计，芯片验证的人力投入在芯片项目中占据越来越多的比重，超过 50%，有的甚至达到 70%，芯片验证工作在提升项目的研发效率和交付质量上发挥着越来越重要的作用。

本篇重点分析芯片验证的目的和实现方法，在总结了已有的验证方法的基础上，提出了功能覆盖率直接驱动的随机验证方法学（Coverage Direct Driven Verification，CDDV），以及多核并行验证方法学（Parallel Verification Methodology，PVM）和多机分布式验证方法学（Distributed Verification Methodology，DVM）。

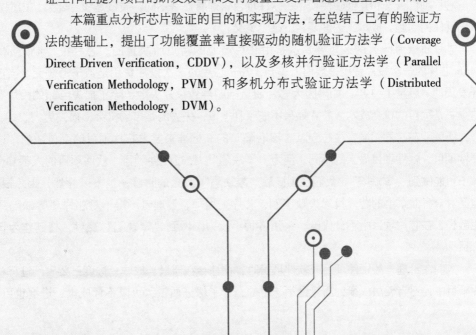

第1章

芯片验证目的

芯片从设计到制造会经历一个漫长的过程，由于芯片制造成本非常高，要求在进入制造阶段前发现所有的设计缺陷。因此在芯片设计阶段就需要尽最大努力发现设计缺陷，这为芯片验证提出了非常高的要求。本章讨论芯片验证和芯片质量的关系，重点描述功能覆盖率的定义方法。

1.1 芯片验证与芯片质量

芯片项目是一个系统工程，系统工程管理需要在如下三要素中寻求平衡。
- 质量。
- 成本。
- 进度。

芯片项目管理和其他硬件项目、软件项目管理有显著不同：质量是核心要素，占据首要位置。质量出现任何问题，成本、进度要素就毫无意义。

芯片质量为什么这么重要？这是由芯片产业的特点所决定的。芯片投片制造成本越来越高，14nm 芯片的一次投片费用是数百万美元，7nm 芯片的一次投片费用是数千万美元。当前一颗芯片的开发周期一般是 1~3 年，如果因为芯片质量问题导致投片失败，除了损失巨额的投片费用外，更大的损失是项目的机会成本。芯片如果不能顺利上市，失去的是市场机会，损失更大。

所以，在芯片领域，往往会以"零缺陷"的高标准来要求芯片项目的交付质量。这是和一般的硬件项目、软件项目最大的不同。何为"零缺陷"？做过硬件项目、软件项目的人都知道，任何项目都不可能做到"零缺陷"。我们在刚接触"零缺陷"概念的时候，也不以为然，因为根本就做不到。但面对众多血淋淋的芯片投片失败案例，芯片工程师、管理者不得不对芯片"零缺陷"质量目标产生敬畏，在芯片项目中不计代价、采用各种手段力图做到"零缺陷"交付，将其作为日常工作的核心目标。

人们在管理一般硬件项目或软件项目时，往往会在质量、成本、进度三要素间进行权衡。但在芯片项目中，三者无法权衡，质量是第一位的，为了保证质量，可以不计成本，进度也可以一拖再拖。

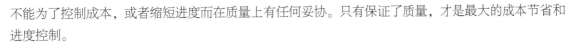

不能为了控制成本，或者缩短进度而在质量上有任何妥协。只有保证了质量，才是最大的成本节省和进度控制。

因此，芯片项目的管理核心是质量管理。

业界有种说法：芯片的质量是设计出来的，而不是验证出来的。这强调了设计的重要性，事实也是这样，芯片设计在芯片项目中始终处于主导地位，芯片设计决定了芯片的质量。但越来越多的工程实践告诉我们：芯片的质量是设计出来的，同时也是验证出来的。没有充分的验证，就不会有高质量的设计。验证工作在芯片的质量保证中发挥着越来越重要的作用。

2000 年前后，或更早一些时间，在国内，芯片测试和芯片设计还没有分家，没有芯片验证工程师岗位。在编写本书的 2022 年，芯片验证工程师的薪水已和芯片架构师的薪水旗鼓相当，验证新兵比芯片设计新手的待遇或许更高。

验证是芯片质量保证的堤坝，其本身也是一项系统工程，需要通过管理和技术两种手段来确保系统工程的展开，需要整体规划，按阶段分步、分层实施。

1.2 芯片验证质量度量方法

芯片验证目标，简单来说就是在芯片交付后端前或投片前，利用各种软硬件手段，确保芯片在未来的所有使用场景下，芯片的逻辑功能正确，具备应该有的容错性和可靠性，没有缺陷。

这样定义的芯片验证目标，是原则性、笼统、不具体的目标，可执行性差，无法指导芯片验证的展开。在芯片设计早期（20 世纪 90 年代），还没有芯片验证的概念，没有验证方法学做指导。早期芯片的规模非常小、功能简单，只需要处理简单的控制信号和数据，通过简单的芯片仿真和测试即可完成芯片的验证。

随着数据采集以及数据处理需求的不断扩大，芯片/FPGA 逻辑功能越来越复杂，芯片规模越来越大。特别是随着通信、IP 技术的发展，为满足处理容量、速度的要求，芯片从处理底层物理控制信号，发展到数据传输通路，再发展到数据业务处理。其复杂性和规模增加了几个数量级。如何完成验证，达到芯片验证的目标，需要一套验证方法学的支撑。

或许软件人员无法理解，一颗芯片的功能会有多复杂，会比我们开发的应用软件复杂吗？单从规模和复杂性而言，芯片比应用软件确实简单多了。但从容量和性能来看，芯片的执行效率比软件高 1~5 个数量级。

芯片和软件有很大不同，软件在完成设计、测试之后发布版本，还可以在客户环境中修复缺陷、升级版本。芯片在发布版本、投片制造之前，必须发现所有缺陷并完成修复，一旦投片，任何缺陷都难以修复。因此，在芯片项目立项之初，就会定义很高的质量目标。通过产业界的不断实践和探索，人们总结出了几种定义芯片验证目标的方法。

- 代码覆盖率。
- 断言覆盖率。
- 功能覆盖率。

这三种覆盖率成了衡量芯片验证质量的主要手段。

▶▶ 1.2.1　代码覆盖率

代码覆盖率是软件测试中的一种度量方法，被引进到芯片验证领域，用于度量 Verilog 代码的覆盖率。描述程序中源代码被执行的比例和程度。在做芯片仿真验证时，代码覆盖率常常被拿来作为衡量仿真验证充分性的指标。比如，代码覆盖率达到 90% 或 100% 等。

代码覆盖率又分为以下几种。

1）语句覆盖率（Statement Coverage）或行覆盖率（Line Coverage）：这是最常用的一种覆盖率，就是度量一行代码是否被执行到。语句覆盖是很弱的覆盖，语句覆盖率是最容易达到的覆盖率。达到语句覆盖率，不能表明验证具有充分性。

2）分支覆盖率（Branch Coverage）：它度量程序中每一个判定的分支是否都被执行到。分支覆盖是比语句覆盖稍强的覆盖。

3）表达式覆盖率（Expression Coverage）：用于检查布尔表达式验证的充分性。

4）条件覆盖率（Condition Coverage）：它度量判定中的每个子表达式结果 true 和 false 是否被测试到。

5）状态机覆盖率（State Machine Coverage）：用于统计在仿真过程中状态机发生了哪些跳转，这种分析可以防止验证过程中某些状态跳转从来没有发生过，没有覆盖相应的应用场景。

6）翻转覆盖率（Toggle Coverage）：分析用于检查在仿真过程中某些局部电路是否发生过由于某个信号的变化而触发对应的运算和操作的现象。

7）路径覆盖率（Path Coverage）：它度量程序代码从执行起点到执行终点所经过的所有分支或分支组合是否都执行到。路径覆盖率是基于分支覆盖的嵌套和组合，路径数量可能会非常庞大，覆盖难度高。路径覆盖被认为是"最强"的代码覆盖率。

收集了代码覆盖率数据后，难点是分析这些代码覆盖率数据，如何利用这些数据指导设计和验证工作。一般分析方法如下。

1）分析没有覆盖的代码，表明测试用例还不充分，设计或验证存在盲点，需要针对性地补充测试用例。

2）有些为增强可靠性的设计代码或路径很难覆盖，表明测试激励构造不完备，需要补充故障注入的测试用例。

3）没有覆盖的代码可能是废代码，可以逆向反推在代码设计中的思维混乱点，提醒设计人员厘清代码逻辑关系，提升代码质量。

代码覆盖率低，说明验证一定不充分。但代码覆盖率高能说明验证充分了吗？好像不能！

使用代码覆盖率来评价验证的充分性有一个致命的理论缺陷：代码覆盖率是针对芯片设计（代码）本身，而不是针对芯片的规格场景。如果芯片设计和芯片规格不匹配（这是常见的问题），则无法发现这类问题。因此，代码覆盖率数据只有参考价值，不能作为验证工作的结束条件。

▶▶ 1.2.2　断言覆盖率

在 Verilog 代码里插入相关的 assert 断言语句，探测 Verilog 信号的变化及信号间的时序关系，从而判断设计实现是否满足或是否违背设计者的意图。描述信号时序关系变化的语句就是特性 property。

如下的断言语句要求，片选信号 sel 上升沿后的下一个时钟周期 clk，使能信号 enable 应该从低变为高，否则会报错。

```
property enable_rise;
    @(posedge clk) $rose(sel) |=> $rose(enable);
endproperty
assert property(enable_rise) else `uvm_error("ASSERT","enable not rose after 1 cylce sel
rose");
```

对所有已定义的 property 特性是否发生或是否满足要求进行统计，得到断言覆盖率。property 特性定义了电路信号的执行行为，断言覆盖率是信号级别的功能覆盖率。

任何 property 描述的都是电路的某个实现细节，而不能从整体上、从芯片的外部、从芯片的输入输出角度描述芯片实现某项规格功能的能力。

基于断言覆盖率的内涵，使用一个意义更具体、更明确的概念"时序功能覆盖率"（Timing Function Coverage）来描述这类功能覆盖率。

▶▶ 1.2.3　功能覆盖率

在当前广泛使用的功能覆盖率（Function Coverage）概念提出来以前，上述断言覆盖率曾经也被称为断言功能覆盖率。property 是电路功能的描述，因此断言覆盖率才是真正的功能覆盖率。但为什么又提出了新的功能覆盖率概念呢？这要回顾功能覆盖率产生的历史。

功能覆盖率概念的提出和随机测试方法有关。最初的芯片测试方法是，在芯片的输入端加一个固定的激励，检测输出结果是否满足预期。再加另外一个激励，检测输出结果是否满足预期。如此反复，在芯片输入端加了几个、十几个、几十个、数百个激励。这样重复操作效率比较低下，因此有人就想到通过算法产生这数百个激励，具体做法是给出一定的范围，在这个范围内随机产生一个激励，重复数百次就能完成相同的工作。这种方法就是随机测试方法（Random Test）。由于带来了很大的效率提升，随机测试方法很快就得到广泛应用。过去一次只能产生一个激励的测试方法被命名为直接测试方法（Direct Test）。

在随机测试方法使用了一段时间之后，人们发现了该方法的不足。通过随机产生方法产生的数百种激励中，无法知道我们比较关心的激励是否被随机测试到。我们也期望某些数据可以少测试或不用测试，以节省仿真执行时间。

也许有人会说，不用随机，使用遍历方法不就可以把所有的情况都测试到了吗？这里使用一个简单的例子说明遍历方法不可行。

一个 4 位加法器的测试激励有 $16 \times 16 = 256$ 种；一个 8 位加法器的测试激励有 $256 \times 256 = 65\ 536$

种，一个 16 位加法器的测试激励有 65 536×65 536 = 4 294 967 296 种，32 位加法器呢？采用遍历方法，需要的测试激励数量将是天文数字，测试代价极大。同时通过分析发现，不是所有的激励都需要覆盖到，遍历所有情况也是没有必要的。

随机是发散的，不可预知的，这是随机测试方法的不足。采用遍历测试方法又不可行。随即有人想到需要对随机的结果进行统计。如果只是单纯对随机结果进行统计，如何判断统计结果呢？

具体方法如下：用一种方法把期望测试到的激励描述出来作为覆盖率目标，每产生一种激励，就统计这种激励和覆盖率目标是否对应，重复的激励被认为是多余的，对覆盖率目标增加没有贡献，新增的激励可以提升覆盖率数值。进一步推广，不仅可以把激励作为覆盖率的统计目标，也可以把芯片的中间状态、输出的数据结果作为覆盖率统计的目标。这样，一套完整的功能覆盖率定义描述方法被发明出来。发明这套方法的是 Verisity 公司的验证工程师，其发明成果在 Specman E（简称 E 语言）语言中得以体现和实现。

随着功能覆盖率方法学的提出和完善，E 语言对传统的随机测试方法进行了发展和完善，同时发明了随机约束的概念，实现了随机约束语法，形成了完整的“基于功能覆盖率的随机测试方法”。这是验证领域技术的理论、方法的巨大进步，从此芯片验证就有了对验证质量、验证充分性量化的衡量标准，形成了完备的验证方法学。

相对于上节提到的断言覆盖率，即“时序功能覆盖率”，这里的功能覆盖率可以被称为数据功能覆盖率（Data Function Coverage）。这类功能覆盖率定义是从芯片整体、外部、输入输出视角，基于芯片的配置数据、激励数据、状态数据和结果数据进行数据统计和分析，为描述芯片的整体功能提供了理论支撑和实现手段，也为描述芯片质量目标提供了技术手段。

▶▶ 1.2.4　覆盖率度量方法比较

- 代码覆盖率：实现代码覆盖率最简单，不需要额外编程，通过仿真工具即可自动完成代码覆盖率数据的收集。
- 断言覆盖率：需要在理解设计意图的基础上，在设计代码中增加一些 assert 断言代码，用于在芯片仿真执行过程中检查这些断言是否正确。断言覆盖率关注设计实现的细节，当芯片规模很大时，投入的工作量会很大。assert 断言代码增加，仿真速度也会变慢。
- 功能覆盖率：需要在理解芯片需求规格的基础上，对芯片的输入激励和结果输出进行定义，比断言覆盖率具有更高的抽象层次，可以定义更复杂的场景。这类功能覆盖率已成为保证验证充分性的主要手段和有效手段，编程量大，投入工作量大，对编程语言、验证平台有很大依赖。

1.3　功能覆盖率

功能覆盖率已逐步成为芯片验证质量的评价标准，越来越多的芯片公司开始推行这套评价标准。

本节从验证需求出发，通过详细分析芯片系统模型，提出了新的功能覆盖率定义方法。

▶▶ 1.3.1　验证目标定义

随着芯片规模、设计难度的增加，芯片测试、验证工作从芯片设计工程师的工作中分离出来，逐步产生出了验证工程师岗位。那么，芯片验证工程师的工作范围是什么？验证工作的目标是什么？和芯片设计工程师的职责有什么不同？验证工程师如何和设计工程师配合工作？

这些问题，在不断的实践中慢慢找到答案。这些答案丰富了芯片的验证方法学。

因为这种分工，矛盾冲突出现了：设计人员交付了一个设计，验证人员很快发现了设计的问题。这本来是好事，发现了问题，可以改进设计。但站在人性的角度，设计、验证人员的心理会发生某些化学反应，会夹杂某些非技术性因素的人际关系因素，或多或少地出现了一些矛盾。

验证人员：这个电路怎么有这么多低级问题？那个模块就没有这些问题。噢，那个模块的设计人员经验很丰富，这个模块的设计人员只是个初学者。——对不同交付模块的质量进行了自然的比较，又很自然地引申到对人的评价上。

设计人员：我刚开始做，存在这些问题很自然，下次小心。——虽然心里不舒服，但还可以诚恳接受。

设计人员：验证人员提了这么多问题，还抄送了项目组和主管，我觉得很没有面子，那位验证人员是不是专门针对我，找我的茬？——模块缺陷的暴露和公开，开始影响人的感受和情绪，开始影响人际关系，某些对立开始产生。

验证人员：上次提的问题怎么在这个版本里还是这样？一个下午的验证算是白跑了！

设计人员：昨天不是和你讨论过了吗？那个问题不是问题，设计就是这样的。

验证人员：不对，规格说明书里就是这么定义的，我到底按哪个来？

设计人员：按我的来，规格说明书定义得不是很清楚，没考虑那么多细节。

验证人员：那好吧，以后这些细节要明确告诉我们。我编写了一个礼拜的验证平台又要大改了。

这些问题在项目实践中会频繁发生，一个核心问题随即冒出来：验证工程师到底为什么负责？其工作目标是什么？是为芯片的设计实现负责，还是为芯片的需求规格负责？两者出现偏差了又怎么办？

芯片验证工程师的职责应该是站在芯片使用者的角度，为芯片的需求规格负责，而不是为芯片的设计实现负责。当芯片的设计实现和需求规格产生矛盾时，以需求规格为准。

芯片设计工程师的职责同样应该是站在芯片使用者的角度，为芯片的需求规格负责，其设计实现必须满足芯片的需求规格。

芯片的设计工作和验证工作是对立的，是矛盾的两面，又是统一的，统一在芯片的需求规格上。

芯片验证人员在定义功能覆盖率目标时，要基于芯片的需求规格来定义，而不是基于芯片的设计实现来定义功能覆盖率。代码覆盖率和断言覆盖率是基于芯片的设计实现来定义覆盖率目标，具有一定的局限性。

这样验证工程师的职责范围和目标就逐渐清晰了，以客户视角，为客户利益审视芯片的设计实现是否满足芯片使用场景的要求，这可能是芯片设计人员由于精力所限、职责所限往往忽略的，在这一点上验证人员要站在设计人员的对立面，但两者的共同目标又是满足客户需求。

▶▶ 1.3.2 芯片系统模型

芯片是一个信号/数据处理系统。芯片的每个管脚接收或发送一个信号，故可以将芯片看成一个信号处理系统。现今的芯片功能很强大，仅从信号层面来描述一个芯片系统，分析粒度过细，表述会过于烦琐、不便。可以将芯片理解成为一个数据处理系统（包含信号处理功能），数据可以转换为芯片可以处理的信号。将芯片看成一个数据处理系统，非常有利于功能覆盖率分析。芯片数据处理系统模型如图 1-1 所示。

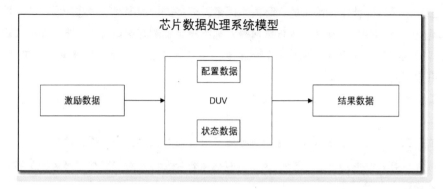

● 图 1-1 芯片数据处理系统模型示意图

在芯片验证环境中，芯片往往使用 DUV（Design Under Verification，待验证设计）来表示。在芯片数据处理系统模型中，有如下 4 种类型的数据。

- 配置数据。
- 激励数据。
- 状态数据。
- 结果数据。

配置数据是在施加激励数据前通过软件对芯片系统进行的选项设置，其本质和激励数据类似，是施加在芯片系统上的一种"激励"，可以和激励数据归为一类，即激励数据。

状态数据是在芯片的某种配置下输入一定的激励数据后芯片状态发生的变化，可以看成是一种"结果"，可以和结果数据归为一类，即结果数据。

这样，围绕芯片数据处理系统，其数据类型就简化为两类。

- 激励数据（含配置数据）。
- 结果数据（含状态数据）。

在芯片验证领域中，功能覆盖率的概念虽然已被提出多年了，并且在芯片项目中得到广泛应用，但要真正理解功能覆盖率，并且在实际项目中用好功能覆盖率，有必要从概念、方法上对其进行深入的分析和理解。根据芯片系统模型的输入输出数据来定义芯片的功能覆盖率。可以把功能覆盖率分为两类，即 A 类和 B 类。

- A 类功能覆盖率：通过激励数据和配置数据定义的功能覆盖率。
- B 类功能覆盖率：通过状态数据和结果数据定义的功能覆盖率。

通过常识和实践分析，芯片的状态和结果数据理论上都是由配置数据和激励数据决定的。这样只需要定义 A 类功能覆盖率即可完整定义一个芯片数据处理系统的功能覆盖率。因此，得出一个重要结论：

通过激励数据就可以完整定义芯片的功能覆盖率。

但在实践中，某些少量的状态数据和结果数据是期望的结果，是需要重点关注的，且无法通过简单的方式显式地通过激励数据来描述，故在实践中保留 B 类功能覆盖率的定义描述，这样更为简单和直观。

功能覆盖率概念的提出有 20 多年的历史。要理解功能覆盖率，需要理解两个关键词：功能和覆盖率。功能是一个普通的描述性词汇，覆盖率是带数学意义的词汇，这两个关键词本身并无关联，但两者结合在一起，增加了非常丰富的内涵。

"覆盖率"是一个数学概念，从字面上理解，必然是计算一个百分比，计算百分比就必然需要两个数据。但在"覆盖率"之前是一个抽象词汇"功能"，我们需要把"功能"和一个数据联系起来，也就是要用数学的方法来描述"功能"。有人总结过，如果一件事物能用数学公式的方法描述出来，则说明对该事物已理解得非常透彻了。

一个芯片数据处理系统是一个输入/输出系统，可以使用如下的函数表达式 F 来表示。

```
Y[1:m]  = F(X[1:n])
```

其中，X[1:n] 是 n 个输入数据，Y[1:m] 是 m 个输出数据。实际的芯片系统会更复杂些，考虑到系统的配置和状态变化，上述函数表达式需要优化如下。

```
Y[1:m]@S[1:i]  = F(X[1:n])@C[1:j]
```

其中，C 表示系统的 j 个配置，S 表示系统的 i 个状态。

该系统模型的表述如下：一个芯片数据处理系统的功能为当系统处于 C[1:j] 配置状态之下，输入数据 X[1:n]，得到结果数据 Y[1:m]，系统状态变为 S[1:i]。通过定义系统的外部输入数据和输出结果及状态，间接定义了系统的功能。

通常，一个系统会有非常多的功能，为便于操作，往往会细分为 k 个子功能，这样一个系统的完整模型可以表示如下。

```
Y1[1:m]@S1[1:i]  = F1(X[1:n])@C1[1:j]
Y2[1:m]@S2[1:i]  = F2(X[1:n])@C2[1:j]
                ...
Yk[1:m]@Sk[1:i]  = Fk(X[1:n])@Ck[1:j]
```

对于简单的系统，其功能描述比较容易，对于复杂的系统，描述就比较困难。以一个 4 位加法器为例，其系统模型可以描述如下。

```
Y  = ADD(X1, X2)@C
```

其中，X1，X2＝[0:15]，C＝[0:1]，Y＝[0:15]，C 为进位位，进位位既是配置也是状态。

一个加法器设计完成后，如何验证加法器的功能是否正确？完整的做法是，将输入数据 X1、X2 和状态 C 进行遍历，加法器的所有输出 Y 和 Cn 正确即可。这样，一个加法器的功能可以描述如下 512 种场景。

X1 [0：15] * X2 [0：15] * C [0：1] = 16×16×2 = 512

以上表达式可以解释为：一个系统的功能可以由输入数据的组合（系统状态也可以看成是输入数据）来进行描述，组合的总数即为功能覆盖率要达到的目标总数，这种覆盖率称为组合覆盖率 cross。

这种将一个系统的功能转换为输入数据组合的方式，就是定义功能覆盖率的理论基础，将一个难于描述的系统功能使用一个数学表达式，可以方便地进行验证和统计。

从验证的角度看，一个 4 位的加法器系统，只要输入激励（X1，X2，C）覆盖了上述 512 种情况，并且其输出结果（Y，C）都是正确的，则可以认为该加法器系统功能是正确的。

考虑到一个更现实的情况，加法器系统在−20～40℃的环境下运行，温度变化随着时间变化，其温度先后在 25℃、0℃、−20℃、40℃按序跳变，考查加法器的温度适应性。其表达式描述如下。

```
X1[0:15] * X2[0:15] * C[0:1] * T1(25⁰) ==>
X1[0:15] * X2[0:15] * C[0:1] * T2(0⁰) ==>
X1[0:15] * X2[0:15] * C[0:1] * T3(-20⁰) ==>
X1[0:15] * X2[0:15] * C[0:1] * T4(40⁰)
```

上述表达式表述的意思是：加法器只有在温度从 T0 到 T1 到 T2 到 T3 跳变（一个完整的温度循环），所有情况下结果都正确，才算完成功能覆盖率的目标。这种与时间跳变相关的覆盖率称为多变量组合的时间序列覆盖率 sequence。多变量组合表示在 T 发生跳变时，X1、X2、C 与 T 同时进行组合。

还可以定义新的时间序列：高温到低温的变化。

```
X1[0:15] * X2[0:15] * C[0:1] * T1(40⁰) ==>
X1[0:15] * X2[0:15] * C[0:1] * T3(-20⁰)
```

针对多变量组合时间序列覆盖率，芯片数据处理系统的系统模型再次修正如下。

```
Y[1:m]@Sn[1:k]  = F(X[1:n])@S[1:k]@T[t1:tm]
```

上式中，T 表示系统的 m 个跳变序列，与时间相关，t1、tm 按顺序变动。

▶▶ 1.3.3　激励数据模型

传统的激励是指连接在芯片管脚上的信号级别的激励，即 vector（向量）激励。向量激励包含时序信息。我们需要对向量激励进行一些更高层次的抽象，将时序信息丢弃，抽象成 packet 数据包。数据包 packet 可以通过一定的时序协议转换为 vector 激励。本文后续谈到的激励数据指的就是 packet 数据包。

一个数据包由多个数据域组成。一个典型的数据包是 MAC 帧数据，内含 IP 包数据。数据包的某些特征，虽然不属于数据域，但也是重要的数据，比如包的整体长度。这些数据在测试时需要变化，我们将这些数据称为变量。

一个数据包可以由一组变量来决定，这些变量分为不同类型。

- 固定变量（实际是常量）：比如前导码。
- 数据域变量：比如包类型。
- 特征变量：比如包长度；payload 数据类型（随机、按步进增加或减少、全 0、全 1 等）。
- 计算变量：虽然会发生变化，但其值可以由其他变量的值计算得到，比如 CRC 校验码。
- 中间变量：为了便于计算或表征某些特点，引入的抽象变量。比如，为了描述两个变量取值间的大小比较，引入差值范围变量。
- 控制变量：比如是否插入故障等。

显然，在定义功能覆盖率时，并不需要将所有的变量都纳入定义范围，比如计算变量，因为计算变量可以由其他变量通过某种计算得到。另一方面，又不得不引入一些新的变量（不是数据域变量）来实现数据包的定义，比如特征变量、中间变量、控制变量等。

可以这样认为：存在一组最小的变量集，可决定一个数据包。我们将这一组最小的变量集称为"元变量集"（Meta Variable Set），元变量集对应的取值数据称为"元数据"。其他变量为非元变量，非元变量的取值可以由元变量的值计算得到。

这组元变量集正好适合用来定义功能覆盖率，同时也适合用来产生随机激励，构造数据包激励。

显然，随机是指这些元变量的值在其变化范围内随机取值。非元变量由元变量来决定，只能做到有条件的随机。

一个数据包往往都是由多个元变量来决定的，在定义功能覆盖率时，主要类型是交叉组合覆盖率 cross，以及这种组合随时间变化的时间序列覆盖率 sequence，而不是单个元变量的覆盖率。

这也就要求定义激励约束的核心是定义这种多个元变量的组合约束，而不是单个变量的约束。

在 e 和 System Verilog 语言中，存在着两点不足。

1）没有区分元变量和非元变量，在施加激励约束时，将非元变量的计算纳入到约束语法中，造成约束语法复杂。

2）只提供了单个变量的约束方法，没有提供有效的组合约束语法。需要使用条件约束来进行有限的组合约束。

通过对功能覆盖率定义和激励约束的分析，可以得出一个重要的结论：

A 类功能覆盖率定义和范围随机约束等价。

区分元变量和非元变量，并且明确激励约束是对元变量的约束，而无须对非元变量进行约束，这样可以大幅降低激励约束的语法难度。

对于元变量的取值，存在 3 种类型的值。

- 边界值：指某些确定的值，需要固定指定，而不是随机取值。可以认为是直接约束，即直接测试。

- 典型值: 通过等价类划分, 划分为一个或多个取值范围, 取值范围内任何一个值的意义都相同, 即等价。针对取值范围的约束即范围随机约束。范围约束可以大幅减少交叉组合约束的数量。

- 错误值: 为了验证系统的可靠性和容错性, 往往会在输入数据中插入错误的异常值。错误值可以是某些固定的值, 也可以是某个取值范围。对错误值的约束可以是直接约束, 也可以是范围随机约束。

激励约束不是单个元变量的约束, 是多个元变量的组合约束。因此交叉组合约束才是解决问题的核心。

由以上分析可知, 激励约束分为直接约束和范围随机约束。如果把直接约束当成是随机约束的一个特例, 则直接约束和范围随机约束实现了统一, 直接测试方法和随机测试方法也就实现了统一, 范围随机约束也就等同于激励约束。

既然 A 类功能覆盖率定义和范围随机约束等价, 则只须定义其中之一即可。把 A 类功能覆盖率定义直接作为随机约束的输入, 重点实现组合约束。这样可以成倍减少编程工作量。

验证方法学总结如下。

1) 通过激励数据可以完整定义功能覆盖率。

2) 通过典型值的等价类划分, 可以大幅压缩交叉组合约束的数量。

3) A 类功能覆盖率定义和范围随机约束等价。

4) 直接测试和随机测试是统一的。

对芯片的功能进行验证的主要工作就是为芯片的输入端口施加 vector 激励, 而 vector 激励由数据包来产生。

基于上述分析的数据模型, 产生激励数据的过程如图 1-2 所示。

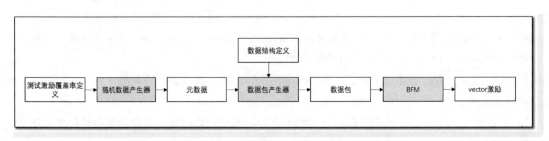

● 图 1-2 芯片验证激励数据产生过程示意图

数据包有一定的数据结构, 即由多个数据域组成, 并有一定的特征。决定一个数据包的最小变量集合为 "元变量" 集合, 一组元变量的取值 (即 "元数据") 即可决定数据包的内容。元变量在其取值范围内可以划分为多个 "取值段", 包括边界值、典型值、错误值。对多个元变量的多个 "取值段" 进行组合以及序列定义, 可以分别定义组合功能覆盖率 cross 和时间序列功能覆盖率 sequence。cross 和 sequence 的 random( ) 随机算法可以产生预期的 "元数据", 数据包产生器根据数据包结构定义和"元数据",即可产生需要的数据包。

数据包不包含 vector 激励中的时序信息,BFM(Bus Function Model,总线功能模型)根据信号总线的时序信息,将数据包转换为带时序信息的 vector 激励。不同的信号总线,需要设计不同的 BFM。

▶▶ 1.3.4 功能覆盖率定义

在芯片设计规模很小的时候,芯片的功能基本一目了然,设计人员非常清楚要测试些什么,验证工作还不是一项独立的工作,也还没有验证工程师的岗位。当时设计人员还在被"怎样做验证"的问题所困扰,想各种办法解决如何测试的问题(注意:此处使用的是测试的概念)。此时的测试手段很初级,工具也很原始。

随着仿真技术的发展和积累,"怎样做验证"的问题逐步得到解决。当一个完整的验证平台构造好以后,验证人员面对的一个核心问题就是这个验证平台用来验证什么。不同领域的芯片,其规格功能千差万别,验证什么和芯片所处理的业务直接相关,但并不影响从验证的角度提出其共性,整理出共用的分析方法。IPO 模型方法因应而生。I 表示 input,P 表示 process,O 表示 output,IPO 就是输入-处理-输出模型。

在仿真之前,先按 IPO 模型进行测试设计分析,具体做法是:根据芯片的规格(Feature),进行规格分类,对应每条细分规格进行测试设计分析。这一分析过程叫测试点分解,测试点分解的输出结果就是测试用例(Testcase)。

一条规格对应一条或多条测试用例。一条测试用例包括输入什么激励、芯片配置什么参数、芯片处于什么状态,即 input。芯片会对 input 完成什么样的处理(process),预期输出什么样的结果,即 output。

通过这种分析方法,能非常有效地回答使用仿真平台来验证什么的问题,确保测试有较少的遗漏,可以有效地保证测试的充分性。

随着芯片规模的扩大,很快会发现这种测试分析方法、测试方法工作量大,耗时长。完整的测试用例分析文档达到几十页、几百页。仿真时需要构造的激励也非常多。

为了解决以上问题,随机测试方法应运而生,同时将传统的测试方法命名为直接测试方法。随机测试方法相对于直接测试方法的改进在于,给定一个变量的取值范围,由软件工具在这个范围内随机取一个值,重复有限多次,即可认为覆盖这个范围。而直接测试方法则效率比较低,每次都需要人为地指定一个单一的值。下面以一个简单的示例来展示直接测试方法和随机测试方法的区别。

被测对象:一个 4 位加法器,两个输入信号 X、Y,分别为 4 位数据,两者相加,输出为 4 位数据 Z,一位进位位为 C。

```
Z[3:0] = X[3:0] + Y[3:0] + C
```

按直接测试方法进行测试点分解,分解结果如表 1-1 所示。

表 1-1 4 位加法器测试点分解示例

用例编号	Input	Process	Output
1.1	X = 0 Y = 0 C = 0	加操作	Z = 0 C = 0
1.2	X = 0 Y = 1 C = 0	加操作	Z = 1 C = 0
1.3	X = 0 Y = 15 C = 0	加操作	Z = 15 C = 0
1.4	X = 1 Y = 1 C = 0	加操作	Z = 2 C = 0
1.5	X = 1 Y = 15 C = 0	加操作	Z = 0 C = 1
1.6	X = 7 Y = 8 C = 0	加操作	Z = 15 C = 0
1.7	X = 8 Y = 8 C = 0	加操作	Z = 0 C = 1
1.8	X = 8 Y = 9 C = 0	加操作	Z = 1 C = 1
1.9	X = 15 Y = 15 C = 0	加操作	Z = 14 C = 1

直接测试的测试点分解思路就是列举出一些可能的情况来进行测试。不同的验证人员分解的场景和粒度会有一定的差别，针对 4 位加法器的验证，可以分解出 10 个左右的测试用例。考虑到 C 的初始值可能为 1，则测试用例数会加倍。

考虑到 X、Y 分别取 16 种数据，C 可以取 0、1 两种数据，这样共有 $16 \times 16 \times 2 = 512$ 种情况，通过枚举这 512 种情况进行全覆盖测试。

如果 X、Y 是 8 位数据，分别取 256 种数据，共有 $256 \times 256 \times 2 = 131\,072$ 种情况。

如果 X、Y 是 16 位数据，分别取 65 536 种数据，共有 $65\,536 \times 65\,536 \times 2 = 8\,589\,934\,592$ 种情况。

使用全覆盖的方法仿真工作量巨大，不可取，也没有必要。在采用直接测试方法的实践中，人们总结发现，有些值是必须测试的，有些值却没有那么重要。

- 边界值（corner case）：4 位数据的 0、15 为边界值；1 和 15 相加会引起进位位变化等。实践经验表明，边界值及其附近往往会出现错误，边界值是测试验证重点关注的值。边界值往往是单个的值。

- 典型值（typical case）：等价的一组值，比如 4 位数据的 2~14，这 13 个值取任何一个值都意义相同，即等价。典型值是一个范围。典型值的存在，是压缩验证组合数量的基础，也是随机测试的基础。由于典型值范围内的任何值的意义相同，则可以在典型值范围内随机取一个值即可。同时由于可以将含众多典型值的验证空间当成一个验证空间，则可以将总的验证空间大幅缩小。
- 错误值（fault case）：在 4 位加法器中，所有的值都是正常值，没有错误值。如果是除法器，除数为 0 就是错误值。

随机测试方法就是针对典型值，随机得到相应的典型值取值。为了提高可信度，对典型值范围多次重复随机取值，重复次数就是取值权重。

对边界值和错误值依然采用直接测试方法进行测试。如果边界值和错误值的范围相同，也可以采用随机测试方法。不过，边界值往往需要进行全覆盖。

采用随机测试方法，一个 4 位加法器的验证空间大小从 512 减少为 32：

X1[0, 1, 15, [2:14]] * X2[0, 1, 15, [2:14]] * C[0, 1]，验证空间大小为：4×4×2 = 32。

为了加大典型值的权重，可以适当增大验证空间。增加权重（使用^符号表示权重），并不增加编码工作量。

X1[0, 1, 15, [2:14]^2] * X2[0, 1, 15, [2:14]^2] * C[0, 1]，验证空间大小为：5×5×2 = 50。

由于随机测试方法的引入，验证效率得到大幅提升。使用随机测试方法，4 位加法器随机测试点分解示例如表 1-2 所示。

表 1-2　4 位加法器随机测试点分解示例

用例编号	Input	Process	Output
1.1	X = 0:15 Y = 0:15 C = 0:1	Z = f(X, Y) C = f(X, Y)	Z = f(X, Y) C = f(X, Y)

X、Y 分别在 0:15 区间随机取值，C 在 0:1 区间随机取值，重复 10 次或更多次。此时因为输入变量 X、Y 的取值是随机的，预期的输出结果 Output 无法列举出来，需要使用公式表示，测试过程中需要调用函数来实现，这个实现就是 BRM（Behavioral Reference Model，行为级参考模型）。为了比较结果，仿真平台要增加比较器（Comparer）。有了参考模型和比较器，仿真平台的自动化成了可能。

从分析的角度看，实现随机测试可以非常简单，但在具体实现时同样存在其他问题。随机的结果取决于随机实现的算法，无法预期。上述需要覆盖的 512 种情况，其中 1+15 这种情况也许永远不会测试到，而这种情况是需要覆盖的重要场景，要测试进位位 C 是否可以正常工作。还有一种情况是，验证人员期望在这 512 种情况不重复地均匀打点，并且某些关键点必须覆盖，而实际的随机算法却无法做到这一点，有些点会重复多次，某些关键点却永远也打不到。

随机测试方法提出了很多年，因为以上问题没有解决，只在很少的场合下使用，其应有的价值没有体现出来，直到 E 语言的出现。E 语言的核心价值就是提出了功能覆盖率驱动的随机测试方法，把随机测试方法的作用发挥了出来。具体做法就是定义一套功能覆盖率定义语法和随机约束语法。

E 语言使用 cover-item-ranges-range-cross 语法来定义功能覆盖率，使用 keep 语句施加随机约束，示例如下。

```
struct inst {
    x : uint;
    y : uint;
    keep x soft == select {
        10: 0;
        10: 1;
        10: 15;
        70: [2..14];
    };
    keep x soft == select {
        10: 0;
        10: 1;
        10: 15;
        70: [2..14];
    };

    event inst_driven;
    cover inst_driven is {
        item x using ranges = {range([0], "0"); range([1], "1"); range([15], "15"); range
([2..14], "")};
        item y using ranges = {range([0], "0"); range([1], "1"); range([15], "15"); range
([2..14], "")};
        cross x, y;
    };
};
```

示例代码中，x、y 是 uint 类型的变量。在结构体 inst 中使用 keep…soft…select 语句定义随机约束，使用 cover-item-ranges-range 以及 cross 来定义交叉组合功能覆盖率。

System Verilog 语言也继承了这套语法，示例如下。

```
// covergroup 语法：
covergroup          //覆盖率组
    coverpoint      //覆盖点
        bins        //覆盖分段
    cross           //组合覆盖点
endgroup
bit [3:0] X, Y;
covergroup cg @(posedge clk);   //时钟上升沿:收集覆盖率数据的触发事件
    X_p: coverpoint X
    {
        bins X1 = { 0 };
```

```
        bins X2 = { 1 };
        bins X3 = { [2:14] };
        bins X4 = { 15 };
    }
    Y_p: coverpoint Y
    {
        bins Y1 = { 0 };
        bins Y2 = { 1 };
        bins Y3 = { [2:14] };
        bins Y4 = { 15 };
    }
    XY_p : cross X, Y
    {
        bins XY1 = binsof(X_p.X1) && binsof(Y_p.Y1);     // 0 + 0
        bins XY2 = binsof(X_p.X2) && binsof(Y_p.Y4);     // 1 + 15
        bins XY3 = binsof(X_p) && binsof(Y_p);           // 16 cross products
    }
endgroup
```

完成覆盖率定义后，再进行随机约束，示例代码如下。

```
// 语法:
// 随机变量定义:rand
// 约束:constraint
class Data;
    rand bit[3:0] X;
    rand bit[3:0] Y;
    constraint X_range
    {
        X inside {0, 1, [2 : 14], 15};
    }
    constraint Y_range
    {
        Y inside {0, 1, [2 : 14], 15};
    }
endclass
// 例化数据结构,产生随机数
Data myData = new;
myData.randomize();
```

使用 E 语言和 System Verilog 语言定义功能覆盖率和随机约束在形式上非常类似，同时有一个共同的缺点，功能覆盖率定义和随机约束定义的内容基本一致，需要编写两次。

基于功能覆盖率的随机测试方法的实现步骤总结如下。

1）定义功能覆盖率：使用的语法结构为 covergroup-coverpoint-bins-cross，对应 E 语言的 cover-item-ranges-range-cross。覆盖率组 covergroup 定义了覆盖率数据收集的触发事件，本例中的触发事件为时钟的上升沿。

2）定义随机约束：使用的语法结构为 class-constraint，对应 E 语言的 struct-keep。需要使用 class 定义随机数据的结构。

3）例化随机数据结构，调用 randomize( ) 函数产生随机数。

4）在实际仿真过程中，触发事件触发覆盖率数据的收集。

5）功能覆盖率数据的统计和显示。

至此，一套完整的验证方法学就形成了：通过随机约束产生需要的激励数据，并可以保证这些随机激励数据可以覆盖功能覆盖率的部分目标，从而实现了对芯片验证质量进行量化统计的功能。

这套验证方法学被总结为基于功能覆盖率的随机测试方法，从理论上解决了验证什么（功能覆盖率定义），以及验证质量、验证充分性问题（功能覆盖率的百分比），形成了完整的验证理论方法，将验证技术往前推进了一大步，并在芯片工业中发挥了很大作用。

这套验证方法在理论上是完善的，但在实际应用中，因为编程语法过于复杂、编程工作量大、随机约束无法使功能覆盖率有效收敛等问题，没有充分发挥该理论方法的价值。这就是笔者发明一种新的验证编程语言的最原始动因。新的验证编程语言 Eagle，将功能覆盖率定义和随机约束使用同一个数据结构 cover 来实现，语法更简洁，功能更强大，编程工作量至少可以减半。将功能覆盖率目标直接作为随机约束，解决了功能覆盖率不能有效收敛的问题。

功能覆盖率定义要考虑空间和时间两个维度，使用 cross 交叉组合和 comb 排列组合可以定义验证空间。在验证空间的基础上叠加时间因素，就是时间序列功能覆盖率，使用 sequence 顺序组合来定义。因此按空间、时间可以将功能覆盖率分为三类。

- 交叉组合功能覆盖率 cross：组合功能覆盖率由一个或多个变量的取值范围进行交叉组合。一个变量是组合的一个特例，也属于交叉组合功能覆盖率。
- 排列组合功能覆盖率 comb（combination 的缩写）：comb 排列组合是 cross 交叉组合更一般的表达方式。cross 交叉组合是多个变量所有取值范围的交叉组合，但某些组合可能没有意义或不需要。采用 comb 组合，只将需要的组合一一列举出来，不需要的组合可以不用列举出来。
- 顺序组合功能覆盖率 sequence：在定义时间序列功能覆盖率的同时，支持一个或多个变量的组合，一个变量是组合的一个特例，也属于多变量组合时间序列功能覆盖率。

▶▶ 1.3.5　交叉组合功能覆盖率

"基于功能覆盖率的随机测试方法"理论比较简单，但实现起来却并不能达到该理论理想的状态。这是促使笔者发明一种新的验证语言 Eagle 的主要原因。现有的方案存在如下问题。

- 功能覆盖率的定义不完整：变量范围无法设置权重，时间序列无法支持多变量组合。
- 功能覆盖率的定义复杂，工作量大，效率低。
- 功能覆盖率和随机测试独立：功能覆盖率和随机约束分别定义，彼此无关联。随机约束不能保证功能覆盖率的收敛。

总之，现实的技术实现方案离验证理论方法还存在较大的差距，这些问题在 Eagle 语言中将一一得到解决。使用 Eagle 语言的 cover 数据结构这样表达。

```
cover c1("c1", CROSS) = {
    X1 : [0, 1, 15, [2:14] ^ 2]
    X2 : [0, 1, 15, [2:14] ^ 2]
    C  : [0, 1]
}
```

在新的数据结构中，不再需要 covergroup-coverpoint-bins 等关键字，也不需要定义各种变量，减少了代码输入工作量。在这个 cover 组合定义中，只有有效的数据（边界值、典型值、错误值），没有变量。每个边界值、典型值范围、错误值或错误值范围都是变量取值的一个"段"，cover 组合就是这些"段"的自然组合。

在新的 cover 数据结构中，定义 cover 组合的形式与一般性分析的文字分析十分接近，且能准确描述权重，无需额外的描述，简洁方便，编码工作量减到最少。

在组合功能覆盖率目标定义完成后，后续就是使用随机约束方法来达成目标了。从如下表达式看，需要覆盖的目标是 50 种，按顺序进行直接组合即可实现 100% 的功能覆盖，而不需要增加额外的随机约束。

X1[0, 1, 15, [2:14] ^ 2] * X2[0, 1, 15, [2:14] ^ 2] * C[0, 1]，其直接组合如表 1-3 所示。

表 1-3　变量直接组合示例

序　号	X1, X2, C
1	0, 0, 0
2	0, 0, 1
3	0, 1, 0
4	0, 1, 1
5	0, 15, 0
6	0, 15, 1
7	0, [2:14], 0
8	0, [2:14], 1
9	0, [2:14], 1
10	0, [2:14], 1
...	...
41	[2:14], 0, 0
42	[2:14], 0, 1
43	[2:14], 1, 0
44	[2:14], 1, 1
45	[2:14], 15, 0
46	[2:14], 15, 1
47	[2:14], [2:14], 0

（续）

序　　号	X1, X2, C
48	[2:14], [2:14], 1
49	[2:14], [2:14], 0
50	[2:14], [2:14], 1

在所有的 50 种组合中，变量 X1 的 0、1、15 边界值分别被命中 10 次，由于段 [2:14] 的权重为 2，该典型值范围中的 13 个数会被命中 20 次，这 13 个数每个都可能会被命中。

为了增加随机性，另一种组合选取方式是在 [1:50] 范围内随机获取一个随机值，选取其中的一组组合，重复 50 次，其随机值不重复，即可实现 100% 的功能覆盖率。

为了使以上直接组合和随机组合方式能够重复，需要对典型值范围 [2:14] 设置随机数种子。用户在定义测试用例时，只须设置一个用例随机数种子，cover 数据结构会根据该种子为每个典型值范围分配一个随机数种子，这样可以保证随机可以重复。

通过以上示例演示，说明使用 cover 数据结构定义的功能覆盖率，在不增加任何随机约束的情况下，只需重复组合总数即可实现功能覆盖率的 100% 覆盖。

▶▶ 1.3.6　顺序组合功能覆盖率

叠加时间因素的组合功能覆盖率即"顺序组合功能覆盖率"，且支持多变量组合（现有方案只支持单变量）。如下的一个时间序列如何使用软件来定义呢？

```
X1[0:15] * X2[0:15] * C[0:1] * T1(25⁰) ==>
X1[0:15] * X2[0:15] * C[0:1] * T2(0⁰) ==>
X1[0:15] * X2[0:15] * C[0:1] * T3(-20⁰) ==>
X1[0:15] * X2[0:15] * C[0:1] * T4(40⁰)
```

现有的方案由于不支持多变量，只能对一个变量 temperature 定义一个时间序列。

```
bit [3:0] temperature;
covergroup t_c;
t_p: coverpoint temperature
{
    bins t_b = {25 => 0 => -20 => 40};
}
endgroup
```

在以上时间序列定义中，无法体现变量 X1、X2、C 的取值变化。为解决这个问题，Eagle 语言依然采用 cover 数据结构，通过增加 sequence 属性来实现上述多变量组合的问题。

```
cover s1("s1", SEQUENCE) = {
    x1 : [ [0:15] ]
    x2 : [ [0:15] ]
    c  : [ [0:1] ]
```

```
    temperature : [ 25, 0, -20, 40 ]
}
```

cover 数据结构（sequence 类型）将 X1、X2、C、temperature 4 个变量进行组合，并按时间顺序定义了一个时间序列。

要产生这样的序列，只须按定义的顺序取值即可。典型值范围 [0：15] 的取值随机取值。每个典型值范围事先设置了随机数种子，以确保随机可以重复。

该示例中，只有连续 4 次按顺序产生相应的数据才算 100% 覆盖；如果只连续 3 次按顺序产生了数据，该覆盖率只能为 0。

如果需要对变量的取值范围进行更精细的控制，可以按如下方式修改。

```
cover s2("s2", SEQUENCE) = {
    x1 : [ 0, 1, 15, [2:14] ]
    x2 : [ [0:15] ^ 4]
    c  : [ 0 ^ 3, 1] ]
    temperature : [ 25, 0, -20, 40 ]
}
```

上述定义的时间序列长度为 4，每个变量的取值范围权重之和必须为 4。这样可以保证在产生序列时，每个变量都有对应的取值范围可用。如果取值范围权重之和不足，则会增加最后一个取值范围的权重。

▶▶ 1.3.7 功能覆盖率直接驱动的随机验证方法学

有人总结了传统的使用 System Verilog 进行基于功能覆盖率的随机验证方法，其功能覆盖率收敛过程如图 1-3 所示。

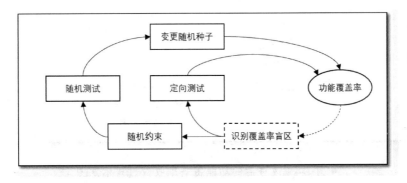

● 图 1-3 传统功能覆盖率收敛过程示意图

首先是对需要覆盖的测试点进行功能覆盖率定义，采用 covergroup-coverpoint-bins-cross-transition 的语法进行定义。完成定义后，可以使用传统的定向测试（direct test）方法对测试点进行覆盖。更多的是使用 constrain 约束语法定义随机约束来进行随机测试，如果随机达不到理想效果，可以再变更随机种子来提高覆盖率。

以上方法看似一套完美的解决方法，但实际上存在诸多问题。

1）识别覆盖率盲区：如何识别覆盖率盲区？是工具自动识别，还是人工识别？实质上是人工识别，自动识别也是靠人的经验和能力。

2）将随机测试和定向测试割裂开来，算作两种不同的测试方法，使用不同的技术手段来实现，增加了额外的工作量。

3）使用 covergroup-coverpoint-bins 语法定义功能覆盖率，需要定义大量的、使用频度低的变量，工作量大，效率低下。

4）constraint 随机约束语法种类繁多，硬约束、软约束、条件约束等纷繁复杂、多种多样，有些类型的约束方式价值低。条件约束属于变量之间的运算关系，增加了随机约束语法的复杂度。但用户真正关心的 cross 组合覆盖率，在随机约束中却没有直接、有效的语法来支撑。

5）随机约束的结果并不能保证对覆盖率有贡献，变更随机数种子也是试试看的策略，并不能增加确定性。

6）最大的问题是在这个基于功能覆盖率的随机测试方法中，功能覆盖率和随机约束是两套独立的系统，彼此没有关联。

在新的 Eagle 语言中，可以将功能覆盖率的定义直接作为约束，让工具自动完成功能覆盖率的闭环，可以直接节省用户添加随机约束的所有工作量。同时在定义功能覆盖率时，将直接测试定义为随机测试的一个特例，这样就统一了直接测试和随机测试方法。

这种方法被命名为：功能覆盖率直接驱动的随机测试方法（Coverage Direct Driven Verification，CDDV）。改进后的功能覆盖率收敛过程如图 1-4 所示。

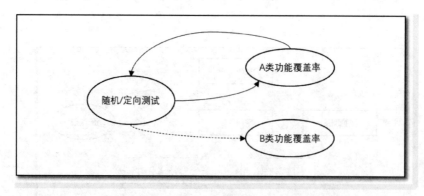

● 图 1-4　改进后的功能覆盖率收敛过程示意图

A 类功能覆盖率可以自行收敛，B 类功能覆盖率通过定义 A 类功能覆盖率间接实现收敛。在实际验证项目中，A 类功能覆盖率占绝大多数（90%以上）。传统功能覆盖率定义全部为 B 类，改进后的功能覆盖率可以实现快速收敛。

示例：3 个变量 a、b、c 分别取 3 个值，一共 27 种组合，如何实现功能覆盖率的收敛？

使用改进后的方法，功能覆盖率和随机约束共用一个定义。

```
cover c1("c1", CROSS) = {
    a : [1, 2, 3]
    b : [4, 5, 6]
    c : [7, 8, 9]
}
```

两种方法实现功能覆盖率收敛的实测结果如表 1-4 所示。

表 1-4　功能覆盖率收敛数据比较

功能覆盖率空间大小	随 机 次 数	传统功能覆盖率			改进功能覆盖率
		每次循环变更随机种子（1）	每次循环变更随机种子（2）	不变更随机种子	
27	27	70.4%	63.0%	63.0%	100%
	54	92.6%	92.6%	81.5%	100%
	81	96.3%	100%	92.6%	100%
	108	96.3%	100%	100%	100%
	135	100%	100%	100%	100%

示例中，功能覆盖率空间大小为 27，随机时，每随机 27 次算 1 个循环。传统方法在不同随机种子下，需要 3~5 个循环才能实现功能覆盖率的收敛，改进方法只需要 1 个循环即可 100%实现功能覆盖率的收敛。

第2章

▶▶▶▶▶▶▶

芯片验证方法

芯片验证工作在芯片项目中占的工作量比重已超过一半，有的甚至超过70%。芯片验证的质量和效率往往可以决定芯片项目的成败。业界一直在实践探索各种可以提升芯片验证质量和效率的方法。本章对这些方法做一些简要的总结，并分享笔者的一些想法和思考。

2.1 仿真验证方法

我们经常被人问及，验证到底要做些什么。即使是有丰富验证经验的人，恐怕也无法在短时间内用简短的几句话回答这个问题。芯片验证人员时时刻刻都在围绕着两个基本问题而努力工作。

问题一：怎样做验证？如何搭建验证平台？就是使用什么样的验证技术，怎样搭验证平台，才能在搭建的验证平台上能够测试想测试的功能。什么样的平台才是一个"好的"验证平台？怎样做出一个"好的"验证平台？

问题二：验证什么？即场景覆盖率、验证充分性的问题。这个问题的本质是验证质量问题。芯片质量问题是芯片项目管理者、公司主管最关心的问题是验证后的芯片是否还存在问题？能否投片了？投片样品是不是能正常工作？

以上两个问题看似简单，但实现起来异常困难。

芯片验证发展了几十年，形成了一些比较完整的方法学、技术以及工具，但离工业需求还有很大的差距。如下问题还长期困扰着芯片设计公司：验证投入越来越大，仿真时间越来越长，芯片设计周期无法控制。

固然存在芯片复杂度、集成度、规模增大的因素，验证工作成了一项投入巨大的工作。为了保证芯片的质量，自然出现了第三个问题。

问题三：验证效率成本问题。为了能验证所有的功能，需要搭建非常复杂、耗资巨大的验证平台（实际上，为了提升仿真执行效率，业界已推出了昂贵的硬件加速器 Emulator）。为了提升验证充分性，需要将验证工作一直持续下去。

分析芯片行业，还有第四个问题困扰着芯片生产。

问题四：验证人员短缺和经验缺乏。对芯片行业比较了解的人知道，验证人员短缺，尤其是缺乏富有经验的验证人员。在有些公司，验证人员的工资已超过设计人员的工资。

在解决验证的问题时，以上四个问题是一个整体，需要从全局统筹这四个问题，不能为了解决一个问题，而引发新的问题。

▶▶ 2.1.1　芯片验证方法演进

在 20 世纪 90 年代，我们接触的芯片是 Z80、8031、8080/8086 等 CPU，以及 74 系列编码器、译码器、多路选择器等专用逻辑芯片，不知道这些芯片是怎么设计出来的，也不知道是怎么测试验证的，只要会使用就可以了。

还有一类可编程芯片：PAL/GAL、CPLD 以及 FPGA 芯片。这类芯片的出现，为硬件人员提供了一个广阔的空间，可以利用这些芯片自行设计硬件了。当时的设计手段还很原始，Verilog 语言在国内还没有得到广泛使用。当时使用逻辑表达式、卡诺图、原理图来设计硬件逻辑。这种方法虽然原始，但彼时的设计人员对器件、逻辑非常了解，在逻辑资源非常有限的情况下进行精细设计，非常清楚每个逻辑门、每个触发器的使用情况，也了解每个逻辑的执行情况。这个阶段还没有芯片验证的概念，只有硬件测试或芯片测试的概念。图 2-1 是当时很多公司使用过的芯片测试平台。

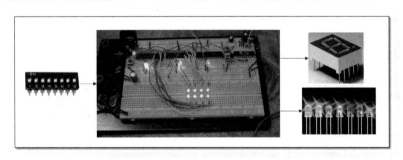

● 图 2-1　芯片测试平台

早期的芯片测试平台非常原始：使用面包板来固定芯片和各种元器件，并使用导线将这些芯片和元器件连接起来。使用拨码开关作为信号输入，使用发光二极管、数码显示管来显示输出信号。

随着可编程器件的规模扩大，逻辑编程语言也得到发展，Verilog、VHDL 相继出现。此时设计芯片，可以用类似编写 C 语言的方式来设计硬件逻辑了。使用 Verilog 语言完成逻辑设计，通过编译综合、布局布线，将逻辑烧写到 FPGA 芯片里，随后在硬件单板上进行测试。此时芯片测试手段也有了很大的革新：使用信号发生器产生相应的输入信号，使用示波器、逻辑分析仪查看输出的信号。图 2-2 是大规模逻辑芯片的测试平台。

以上两类平台都是通过使用物理硬件、仪器的手段来进行芯片测试的，制作成本高，周期长，测试完备性非常依赖设备。

逻辑仿真器的出现大大改进了芯片测试、验证的方法和手段。通过软件工具就可以在 PC 或服务器上完成芯片的测试和验证，降低了测试平台的制作成本，缩短了开发周期。

● 图 2-2　大规模逻辑芯片测试平台

在早期，使用 Verilog 语言就可以编写简单的验证平台，比如构造一个系统复位信号、一个系统时钟信号以及系列激励信号，也可以从文件里读取 Vector 向量数据来驱动信号。仿真的输入输出结果都可以在波形查看器软件中进行显示和测量。这时的芯片验证平台从硬件环境转换成软件环境，芯片测试不再依赖昂贵的硬件设备，很多部件都可以使用软件进行模拟，灵活性大为增强。一个典型的芯片仿真软件平台如图 2-3 所示：

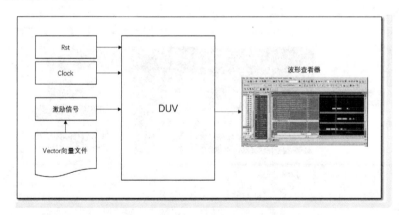

● 图 2-3　芯片仿真软件平台

后来可以使用 TCL、Perl 等语言来编写相应的激励，随着功能需求的增加，也可以使用 C/C++来扩充验证平台的功能。这些语言还不是用于芯片验证的专用语言。Verilog 语言是一门逻辑设计语言，其附带的验证功能比较弱。TCL、Perl 是通用的脚本语言，可以满足一些验证需求，易掌握，但功能适用性并不能满足验证的需要，执行效率也比较低。C/C++是通用的编程语言，对验证人员而言，掌握难度大，适用性也不高。

芯片测试平台软件化带来的一个重要改变就是可以实现芯片测试平台的高度自动化，这是以往以手工操作为主的芯片测试平台没有的优势。

为了满足验证的需要，产业界先后出现了几门验证语言：Vera，E 语言和 System Verilog。Vera 语言是首款专门为验证而生的验证语言，面向对象编程。该语言是 Synopsys 独家使用的语言，只和 VCS

仿真器集成，在国内使用者很少。笔者也只是了解该语言，没有机会使用。随着 System Verilog 语言的推出，Vera 语言也逐步退出历史舞台。

E 语言是由验证人员发明的语言，该语言采用功能覆盖率驱动的随机测试方法，从理论上回答了如何解决芯片验证充分性问题。

E 语言的出现是验证领域的一大技术进步，其功能覆盖率驱动的随机测试方法，一经推出即得到了业界广泛认可和使用。笔者在 2003 年左右接触 E 语言，并在随后的几年里对其进行了深入的研究，将其核心的功能集成到自研的验证平台中。

E 语言的商业成功，催生了 System Verilog 语言的诞生，System Verilog 继承了 E 语言的功能覆盖率及随机约束的语法特点，成为 E 语言的替代品。通过强有力的商业操作，System Veriog 逐渐成为验证语言的主流。

怎样做验证是一个技术实现问题，仅有验证语言还不够。就像有了砖瓦石各种建材，还不一定能够盖房子。客户的需求也不一样，不同的建筑师盖出来的房子也会天差地别。这就需要不同的建筑形式和建筑架构满足不同的需要。完成不同类型的芯片验证，也需要有不同的验证架构和平台。

通过广泛的项目实践，产业界总结出了一套验证参考架构。通信类芯片是当前比较复杂的芯片，对验证平台的要求也比较高。能满足通信类芯片验证的平台架构，可以通过简化、裁剪应用到其他相对简单的芯片验证场景中。

首先，验证平台需要进行分层设计。

其次，在分层的设计上进行模块设计。模块设计的前提是模块间的接口和调用关系。

芯片仿真验证平台的 6 层结构：功能层、软件层、覆盖率用例层、数据层、调度层、信号层，如图 2-4 所示。

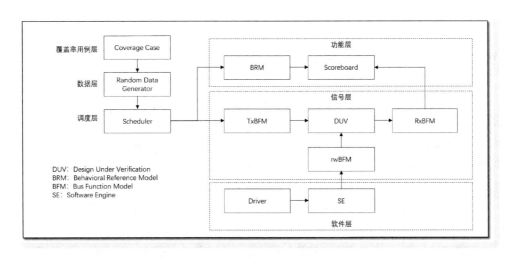

● 图 2-4　芯片仿真验证平台架构

各层的功能如下。

- 覆盖率用例层：定义需要覆盖的测试点和场景。
- 数据层：根据覆盖率的约束产生随机的元数据，将元数据封装成相应的数据包。
- 调度层：根据端口的设置，对数据层产生的数据包进行调度，发送到激励模块。
- 信号层：根据 DUV 对外的接口类型，分为不同类型的端口，即激励发送 TxBFM、数据接收 RxBFM、读写 rwBFM。激励发送 TxBFM 将调度器送来的数据包转换成 DUV 可以接收的信号时序。数据接收 RxBFM 将 DUV 输出的信号时序转换成功能层可以处理的数据包。读写 rwBFM 将驱动软件的读写数据和 DUV 的读写信号时序进行互转。
- 功能层：包含 DUV 的行为参考模型（BRM），用于记录预期结果的记分牌（Scoreboard）。BRM 接收调度器输出的数据包，计算出 DUV 预期的结果数据包，存放在 Scoreboard 中。Scoreboard 从 DUV 获得实际的输出结果，和预期结果进行比对。
- 软件层：芯片需要软件驱动才能完成相应的功能。软件引擎（Software Engine，SE）将驱动 Driver 发出的读写指令，通过读写 rwBFM 对 DUV 里的寄存器进行数据配置和数据读取。

如果把芯片验证平台划分代次的话，可以分为如下几代。

1）第一代芯片测试平台：如图 2-1 所示的芯片测试平台，这是最原始的芯片测试平台。

2）第二代芯片测试平台：如图 2-2 所示的大规模逻辑芯片测试平台，这是在硬件设备、仪器的支持下，用于测试芯片的测试平台，也是目前典型的 FPGA 测试平台。

3）第三代芯片仿真验证平台：如图 2-3 所示的芯片仿真软件平台，这是摆脱硬件设备，完全使用软件手段，采用模拟仿真的手段进行芯片仿真验证的平台。第三代芯片仿真验证平台的主要特征是，利用各种通用编程语言（TCL、Perl、C/C++等）和各种软件手段，仿真验证自动化水平得到大幅提高。

4）第四代芯片仿真验证平台：如图 2-4 所示的芯片仿真验证平台架构是在第三代芯片仿真验证平台的基础上，逐步形成验证方法学和统一的验证平台架构，并使用验证专用语言如 Vera、E、System Verilog。这是目前占主导地位的仿真验证平台。

5）第五代芯片模拟器 Emulator：基于大规模 FPGA 或专用 ASIC 芯片构建的硬件加速器。其本质是第二代芯片测试平台的升级。芯片模拟器结合第二代芯片测试平台和第四代仿真验证平台，在规模、自动化程度、仿真速度上都有很大的提升。

随着计算机技术的发展，众核服务器已十分普遍，但非常消耗算力的芯片仿真却没有很好地利用服务器的多核、多机优势，还只能使用单核进行芯片仿真。下一代仿真验证平台必然要充分利用已有的算力，解决仿真耗时长的问题。

6）第六代芯片仿真验证平台：未来的仿真验证平台，支持多核、多机并行验证，仿真速度有质的提升。验证代码和设计代码分离，各自进行多核并行加速。

本书描述的 PVM 验证平台是第六代芯片仿真验证平台，其核心思路是将验证代码与设计代码进行分离并到其他核上执行，验证代码不和设计代码争抢 CPU 运算资源。进一步将验证代码按组件进行划分，再分配到不同核上执行。更进一步，在 PVM 验证平台的基础上，将多个仿真进程分配到不同服务器上执行，实现分布式仿真，这样的平台即 DVM 验证平台。

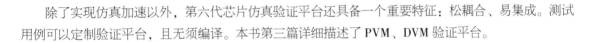

除了实现仿真加速以外，第六代芯片仿真验证平台还具备一个重要特征：松耦合、易集成。测试用例可以定制验证平台，且无须编译。本书第三篇详细描述了 PVM、DVM 验证平台。

▶▶ 2.1.2　验证效率成本问题

验证的效率和成本是永远逃不开的话题，两者相互关联。验证成本包含以下 4 个方面。

- 资源成本：包括工具软件、服务器、硬件设备等。
- 人力成本：验证人员的投入。
- 时间成本：芯片验证周期。验证周期多一天，项目的整体成本就增加一天的成本。
- 质量成本：芯片投片后修复缺陷的代价。

其中质量成本是最难以承受的代价，应当尽最大努力避免芯片投片后存在质量缺陷。为了减少质量成本，只能增大其他三个方面的投入。首先，资源要保证到位，缺少资源必然会增加人力成本和时间成本。按成本大小来排序，时间成本大于人力成本，人力成本大于资源成本。作为项目管理者，要统筹这三种成本的投入。人力成本（主要是高水平的验证人员）决定了质量成本。

效率包含两方面：验证平台开发效率和仿真执行效率。

验证平台开发效率受软件工具、编程语言，以及验证人员的能力经验制约。仿真执行效率主要受验证平台的质量及仿真工具、硬件资源的限制。

效率决定人力成本和时间成本，仿真执行效率又受资源投入的影响。因此，在资源和人力方面的投入是最划算、最经济的投入。

当前，资深验证人员是市场上难得的资源。主要是因为验证人员规模小、培养少。短期的解决办法是批量培训。长期的解决办法是降低验证技术的难度，提供更好的验证方法学、编程语言、验证平台和工具。

▶▶ 2.1.3　测试和验证的概念辨析

我们经常会碰到两个概念：测试和验证。我们常说芯片验证、FPGA 测试、硬件测试、软件测试，以及单元测试/验证、集成测试/验证、系统测试/验证等。有时验证和测试还会混用，但很少会出现硬件验证、软件验证的概念，说明验证和测试还是有本质的区别。

- 测试的汉语解释：测定、检查、试验；对机械、仪器等的性能和安全进行测量。
- 验证的汉语解释：经过检验得到证实，检验或测验精确性或准确性。
- Test 的英文释义：any standardized procedure for measuring sensitivity or memory or intelligence or aptitude or personality etc（测量敏感度、记忆力、智力、能力或个性等的标准程序）；the act of testing something（测试某物的行为）；the act of undergoing testing（接受测试的行为）；put to the test，as for its quality，or give experimental use to（对其质量进行检验，或试验性地使用）。
- Verification 的英文释义：additional proof that something that was believed（some fact or hypothesis or theory）is correct（证明被相信的事物［某些事实、假设或理论］是正确的额外证据）。

从以上的中英文释义可以看出测试和验证是有本质区别的：测试偏向于测定、测量的动作，但不包含对测量的结果进一步判断、证实的动作。而验证在测试的基础上，对测定结果进行了进一步的证明、证伪的操作。验证包含了测试的内容，比测试的概念内涵更丰富。

- 芯片验证的完整理解：构造相应的激励，对芯片进行测试，将芯片输出的实际结果和预期结果进行比较，结果比较一致，则证明芯片功能正常，结果比较不一致，则证明芯片功能不正常，即证伪。
- 硬件测试的完整理解：对硬件加载相应的激励信号和输入输出信号进行测试，对测试结果进行分析、判断，明确硬件功能是否正常。

芯片验证的结果需要比较，比较需要两个对等物。比较可以是人工来完成的，但更应该是工具或软件自动完成的。硬件测试的结果需要分析和判断，分析和判断不需要或没有对等物，也难于使用工具或软件完成自动比较。

在硬件测试中，没有和被测硬件在功能上对等的对象实现同样的功能，只有一个结果数据，也就没有比较的操作。但在芯片验证中可以，被验证芯片（DUV）使用硬件描述语言 Verilog 实现，同时可以使用验证语言编写一个功能相同的行为参考模型（BRM），在同样的激励下，两者分别产生各自的结果，将两种结果进行比对，则可判断两者的功能是否对等。如果两者结果不相同，则可判断要么 DUV 错了，要么 BRM 错了，DUV 和 BRM 可以互相验证。通常会以 BRM 为准，也不排除 BRM 存在错误，需要持续修改 BRM 的情况。

编写 BRM 需要成本，但 BRM 使用高级语言编写，抽象程度高，投入成本比编写 DUV 要小得多。

在用一家供应商的通信设备替换另一家供应商的通信设备时，或在投标过程中，也会对两种设备进行比对测试。对两种对等物得到的两种结果进行比较，此时也可以称为设备验证，验证设备替换后通信网络的功能是否正常。

在芯片验证中，也会利用 FPGA（Field Programmable Gate Array，现场可编程门阵列）来进行芯片验证，此时叫 FPGA 测试更准确，因为没有相应的对等物来进行比较，无法判断实际测试结果是否正确。

还有另外一种非 ASIC 芯片设计，利用 FPGA 芯片来进行逻辑设计，其设计过程、方法和 ASIC 芯片设计的前端设计基本一致，因此也可以称为 FPGA 验证。

软件测试也是没有对等物的输出结果的比对，因此一般没有软件验证的说法，而是一直使用软件测试的概念。

通过以上分析，可以明确测试和验证的本质区别就是：是否有对等物，是否可以实现结果自动比较。

在实际的芯片验证工作中，受历史原因影响或约定俗成，在不同场景下，测试和验证的概念存在混合使用的情况。

2.2 验证效率提升

验证效率直接影响芯片项目的交付周期和验证人员的投入成本。验证效率提升是验证技术能力提升和项目管理改进的重要内容。

2.2.1 当前存在的效率问题

效率问题归结为以下三类。

- 编程效率：包括编程语言语法复杂度、掌握难度、语法表现力、适用性等因素。
- 编译效率：验证代码修改是否导致所有代码需要重新编译？是否支持增量编译？是否可以少编译或不编译？
- 执行效率：是否支持多核并行执行、多机并行执行。

排除人员技能、组织能力的因素，单纯从技术上来看，当前影响效率的因素如下。

- 验证编程语言并不能完全满足验证需求：System Verilog 语言既支持芯片验证，又支持芯片设计。芯片验证偏向软件，芯片设计偏向硬件，这就导致其语法变得更加复杂，验证人员掌握门槛很高。据 System Verilog 编译器的人员反馈，System Verilog 的语法比 C++ 更为复杂。这是影响编程效率的一大因素。这也是为什么有了 System Verilog 专用验证语言，验证人员依然会使用 TCL、C/C++、Perl 等语言，甚至使用传统上和芯片验证无关的编程语言 Python 的原因。
- UVM 基于 System Verilog 语言，但不依赖 System Verilog 编译器，全部使用宏来实现相应功能，这进一步增加了语法的复杂性，并影响执行效率。
- 芯片设计和芯片验证采用统一的语言 System Verilog。芯片设计是硬件设计思路，芯片验证的高层设计偏向软件设计思路。两种不同的设计思路在同一门语言中得以实现，其复杂度自然会增加。
- 任何一行代码的变更，都需要对所有的验证代码和设计代码进行编译，会耗费大量的编译时间。
- 目前基于 UVM 的验证平台只能单线程执行，多核性能无法发挥作用，仿真执行效率是一大瓶颈。

2.2.2 编程效率和编译效率提升

（1）编程语法改进

System Verilog 的功能覆盖率定义语法 covergroup-coverpoint-bins，编程工作量大，表现力弱。constraint 随机约束语法设计灵活，使用复杂，且会出现无解的随机约束，比如很容易写出 x>5 且 x<3 的随机约束，而这种约束是冲突的、无解的约束。

Eagle 语言专门设计了 cover 数据结构，增强了表现力，能定义交叉组合功能覆盖率、排列组合功能覆盖率和顺序组合功能覆盖率，同时可以作为随机约束，编程工作量减少 50% 以上。

（2）编译效率提升

验证语言使用 Eagle，芯片设计语言使用 Verilog，两者各司其职。改变 Eagle 代码时，只编译 Eagle 代码，而无须同时编译 Verilog 代码，可以大幅减少编译时间。

同时使用验证平台配置机制，测试用例可以使用配置文件而不是编写代码，可以不用编译。

更进一步，使用 eagle 编译器，可以为特定的验证组件类构造工厂（factory），可以根据配置动态生成验证平台，用户在搭建需要的测试平台时，完全不需要对代码进行编译，实现零编译。

（3）图形化调试

任何编程项目都需要对编写的代码进行调试，通常会使用单步调试的方法。这种调试方法针对多线程程序几乎无能为力。

Eagle 编程语言提供了函数整体调试功能，在函数执行过程中可以记录所有的相关信息，可以将这些信息采用图形化的方式展示出来，方便跟踪函数执行的所有过程，便于整体调试，且支持多线程的代码调试。

（4）验证平台重用

验证平台重用是验证领域提升效率的重要方面，重用可以分为不同的 4 级，即 R0～R3 级（R 表示 Reusable）。

- R0 级：不具可重用性，无参考模板，需要重新编写。
- R1 级：有参考模板，小部分可重用，按模板进行改写。
- R2 级：大部分可重用，部分功能需要修改、重写或新增。
- R3 级：完全重用，拿来即可使用。

在搭建验证平台时，希望相应的模块做到 R3 级的重用，重用而不重写或重载，即拿过来不做任何修改，直接完全重用，如果需要新增功能，只须在前后增加新的代码。Eagle 语言的 factory 机制、函数重载机制、proxy 机制，结合 PVM 验证平台的文本配置机制，可以实现验证组件的 R3 级完全重用。

2.2.3 仿真执行效率提升

（1）多核并行

服务器 CPU 已从单核发展到多核，如何充分利用多核、多 CPU 运算资源提升芯片仿真验证的速度，是验证技术发展的创新点。业界已进行了多核仿真的尝试，但由于技术路线选择存在局限，这条道路走得很坎坷，到目前为止，多核并行仿真技术并不是很成功。

传统的验证方法是单线程、单核执行，DUV 和验证平台串行执行，效率低下，仿真耗时长。

我们提出了 PVM 的概念，基于验证实践，先将芯片验证代码和芯片设计代码进行分离，再将验证代码分成不同的验证组件，每个验证组件各自执行在不同线程、不同核上，使得仿真效率得到大幅提升。验证组件间通过通信管道（tube）进行数据交换，做到共享资源线程安全，并保证通信效率。

（2）多机并行

更进一步，在 PVM 多线程、多核并行执行的基础上，我们又提出了 DVM 的概念，验证平台可以实现多进程、多机、分布式仿真验证，进一步提升仿真效率。

本书的第三篇专门介绍 PVM、DVM 验证平台的设计技术。

2.3 芯片验证流程管理

芯片验证工作除了通过技术实现验证场景的覆盖率，以及提升仿真验证平台的仿真效率外，还需要通过项目的流程管理，综合利用各种资源和手段来保证芯片项目的高质量交付。

▶▶ 2.3.1 芯片项目阶段划分

芯片项目一般分为前端、后端、制造、封测四大阶段，本书仅介绍芯片前端设计工作。一个芯片项目的前端设计工作，一般可以划分成如下 7 个阶段来执行。

1）项目立项：明确项目范围。

2）需求规格分析：明确芯片的规格。

3）系统设计：完成芯片的架构设计、模块划分等。

4）详细设计：模块详细设计。

5）编码实现，单元测试。

6）集成验证。

7）系统验证。

验证工作不是仅集中在第 5、6、7 阶段，而是从第 1 阶段开始，到第 7 阶段贯穿始终。优秀的、资深的验证工程师会在第 2、3 阶段，通过 review 评审工作发挥重要作用。

▶▶ 2.3.2 验证分层

芯片项目大致分为 7 个阶段，设计和验证分为 3 层或 4 层来实施。

芯片设计分为需求规格、系统设计、详细设计、编码实现 4 个阶段和层级，完成自顶向下的设计。

1）需求规格分析面向客户，满足客户的需求。

2）系统设计进行芯片架构、模块划分、接口设计。

3）详细设计完成模块的具体设计。

4）编码完成具体的实现。

芯片验证工作分为验证设计和验证执行两项活动，先有验证设计，后有验证执行。验证设计和验证执行又分为 3 层或 4 个层级。

（1）系统验证设计和执行

在定义芯片规格的早期阶段，芯片验证工程师就参与芯片的需求分析和规格定义，制定芯片系统验证计划，开展系统验证设计。系统验证执行是以验证设计为指导，在项目的后期阶段完成。

在系统验证设计阶段，要贯彻验证和设计分离的思想，验证相对设计要保持一定的独立性。芯片验证工作的核心价值是为芯片的规格（Feature）负责，而不是为芯片的设计方案（Design）负责。正确区分哪些是芯片规格，哪些是设计方案，对验证工程师而言是一个大的考验。

芯片的设计方案可能不能满足芯片规格的要求，芯片验证按芯片的规格来检验芯片设计是否满足规格要求，而不是满足设计要求，为设计背书，证明设计方案正确。总之，芯片验证不能被芯片设计牵着鼻子走，要具备独立思考的能力，在充分理解芯片规格要求的前提下，对设计说"不"，将满足芯片规格始终作为验证工作的目标。

（2）集成验证设计和执行

重点验证模块间的接口功能。每个模块都可以正常工作，但多个模块结合在一起，不一定能配合良好并完成既定的功能。模块间的接口一般会遵循一定的协议进行通信，这就要求验证工程师在充分理解通信协议的基础上开展集成验证设计和执行。

（3）单元验证设计和执行

单元验证设计和执行是指对一个最小设计单元进行的验证设计和执行工作。在这个阶段，验证设计工作比较少，验证执行工作比较多。单元验证工作最容易发现问题，是投入产出比最高的质量保证工作。在单元验证阶段发现一个缺陷，投入工作量很小。如果一个缺陷被遗留到集成验证阶段或系统验证阶段，发现缺陷的投入工作量增加好几倍。

（4）代码 review

现在的芯片项目每个阶段都需要对大量的设计文档、方案进行的评审。作为最终的代码交付件，验证工程师有必要参与一些代码 review 工作，一方面可以发现一些代码缺陷和设计问题，这样发现缺陷的成本最低。另一方面，可以积累一些设计经验，通过阅读他人编写的代码，可能会有一些意外的收获。

可以将这种分层叫作芯片项目阶段管理的 V 模型，如图 2-5 所示。

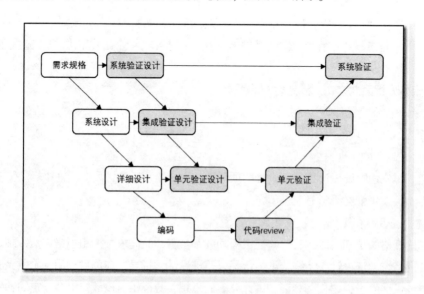

● 图 2-5　芯片项目阶段管理的 V 模型

在图 2-5 所示的 V 模型中，验证设计工作比验证执行工作更重要，代码 review 是一项非常有效的质量保证手段，往往被验证人员所忽视。

对于单元验证设计和执行，一般建议由芯片设计人员而不是由芯片验证人员来完成。

▶▶ 2.3.3　全面度量管理

经验丰富的芯片项目管理人员可以凭借自身的能力和项目经验管理好芯片项目的实施。但从项目管理角度看，还依赖一套完善的项目管理技术和制度来保证项目的有效实施。

为了有效地对项目的各个因素进行管理，一种有效的手段就是对各个因素量化，对量化数据进行管理，即度量管理。通常可以进行量化管理的因素有如下几种。

（1）规模度量

规模度量是指对交付件的规模进行度量。需求规格，可以度量规格的条数；设计文档，可以度量文档的页数；代码可以度量代码的行数等。

（2）缺陷度量

针对文档交付件，可以度量每页所含的缺陷数；针对代码，可以度量每千行代码所含的缺陷数。缺陷可以分为不同级别的缺陷：提示缺陷、一般缺陷、严重缺陷、致命缺陷。缺陷数量可以按一般缺陷数量来计算，一个提示缺陷等效 0.1 个一般缺陷；一个严重缺陷，等效 3~5 个一般缺陷；一个致命缺陷等效 5~10 个一般缺陷。

（3）进度度量

根据项目的每个阶段的起止时间和持续时间，计算实际持续时间、截止时间的偏差，并对偏差范围进行约束。

（4）工作量度量

对投入到每项工作任务上的工作时间进行计划、记录和统计。这样可以明确知道时间都花费在哪些任务和交付件上了。

有了以上度量数据的支撑，在每个项目阶段对这些数据进行度量分析，可以发现问题出在哪里，哪些地方需要加强。

工程经验告诉我们，越早发现缺陷，缺陷的修复成本越低。能力成熟度不同的团队，项目质量管理能力有很大的差别。从如图 2-6 所示的芯片验证缺陷数趋势图可以看出不同团队的能力。

对于能力成熟度只有初级水平的团队，在项目初期暴露的缺陷数量很少，随着项目的推进，会出现越来越多的问题和缺陷，到项目末期，缺陷数量还无法收敛。这种类型项目的质量基本处于失控状态。

对于能力成熟度达到高级水平的团队，会在项目初期和中期发现、修补尽可能多的缺陷，在项目后期缺陷越来越少。只要是缺陷数符合这种趋势，项目的质量基本可以得到保证。对于芯片项目而言，这种趋势也是必需的。

只有成功经验非常丰富、管理能力非常强的团队，采取了各种管理、技术手段和缺陷预防措施，才能达到优秀级别的能力成熟度，其典型特征是，总的缺陷数量非常少，且在前期发现。这样的优秀团队非常少见。

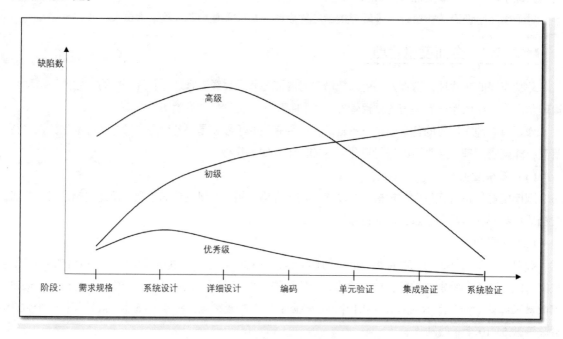

● 图 2-6　芯片验证缺陷数趋势图对比

要做好项目的度量管理，度量数据的准确性是基础。有些中层或高层管理者，往往会把项目的度量数据拿来作为评价团队、个人绩效的依据，这样做有一定的积极意义，但负面效果也会很明显：项目度量数据将总是漂亮的、不准确的，失去了度量管理的意义。现实的推荐做法是，度量数据和度量分析由项目经理管控，将度量管理作为项目经理改进项目管理的工具和手段，而不是作为评价团队和个人绩效的依据。

▶▶ 2.3.4　验证技术手段

为了保证芯片项目的质量，越来越多的手段被采用，可以总结成如下 9 种方法。

（1）参与芯片需求分析和规格定义

验证人员基于芯片验证的经验，站在芯片用户的角度分析芯片的需求，通过提出疑问、遵从标准/规范、审视已有需求规格定义，协助芯片设计人员定义芯片规格。经验丰富、资深的芯片验证工程师可以在芯片定义早期发挥很大的作用。

（2）芯片系统建模

芯片架构师在确定芯片架构的过程中，使用 ESL（Electronic System Level Design，电子系统级设计）技术，对芯片的架构进行系统建模，评估系统的容量、性能，尝试不同的模块划分和架构设计。

（3）芯片设计方案讨论和评审

参与芯片架构设计方案讨论和评审，审视模块划分的合理性，审视模块接口定义，有助于架构设计方案的完善。

（4）代码走读

走读芯片的 Verilog 实现代码，理清其中的算法、信号处理过程，审视代码的规范性，可以发现代码的部分缺陷和错误。这样有助于提升 Verilog 代码的编写质量，同时提升芯片验证工程师的硬件逻辑知识。

（5）芯片仿真

搭建芯片验证平台，构建激励进行仿真，同时收集功能覆盖率数据，确保芯片验证的充分性。芯片仿真是芯片验证的主要手段。

（6）芯片后仿

在芯片布局布线完成后，对门级网表进行仿真。由于门级网表有时延信息，芯片后仿会非常耗时，目前还没有有效的技术手段可以缩短后仿时间。

（7）硬件仿真加速

在芯片仿真执行效率无法满足要求的情况下，使用硬件加速器实现仿真加速，缩短仿真时间，但硬件加速器无法支持芯片后仿。

（8）FPGA 测试

开发 FPGA 单板，将芯片的部分关键逻辑运行到实际的硬件单板上进行测试，看看其实际行为和仿真结果是否一致，同时加快仿真速度。

（9）样片测试

在芯片回片之后，在实际的单板上对芯片进行验证测试，覆盖芯片实际的工作场景。

芯片验证，需要以上 9 种或更多的手段和方法的综合应用，全方位地保证芯片的质量。其中，芯片仿真不仅是最重要的验证手段，而且是验证方法学讨论的重点领域。

▶▶ 2.3.5 仿真验证技术发展思考

仿真验证技术是效率最高、成本最低、最有效的验证技术。本书研究的内容都是围绕仿真验证技术而展开的。在笔者 20 余年研究芯片验证技术的实践经验中，笔者越来越坚定一个信念：一项先进、有效的验证技术，除了提升芯片的质量外，会同时在进度、成本上得到相应同步提升，而不是传统意义上的质量、进度、成本上的权衡。不会因为要提升质量而增加额外的人力和时间投入。

回顾芯片仿真验证技术最近 20 余年的发展，笔者认为存在如下问题。

1）仿真验证理论方法虽然已比较成熟，但依然使用的是 20 余年前的验证理论方法，且实现手段进步很小。

2）仿真验证技术一直在做"加法"，堆砌越来越多的东西，比如：编程语言越来越复杂、门槛越来越高，使用成本越来越高。在实践项目的表现就是：编程效率变低、编译时间长、执行效率低。

出现这些问题，笔者认为是技术路线出现了问题。要想解决这些问题，首先是要选择一条正确的仿真验证技术路线。二是改进、提升现有的仿真验证理论方法。三是在技术实现上做"减法"，减轻产业、从业者的负担。

这些技术路线、验证方法学、"减法"是笔者设计 EagleLang 编程语言和 PVM 验证平台的指导思想，本书后续内容将体现这些思想。

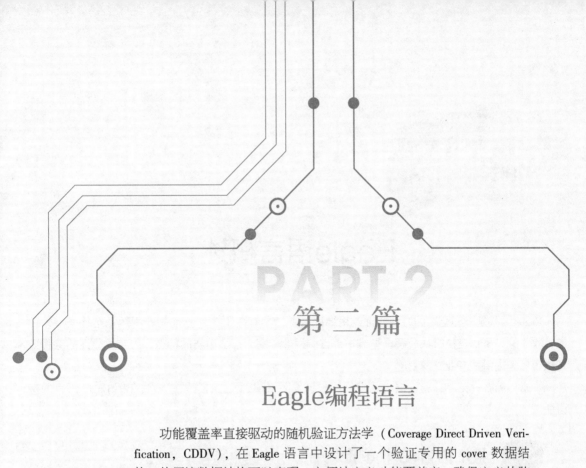

第二篇

Eagle编程语言

功能覆盖率直接驱动的随机验证方法学（Coverage Direct Driven Verification，CDDV），在 Eagle 语言中设计了一个验证专用的 cover 数据结构，使用该数据结构可以直观、方便地定义功能覆盖率，确保定义的验证场景更完备，并通过内置的随机算法实现功能覆盖率的自动收敛。在芯片验证过程中，往往需要处理位数据和字节数据，一般的高级语言处理这类数据很不方便。Eagle 语言特地设计了 bit 类型的数据结构，专用于处理位数据，同时设计了二维的 byte 类型的数据结构，提供了丰富灵活、功能强大的多种切片方式，方便用户高效地存取、拼接字节数据。这些设计的目的是提升芯片验证的编程效率，验证平台的代码规模只有传统方式的 50%。

本篇的第 3 章介绍 Eagle 语言的基本语法，第 4 章介绍基本数据类型，第 5 章介绍验证专用数据类型 bit、byte、cover，第 6 章介绍 Eagle 语言的高级语法——多线程编程，第 7 章介绍库的扩展开发。

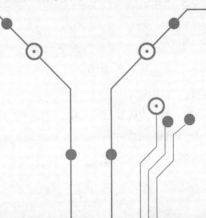

Eagle语言概述

Eagle 语言是一门全新的芯片验证专用编程语言，具有用于芯片验证的专用数据结构类型。该语言吸收了编译型语言执行快和解释型脚本语言编程效率高、语法简洁的特点，为芯片验证的编程效率和执行效率提供了专业支撑。

本章先简要介绍芯片验证语言的发展历史、发明 Eagle 语言的背景，随后介绍 Eagle 语言的基本语法。

3.1 验证语言设计背景

芯片是电子工业发展的基石，芯片的设计和验证需要专门的编程语言。市面上已先后出现了专用于芯片验证的编程语言 Vera、E、System Verilog。Eagle 语言聚焦芯片验证需求，力求做到语法简洁、功能强大、适用性强，以帮助验证工程师更高效地完成芯片验证工作。

3.1.1 芯片验证语言发展历史

国产化的芯片 EDA 软件本来没有什么发展机会，美国三大家的 EDA 厂商基本垄断了全球 EDA 产业，其他国家和公司基本没有发展 EDA 产业的可能。但自从美国政府打压中国半导体产业后，国产化 EDA 获得了千载难逢的发展机会。

在数字芯片 EDA 领域，Synopsys、Cadence 等西方公司凭着几十年的技术积累和市场开拓，其技术和市场影响力处于绝对优势地位。

数字芯片前端有两款核心的 EDA 工具：数字仿真器和数字综合器，它们是进行数字芯片设计的必备工具。其中数字仿真器涉及 4 个方面的内容。

- 设计语言：Verilog、VHDL。
- 验证语言：Verilog、Perl、TCL、Python、C/C++、Vera、E、System Verilog。
- 验证平台：OVM、VMM、UVM。
- 仿真器：VCS、NCSim、ModelSim。

数字芯片使用 Verilog HDL（简称 Verilog）语言和 VHDL 语言进行设计。其中 Verilog 语言占主导地位。

早期由于芯片规模小，功能简单，使用 Verilog 语言和脚本语言即可完成芯片验证，不需要专用的验证语言。随着芯片设计规模的扩大，Verilog 语言已无法满足验证需要，其他各种通用语言被引入到芯片验证中，比如 TCL、Perl、C/C++ 等。Synopsys 公司早期推出了 Vera 验证语言，支持面向对象的编程，很好地满足了验证需求，并取得了很大的商业成功。

验证需求的扩大促使新的验证方法学和验证语言被发明出来，E 语言就是杰出代表。该语言首次提出"基于功能覆盖率的随机测试方法"，使用量化数据来衡量验证充分性，并通过随机测试方法提升验证效率。可以说，E 语言是芯片验证领域数十年来难得的创新产品，一经推出，就得到了行业的认可，并很快获得了商业成功。随后，Cadence 公司收购了 E 语言及平台产品，将其集成到自家的 NCSim 仿真器中，大幅提升了该仿真器的市场占有率。后来因为商业竞争的需要，Synopsys 公司参照 E 语言，主导推出了 System Verilog 语言，并逐渐成为占主导地位的验证语言。

就技术而言，System Verilog 语言的验证部分基本沿用了 E 语言使用到的概念和方法。由于 System Verilog 同时继承了芯片设计语言 Verilog 的语法，需要兼顾芯片设计和芯片验证的需求，编程语法变得复杂难用，编程效率和执行效率都受到影响。

芯片规模和业务复杂度的增大对芯片验证平台提出了更高的要求，仅有专门的验证语言还远远不够，还需要有统一的验证平台架构来支撑芯片验证业务的开展。每家仿真器供应商都提出了一套验证方法学和验证平台架构，其发展历程如图 3-1 所示。

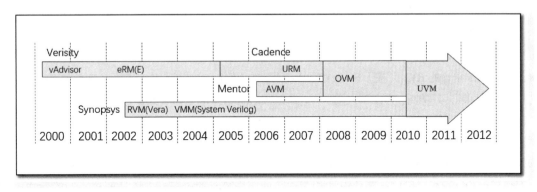

● 图 3-1 验证方法学和验证平台架构发展历程

2000 年前后，Verisity 公司发明了 vAdvisor、eRM 验证方法学和验证平台，随后，其他公司先后推出了 RVM、VMM、URM 和 AVM，随后经过融合形成了 OVM 和 UVM 验证方法和验证平台。各种验证方法学和验证平台简要介绍如下。

- vAdvisor：verification Advisor，验证指导师。由 Verisity 公司发明的基于 E 语言的验证方法学和验证平台。
- eRM：e Reusable Methodology，由 Verisity 公司发明、基于 E 语言的可重用验证方法学和验证平台。

- **URM**：Universal Reusable Methodology，由 Cadence 公司推出的基于 System Verilog 语言的通用可重用验证方法学和验证平台。
- **RVM**：Reusable Verification Methodology，由 Synopsys 公司推出的基于 Vera 语言的可重用验证方法学和验证平台。
- **VMM**：Verification Methodology Manual，由 Synopsys 公司推出的基于 System Verilog 语言的验证方法学手册和验证平台。
- **AVM**：Advanced Verification Methodology，由 Mentor 公司推出的基于 System Verilog 和 SystemC 语言的高级验证方法学和验证平台。
- **OVM**：Open Verification Methodology，由 Cadence 公司和 Mentor 公司共同推出的基于 System Verilog 语言的开放验证方法学和验证平台。OVM 是 URM 和 AVM 两种方法学和验证平台的合并和统一。
- **UVM**：Universal Verification Methodology，由多家 EDA 公司在 OVM 和 VMM 的基础上，联合推出的通用验证方法学和验证平台。UVM 是使用 System Verilog 语法、大量宏构建的验证平台框架。

以上验证方法学和验证平台，从 2000 年到 2011 年前后，一共发展了 10 余年，主要的原始技术来源于 E 语言和 vAdvisor。从 2011 年，又过了 10 余年，也就是编写本书的时间 2021—2023 年，验证方法学和验证实现技术没有新的突破和发展。可以说，在芯片产业蓬勃发展的今天，人们使用的基本上是 10 年前，甚至是 20 年前的验证技术。

在通用的验证方法学和验证平台出现之前，各家大的芯片厂商都发展了自己的 In-house 芯片验证平台。作为一门通用技术的验证方法学和验证平台，有了专用的编程语言才得以发展起来。E、Vera、System Verilog 是专门的验证语言，必然有与之配套的验证方法学和验证平台，比如：基于 E 语言的 eRM，基于 Vera 语言的 RVM，基于 System Verilog 语言的 UVM。这些编程语言和验证方法学都是为了解决芯片验证的问题，其功能、方法都大同小异，最终归结到 System Verilog 和 UVM 组合上。

System Verilog 和其他两种编程语言 E 和 Vera 有所不同：E 和 Vera 只是芯片验证语言，没有支持芯片设计的语法。System Verilog 语言作为一种支持芯片验证的编程语言，同时集成了芯片设计语言 Verilog 的语法，也是支持芯片设计的编程语言。

有这样一个问题可以探讨：芯片设计和芯片验证使用统一的语言好，还是使用不同的专用语言好？我认为，芯片设计和芯片验证分别使用不同的专用语言更好。道理很简单：芯片设计是描述硬件的行为，芯片验证是使用软件模拟芯片的使用环境（芯片实际的使用环境也就是软件），实质是描述软件行为。现实中，软件和硬件泾渭分明，同一门编程语言既要用来描述硬件功能，又要用来描述软件功能，编程语言的语法复杂度可想而知，需要编程人员适应这种复杂的编程语法，这对非软件专业背景的芯片验证工程师而言有一定的技术门槛，验证工程师更需要类似脚本化的编程语言，如 Perl、Python 等，语法简洁，功能强大，编程高效。

使用统一编程语言来实现芯片设计和芯片验证还会带来技术发展问题：为芯片并行仿真加速设置了障碍。芯片设计代码是并行执行代码，可以通过工具自动分割成不同的仿真任务并分配到不同的

CPU 核上执行，芯片验证代码是顺序执行代码，无法有效分割成多线程任务。

当前，整个芯片产业都面临着芯片验证效率问题，包括验证平台编程效率和仿真执行效率。这为发明一门新的、专门针对芯片验证（不含芯片设计）的验证语言及验证平台创造了机会：Eagle 编程语言、PVM 和 DVM 验证平台从此诞生。

了解和使用过 UVM 的验证工程师都知道，UVM 的语法和功能都是使用 System Verilog 语言的宏定义来实现的，语法冗长烦琐，编程负担重。PVM 验证平台和 Eagle 编程语言同步实现，PVM 验证平台的特性需求可以由 eagle 编译器做特殊处理，其语法和 Eagle 语言完全保持一致，以提供更好的易用性和执行效率。

▶▶ 3. 1. 2　验证语言设计需求

芯片验证，就是通过一系列的编码来完成验证平台的搭建，构建测试用例，完成芯片的仿真验证。一个功能完整的验证平台可以分为 3 层，每层处理不同的业务。

1）物理信号层 L1：实现芯片接口信号时序控制，完成业务数据的传递。

2）数据链路层 L2：随机数控制及产生，产生结构化的业务数据，对数据进行封装和解封处理，以及功能覆盖率定义和收集。

3）业务层 L3：对数据进行业务逻辑分析和处理。

芯片是一个数据处理系统，芯片验证平台要包括数据的产生、传输、处理、比较等功能。按理来说，通用编程语言，比如 C/C++、Python、Perl 等，即可实现这些功能。但考虑到编程语言的复杂性、难度、效率，特别是适用性，通用的编程语言无法满足验证的需要。另外，随机控制、功能覆盖率定义和收集是芯片验证领域特有的特性，通用编程语言无法提供友好、方便的支持。

验证语言需要支持的特性如下。

1）提供与芯片硬件相关的、易使用的数据结构。比如：位、寄存器、数据包。通用语言提供的数组、结构体、类虽然可以变通实现这些数据结构，但操作烦琐，编程工作量大。

2）提供特有的功能覆盖率数据结构。芯片验证需要对场景进行分析，需要覆盖尽可能多的场景。场景分析的结果一般是文本描述，编程语言该如何表示呢？这就需要编程语言有专门的数据结构来描述芯片的使用场景，通用编程语言没有这样的数据结构。E 语言提供了 cover-item-ranges-range-cross 语法结构来定义芯片使用场景，即功能覆盖率定义。System Verilog 语言提供了 covergroup-coverpoint-bins-cross 的语法结构来定义功能覆盖率。这种语法结构表现力低，编程效率低下。即使描述一个简单的使用场景，也要输入很多冗余信息，经过烦琐的编程才能描述清楚，有很大的使用成本。

3）支持产生随机数，且能与功能覆盖率数据结构结合，直接实现覆盖率命中目标。当前市面上的技术无法实现功能覆盖率定义和随机数产生形成闭环。

4）方便、快捷地产生相关的数据包，比如 TCP/IP 包、CPU 指令等。现有方案编程烦琐，效率低。

5）数据包处理：包括数据域处理、数据域拼接、组包、拆包等。其方便性、功能特性要优于通用编程语言的数组、结构体和类。

6）支持数据包的方便传输。

7) 编程效率高，使用门槛低。

8) 支持多核并行仿真，执行效率高。随着芯片规模的增大，仿真效率是瓶颈，多核并行仿真是发展趋势。

▶▶ 3.1.3　Eagle 语言设计思想和理念

在设计 Eagle 语言的过程中，我们分析了各种编程语言的特点，如 C、C++、Java、E、System Verilog、Go、Python 等语言，参照、吸收了编译型语言和解释型语言的特点和优点。我们期望 Eagle 语言有 Python 脚本语言的简洁、高效编程的特点，又有接近 C++语言的执行性能。

根据芯片验证领域的需求，针对芯片验证工程师的诉求，在设计 Eagle 编程语言时，我们始终贯彻如下编程思想和理念。

（1）简洁美观

Python 语言是一门脚本语言，更接近自然语言，其语法简洁明了，学习成本低。Eagle 语言参考了这些特点，只使用最简单、自然的、美观的语法来编程。与之相对，C++语言语法复杂，功能强大，需要涉及计算机结构、底层算法、内存管理等，非软件专业的从业人员难以掌握并应用自如，涉及模板、设计模式等高级特性时难度更高。

Eagle 语言追求极简风格，避免使用冗长、多层次的语法结构。为了减少验证人员的负担，能省一个字符就省一个字符。比如：代码行结束不需要分号；代码分块不需要大括号，使用缩进对齐区分代码块，提升代码美观度；定义函数时，不需要像 Python 一样使用"def"关键字。

从编译器实现角度来看，使用分号作为代码行结束标志，使用大括号来区分代码块，会为编译器的语法解析带来很大方便，但这会增加编程人员的编程负担，并且是永久的负担。编译器只须做一点小的努力，就会为编程人员减轻这种负担。

（2）严谨

严谨体现在限制语法的灵活性上。我们贯彻一个理念，如果完成一件事有多种方法，我们会从中选择一种最自然、最合适、最简洁的一种方法，而放弃或禁止使用其他方法。这样一方面可以减轻编程人员掌握语言语法的负担，另一方面有助于编程人员形成一种规范的编程风格，以便代码的管理和交流。

在定义枚举类型时，回归枚举类型的本来意义，枚举类型和整数类型不能相互赋值，虽损失了灵活性，但更严谨。

（3）高效

首先体现在编程效率上。编程是否高效很大程度取决于可以使用的数据结构。C++语言比 C 高效，主要是因为提供了各种容器，Python 语言比 C++高效，主要是因为使用了更简洁的语法，摒弃了指针，提供了更加易用的容器，如 list、dict。Eagle 语言也实现了 list、dict 容器。

作为一门芯片验证的专用语言，我们设计了 bit 数据结构用于处理位数据；设计一维/二维 byte 数据结构，以便进行数据包的产生和处理。

高效的另一方面是程序的执行效率。Python 是解释性语言，执行效率没法和 C/C++比。Eagle 语言采用编译执行的方式，其执行效率可以接近 C++。为了提升执行效率，针对 list、dict 容器，还提供了可以通过引用提升效率的 rlist、rdict 容器版本。

为进一步提升程序的执行效率，语言的一个重要特性就是支持多线程编程，编程人员使用简单的语法和组件即可实现多线程编程，而无须关注底层的线程同步、资源共享的问题。

（4）整体性

在常用的编程语言中存在的各种基本数据类型，其本质是存储结构。这些基本类型数据将内存划分成大小不一、零碎的存储空间，即使使用结构体、类来对这些数据进行封装，依然存在字节对齐问题和存储空间浪费问题。

Eagle 语言变换了思考角度，从整体出发，摒弃了结构体的数据结构，设计了 bit、byte 整体数据结构，避免使用零碎的变量来存取数据包的内容，不用对数据进行封装、解封装的操作。

（5）专业化

在芯片验证领域，需要定义功能覆盖率，需要实现随机测试和直接测试。针对这样的专业需求，我们设计了 cover 数据结构，取代 E 语言的 cover-item-ranges-range-cross 语法结构和 System Verilog 语言的 covergroup-coverpoint-bins-cross 语法结构。cover 数据结构简洁、规范，表现力强，实现了现有技术无法描述的功能覆盖率定义场景。通过内置随机算法，可以减少随机约束编程，进一步提升编程效率。

（6）以数据为中心

在一般的编程语言中，产生随机数据的过程是：先定义变量，再对变量进行操作，最后根据约束产生随机数。这是以变量为中心的编程思路。

在芯片验证领域，需要处理大量的数据，如果为每个数据都定义一个变量，则需要定义大量的变量，编程工作量就会巨大。Eagle 语言采用以数据为中心的编程思想，优先产生数据，数据可以传递给任何变量。

（7）面向对象编程

面向对象编程是大多数语言都支持的特性，在 Eagle 语言设计之初，有一种想把 Eagle 语言的所有变量、常量都设计成面向对象、类的冲动。类是一种很好的封装类型，似乎是一种理想的数据结构。但使用类来封装所有的数据也会带来层次关系、关联的复杂性。我们在封装性和扁平化编程之间寻找平衡，只支持类的常用、简洁的特性，避免使用多重继承等扩充性强但实用性不大的特性。为了编程的简易性和高效性，弱化指针概念，对象的内存分配和释放自动完成，且不需要垃圾回收机制。

（8）弱类型

自然语言、高级编程语言不希望对变量类型进行严格区分，比如 int 是 8 位、16 位还是 32 位、64 位。区分太多的类型会使得编程语法烦琐且复杂。变量类型实质是变量的存储类型，应用程序编写人员不需要过多关心变量的存储结构。Python 语言受到编程人员喜爱的一个重要因素就是弱类型设计，比如，在 list 列表中可以存放任意类型的变量。在开始设计 Eagle 语言时，弱类型是一个追求目标，但 Eagle 语言毕竟是编译型语言，难以做到如解释型语言的类型弱化程度。在设计基本数据类型时尽量少引入过多类型，在易用性、功能性间找到平衡。在后续的版本中，还会继续研究弱化类型的设计，为用户提供更方便的编程语法。

3.2 语言概况

一门编程语言都有一些基本定义和约束，包括编码方式、源文件定义和组织、编译方式、运行方式等。通过一个简单的示例可以了解 Eagle 语言的基本语法和概况。

▶▶ 3.2.1 初识 Eagle 语言

（1）HiEagle 代码样例

下面从一个简单的 HiEagle 程序体验一下 Eagle 语言的语法特点。

```
1  // main.egl: This is the first Eagle program
2  package HiEagle
3  use eaglelang
4
5  int EagleMain(list<string> args):
6      info("Hi, Eagle!")
7      return 0
```

第 1 行：使用 "//" 单行注释符。代码文件名为 main.egl。egl 是 Eagle 的缩写，作为源文件扩展名。

第 2 行：定义一个名称为 HiEagle 的 package 程序包。这是所有 Eagle 代码源文件通用的第一行可执行代码。

第 3 行：使用一个程序包 eaglelang。eaglelang 是 Eagle 语言的基础程序包，会默认加载。

第 5 行：EagleMain 函数是 Eagle 语言的主函数，输入参数为一个 string 字符串类型的 list 列表，返回值为 int 整数型。冒号 ":" 表示函数体开始。

第 6 行：使用 4 个空格缩进的对齐方式，作为下一级代码块的开始。缩进对齐的代码属于同一个代码块。info( ) 是系统函数，打印输出字符串。

第 7 行：退出函数，返回 0。

代码编译并执行命令：

```
eagle run main.egl
Hi, Eagle!
```

eagle 是编译器命令，run 是编译参数，表示编译后直接执行，main.egl 是源文件名。

（2）编译器安装目录结构

eagle 编译器安装目录结构如下。

```
eagle                          根目录
    |---- bin                   eagle 编译器、其他工具可执行程序目录
    |---- eaglelang
        |---- include           头文件目录
```

```
     |---- lib64
|---- eaglepvm                          动态库目录
     |---- include                      头文件目录
     |---- lib64                        动态库目录
|---- package                           程序包目录
|---- example                           示例目录
```

（3）eagle 编译器命令

Eagle 语言的编译器执行程序为 eagle，常用的编译器命令如表 3-1 所示。

表 3-1　eagle 编译器命令

执 行 命 令	说　　明
eagle init projName	创建工程名为 projName 的工程目录
eagle parse path	将 path 路径下扩展名为.def 的定义文件转换为 C/C++的.h 头文件
eagle build path	编译工程
eagle clean path	清理工程
eagle rebuild path	清理工程，重新编译工程
eagle run src.egl args	编译并执行 Eagle 源文件（需要有 EagleMain（）函数）

eagle init projName 命令产生如下工程目录结构。

```
projName                                工程根目录
    |---- make.prjcfg                   makefile 配置文件
    |---- bin                           执行程序
    |---- build                         编译临时目录
    |---- eagle                         eagle 源代码目录
    |---- packages                      程序包目录
    |---- src                           资源目录
    |---- testcase                      测试用例目录
    |---- verilog                       verilog 代码目录
```

make.prjcfg 文件是 makefile 配置文件，其格式示例如下。

```
[centos]
  [project: demo]                  // project name, required
  [parameters]
     [mode: debug]
     [version: 0.01]
  [include]
  [libpath]
     [./packages/cmodel/lib64]
  [library]
     [cmodel]
```

在 make.prjcfg 文件中，对工程文件进行配置，控制编译过程。其中工程名必须指定。如果使用到相应的库文件，需要指定库的路径。

▶▶ 3.2.2 代码源文件

Eagle 语言代码源文件遵循如下规范。

1）编码格式遵循 UTF-8 编码规范。

2）代码标识符、目录名、文件名严格区分大小写。

3）使用 egl 作为源文件扩展名，egl 是 Eagle 的缩写。

4）使用 def 作为 package 程序包文件扩展名，def 是 definition 的缩写。

5）任何一个 egl 源文件都属于一个 package 程序包。源文件的首行代码必须是 package 语句，指明该源文件属于哪个 package 程序包。

6）使用 use 语句加载一个 package 程序包，这样该 package 程序包中的全局变量、函数和类，就可以在新的代码文件中使用。

7）使用 blank 空语句为空函数代码块占位。

代码示例如下。

```
// file name: source.egl
package project          // 首行代码必须是 package 语句,指明该文件属于哪个程序包
use eaglelang

// 全局变量定义
int giSeed

// 全局函数定义
func1(int i, float f):
    blank     // 空语句,当函数或类暂时为空时,可以使用 blank 语句占位

// 类定义
class myClass:
    int width
    int height
    func1():
        blank
    func2():
        blank
```

source.egl 代码源文件属于 project 程序包，在该文件内可以使用 eaglelang 程序包里的全局变量、函数和类资源。project 程序包中有全局变量 giSeed、全局函数 func2 和类 myClass。

▶▶ 3.2.3 package 程序包

使用 package 程序包对多个代码源文件进行管理。程序包 package 由多个 .egl 代码源文件组成，每个 .egl 代码源文件必须属于一个且只能属于一个 package 程序包。代码源文件的首行代码必须是 package 语句，指明该源代码文件属于哪一个 package 程序包。每个源代码文件只能有一条 package 语句。

多个 .egl 代码源文件放在同一个目录下组成一个 package 程序包。建议同一个 package 程序包的代码源文件放在同一个目录下，不同程序包的源文件放在不同的目录下，且目录名和 package 程序包名相同。

在代码源文件中，使用 use 使用其他 package 程序包。其他程序包中的全局变量、函数和类资源可以在当前的程序包中使用。

系统自带多个程序程序包。用户也可以自行扩展程序包。程序包下面没有子程序包，所以不支持程序包的多层嵌套。

Eagle 语言提供两个系统程序包：eaglelang、eaglestd。任何程序包都可以直接使用这两个程序包，而无须使用 use 语句来调用。

将已实现的函数、类封装成一个库供他人使用，需要输出一个 package 程序包 def（definition）定义文件和 .so 动态库。def 定义文件语法和 Eagle 源文件的语法完全一致，使用 def 作为文件扩展名。如下代码定义了一个 mylib.def 的程序包。

```
// file name: mylib.def
package mylib

int giSeed

func1(int i, float f):
    blank       // blank 既可以是合法的空语句,也可以用于隐藏代码实现

class CMylib:
    int width
    int height
    func1():
        blank
func2():
    blank
```

程序包 mylib 内包含 3 种资源：全局变量、全局函数及类定义。def 定义文件和 Eagle 源文件的不同之处在于，def 定义文件中的函数体都为空，使用 blank 语句占位，隐藏了函数、类的具体实现。

▶▶ 3.2.4　编译工程

单个源文件可以直接编译。当源文件数量比较多时，通常创建编译工程来管理、编译这些源文件。

为了保证编译工程的管理以及编译效率，特别约定如下。

1）一个 package 程序包支持的最大源文件数量为 100，使用系统变量设置：maxFileNum = 100。

2）单个源文件所支持的最大代码行数为 5000 行，使用系统变量设置：maxFileLineNum = 5000。

3）一个程序包支持的总的代码行不能超过 10 万行，使用系统变量设置：maxLineNum = 100000。

在一个编译工程中可能存在多种类型的输入文件：比如 Eagle 源文件、C/C++ 源文件、动态库。Eagle 代码和 C++ 代码可以进行混合编译。编译输出也可能是动态库或可执行程序。根据多种组合情

况, 7 种编译工程类型如表 3-2 所示。

表 3-2 7 种编译工程类型

序　号	类　　型	输　　出
1	编译的同时执行 Eagle 源文件	可执行程序
2	Eagle 源文件	Eagle 库/可执行程序
3	C/C++代码	Eagle 库
4	Eagle 源代码 + C/C++代码	Eagle 库/可执行程序
5	C/C++代码 + .so 动态库 (.h 头文件)	Eagle 库
6	Eagle 源代码 + .so 动态库 (.h 头文件)	Eagle 库/可执行程序
7	Eagle 源代码 + C/C++代码 + .so 动态库 (.h 头文件)	Eagle 库/可执行程序

▶▶ 3.2.5 代码行和代码块

在设计 Eagle 语言时, 我们参考了 Python 语言的基本语法, 从人的视角来看待语法的风格, 尽量接近自然语言, 做到简洁、美观。针对代码行和代码块, 我们做了如下设计。

1) 代码行的结尾不需要使用分号 ";", 有分号时编译器会报错。这样每行代码可以节省一个字符的输入。

2) 一行只容纳一条语句, 便于代码阅读和维护。

3) 一条语句虽然可以定义多个相同类型的变量, 但是建议只定义一个变量, 便于代码阅读和维护。

4) 使用缩进对齐区分代码块, 不需要使用大括号 {} 来划分代码块 (这样可以减少字符输入)。按照缩进量的不同, 代码块可以分为不同的层次。从阅读角度, 大括号是不必要的语法符号, 可以省略。用来定义空函数的 blank 语句, 类似 Python 的 pass 语句。

5) 代码块的缩进量为 4 个空白字符的整数倍。制表符 tab 不能作为代码缩进的空白字符, 需要文本编辑器自动将 tab 转换为空白字符。

6) 对于较长的代码行, 可以使用续行符 "\" 来换行。跨行的代码不需要缩进对齐。

代码行及代码块示例如下。

```
//一行只能有一条语句
int a
//一行可以定义多个相同类型变量,但推荐做法是一行只定义一个变量
int a, b
//语句结尾不需要分号,有分号时编译器报错
int a;
// 多条对齐的语句(即缩减相同的语句)组成代码块,不需要使用大括号"{}"定义代码块
class base:
```

```
    int a
    int b

    // 空代码块使用 blank 语句占位
    initial():
        blank

    initial(int a_in, int b_in):
        a = a_in
        b = b_in
// 代码跨行,除第一行外,其他行不需要缩进对齐
if ( i == 0 && j >= 20 && k <=45 || \    // 这里可以加注释
    cross_list.size() <= i * 2 + j * 2 * i - k - 5 && coverage_list.size() > 4 || \
    sequence_list.size() == 0 ):
    blank
```

　　示例中,if 条件判断语句很长,使用续行符"\"将长的逻辑表达式分多行编写,使代码变得更整洁,便于编写和阅读。

▶▶ 3.2.6　注释

注释在编程语言中发挥着重要作用,注释可以实现如下两种功能。

- 注释功能:如版权声明、变量、算法、功能说明等。这是设计注释语法的初衷,大多数编程语言都实现了注释语法,功能算是完整,但不完善,典型的问题就是不支持嵌套注释。
- 代码调试功能:临时将部分代码及相关的注释一起"注释"掉。这是程序员扩展了注释语法的使用范围。可能编程语言的设计者开始并没有考虑到这种需求。在这种使用条件下,不支持嵌套注释的问题显得比较突出。语言的设计者也并不觉得这是一个问题,即使很新的语言,如 Go 语言的注释语法都不支持嵌套注释,程序员也只能忍受这种设计。

Eagle 语言对注释语法进行了重新设计,重点解决嵌套的问题。Eagle 语言的注释语法包括如下两种类型。

（1）单行注释

单行注释以双斜杠"//"开始,在"//"前可以有空格和 tab 字符。单行注释可以占据整行,也可以在代码行的末尾。Eagle 语言的单行注释和 C/C++语言的单行注释没有区别。

```
// 单行注释
// 这是单行注释,占用一整行
int i    // 这是单行注释,和代码共用一行,单行注释在行的末尾
info("单行注释以"//"开始")  // 代码里的字符串中可以有注释符"//"
```

字符串常量内的注释符号"//"不会被当成注释的开始。

（2）多行注释

注意不是"块注释"。多行注释意味着至少需要占据两行。

多行注释以"/*"开头,以"*/"结束,且"/*"和"*/"分别占据独立的行。这种设计

有别于其他编程语言。如果在注释内容中存在 "/＊" 和 "＊/" 字符串，只要不是单独成行，则不会当成是注释的开始和结束标志。

```
// 多行注释
/*
这是多行注释,上一行的"/* "和下一行的"* /"字符串单独成行。
    多行注释内的"/* "和"* /"字符串,不会被视为注释的开始和结束。
* /

/*
这是多行注释,上一行的"/* "和下一行的"* /"字符串单独成行,其前后可以有空白、tab 等空字符。
    多行注释内的"/* "和"* /"字符串,不会被视为注释的开始和结束。
* /

/* * //
这是非法的多行注释,上一行的"/* "字符串前后不能有非空字符。
* /
```

多行注释实现了嵌套注释功能：多行注释内可以有代码、行注释和多行注释。

```
// 嵌套注释
/*
这是多行注释,上一行的"/* "和最后一行的"* /"字符串单独成行。
    多行注释内的"/* "和"* /"字符串,不会被视为注释的开始和结束。

多行注释内部可以包含代码、行注释和多行注释
// 这是行注释,下一行是代码,属于被暂时注释掉的代码
int a = 1
/*
这是多行注释,上一行的"/* "和下一行的"* /"字符串单独成行。
        多行注释内的"/* "和"* /"字符串,不会被视为注释的开始和结束。
* /
* /
```

附言：

多行注释中的 "/＊" 和 "＊/" 必须单独成行，不能再有其他额外的非空字符。通过这种限制就可以实现嵌套注释的功能。

注释是编程语言中最简单的语法，不支持注释嵌套虽然不是什么大问题，但一直没有被解决，即使是最新上市的编程语言也延续了传统语言的注释语法。在设计 Eagle 语言时，我们在注释语法上设计了多种方案来解决注释嵌套的问题，最后选择了多行注释语法。我们不得不和传统习惯做斗争，传统的块注释语法被我们做了改进和限制，希望 Eagle 语言使用者能接受多行注释语法带来的改变。Eagle 语言的使用者不会再在注释嵌套问题上有任何使用问题。

3.3 函数

函数是编程语言的基本语法，包括全局函数和类成员函数，两者有很多共同点，也有一些区别。

本节介绍函数的一般特性，类成员函数在类定义章节介绍。

▶▶ 3.3.1　函数的定义

函数定义包括函数声明和函数实现，只在 package 程序包内使用的函数，只须在.egl 源文件里同时完成函数声明和函数实现。在 package 程序包外使用的函数，需要在.def 文件中进行函数声明（使用 blank 语句隐藏函数的实现）。

在同一个.egl 源文件和 package 程序包内，可以在函数调用之前或之后进行函数定义。函数定义的形式如下。

```
int func1():
    blank
    return 0

func2(int i, string str, out byte B):
    blank
    return
```

函数的定义语法和 C/C++的函数语法接近，和 Python 在函数名前加 def 关键字不同。Eagle 函数定义包括如下几部分。

- 函数名：func1、func2 是函数名。在同一个 package 程序包内，函数可以重载（即同名函数），通过参数的个数和类型不同来区分不同的函数。返回类型不能作为函数重载的区分标志。
- 函数返回类型：int，也可以没有返回值。返回值可以为简单类型，也可以为复杂类型。
- 函数输入参数：也可以没有输入参数。函数参数不支持默认值。
- 函数输出参数：使用 out 关键字表示是输出参数。带 out 关键字的输出参数，在传递实参时不能使用常量字面值或任何表达式。

▶▶ 3.3.2　函数的参数和返回值

函数可以有 0 个或多个输入参数和输出参数。在函数调用时，需要传递实参。传递实参时存在传值和传引用的区别。传引用的实参，可以作为输出参数使用。Eagle 语言规定：

- 基本数据类型 int、uint、bool、float、string 的实参，采用传值的方式。
- 容器类、专用数据类型 list、rlist、dict、rdict、bit、byte、cover 等的实参，采用传引用的方式。
- 用户自定义类型的实参，采用传引用的方式。

Eagle 语言没有指针和引用的概念，上述描述使用"引用"，是借用 C++语言的概念以便用户理解输出参数的行为。

使用 out 关键字可以明确参数为输出参数。使用 out 关键字的形式参数，在函数调用时，实际参数只能为变量，不能为常量字面值或任何表达式。

函数定义和调用示例代码如下。

```
bool func1(int i, out byte B):
    B[0] = 2
    return true

bool func2(out int i, out byte B):
    i = 20
    return true

int EagleMain(list<string> args):
    bool flag
    int index = 5
    byte B1

    flag = func1(5, B1)            // 正确的调用方式
    flag = func1(5, 20)            // 错误的调用方式:定义为 out 的参数,实参不能为字面值
    flag = func1(5, B1 + 1)        // 错误的调用方式:定义为 out 的参数,实参不能为表达式

    flag = func2(index, B1)
    info(f"index = %d\n", index)   // index = 20
    return 0
```

使用 out 关键字，基本数据类型参数也可以是输出参数，函数体内的赋值可以输出到函数体外。函数返回值可以是任何类型。如果需要返回复杂类型，建议使用输出参数。

同样，函数返回值也有传值和传引用的两种方式。Eagle 语言规定：

- 基本数据类型 int、uint、bool、float、string 的返回值，采用传值的方式。
- 容器类、专用数据类型 list、rlist、dict、rdict、bit、byte、cover 等的返回值，采用传引用的方式。
- 用户自定义类型的返回值，采用传引用的方式。

在函数定义的冒号 "：" 后，增加 debug 属性符，编译器会为该函数创建调试信息，在函数执行时，会输出 VCD（Value Change Dump，值变化存储）格式的调试文件。使用波形查看工具，可以完整地查看函数的执行过程。这对多线程程序的调试十分有用。

3.4 面向对象

Eagle 语言所有设计都是面向对象的设计，使用类对数据和函数进行封装和管理，相对 C++语言，Eagle 语言的类语法要简单得多。

▶▶ 3.4.1 类的基本定义

class 类的成员变量不区分 public 和 private，所有数据成员都为 public，都可以使用 "对象名 . 成员变量名" 直接取值和赋值。

类的成员函数不区分 public 和 private，所有函数成员都为 public，都可以使用 "对象名 . 成员函数名" 直接调用。

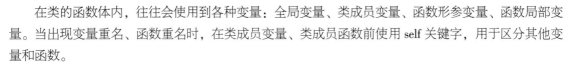

在类的函数体内，往往会使用到各种变量：全局变量、类成员变量、函数形参变量、函数局部变量。当出现变量重名、函数重名时，在类成员变量、类成员函数前使用 self 关键字，用于区分其他变量和函数。

```
class person:
    string name
    int age = 20
    int gender     // male:1, female:0
    initial(string name):
        self.name = name
        info("initial the person object!")
    release():
        info("release the person object resource!")

    learn():
        info("person learn actions here!")

int EagleMain(list<string> args):
    person Bob("Bob")
    Bob.learn()
    return 0
```

示例中，使用 self 表示后续变量为该类的成员变量。

当成员函数和全局函数出现重名时，优先使用成员函数，不需要使用 self 来访问成员函数（使用 self 也没有问题，但是 self 是多余的）。如果要访问全局函数，需要在全局函数前面使用 "packageName::" 来调用全局函数。

成员函数可以有多态。子类的同名函数覆盖父类的同名函数（参数的个数和类型相同）。类的成员函数可以重载，通过参数的个数、类型来区分。

▶▶ 3.4.2　构造函数和析构函数

类的构造函数为 initial( )，析构函数为 release( )。构造函数可以带 0 个或多个参数；析构函数不带参数。

构造函数 initial( )，子类的构造函数调用父类的构造函数，多个父类的构造函数按继承顺序进行调用。无参的构造函数为默认构造函数。

析构函数 release( )，子类的析构函数调用父类的析构函数，多个父类的析构函数按继承顺序进行调用。

构造函数无返回值。可以重载，可以有多个构造函数。

析构函数不带参数，也无返回值，故析构函数不能重载，只能有一个析构函数。

构造函数会自动被隐式调用，也可以显式调用。

析构函数会自动被隐式调用，不能被显式调用。如果显式调用，编译会报错。

特别提醒：在类的构造函数和析构函数中，不要使用全局变量，这是因为全局变量对象例化和释放无确定的顺序，可能导致程序崩溃。

▶▶ 3.4.3 类的继承

一个类可以被其他类继承。被继承的类为基类，也被称为父类，继承其他类的类为子类。

一个子类只能继承一个基类，也就是一个子类只能有一个父类，不能有多个父类。

一个父类也可以有父类，这样，一个子类有一个父类，也有一个父类的父类，即爷类，以此类推。也就是说，一个子类可以继承多个基类，按层级一步步继承，但不是多重继承。

```
class person:
    string name
    int age = 20
    int gender      // male:1, female:0
    initial(string name):
        self.name = name
        info("initial the person object!")
    release():
        info("release the person object resource!")

    learn():
        info("person learn actions here!")

class student of person:
    int grade
    learn():
        info("student learn actions here!")
    sing():
        info("student sing actions here!")

student Leo("leo")
Leo.sing()
```

在表示类的继承关系时，不同的语言使用的关键字和形式都有所不同，如下所示。

```
// ==== C++ ====
class cNew : public cBase
{
}

// ==== Java / System Verilog ====
class cNew extends cBase
{
}

// ==== Python ====
class cNew(cBase):
    pass

// ==== Eagle ====
```

```
class cNew of cBase:
    blank
```

Eagle 语言在表示继承关系时，仅使用"of"关键字，既简洁又明了。比 C++/Java/System Verilog 语言简洁，和 Python 类似，但比 Python 更明了。Python 使用"( )"表示继承关系，容易和函数混淆。

▶▶ 3.4.4 类限定符

在 class 关键字前增加类限定符，对类做一定的限制，类限定符包括以下几种。

- final 限定符：表示该类不能被继承。如果被继承，编译时会报错。
- virtual 限定符：表示该类是虚基类，不能被例化，只有在继承后对其子类进行例化。如果直接对虚基类进行例化，编译时会报错。
- static 限定符：表示该类既不能例化，也不能被继承，其成员变量和成员函数都是静态的。可以使用 className::funcName( )访问类的成员函数。

final 限定符和 virtual 限定符不能同时使用；static 限定符可以和 final 限定符、virtual 限定符同时使用。

```
virtual class mTxVC:
    blank

mTxVC tx     // 编译时报错,虚基类不能例化
final class byte:
    blank

class myByte of byte:      // 编译时报错,final 类不能被继承
    blank

static class funcClass:
    int id
    int func():
        return 0

funcClass::id = 8
funcClass::func()

funcClass obj     // 编译时报错,static 静态类不能例化

class myClass of funcClass:      // 编译时报错,static 静态类不能被继承
    blank
```

示例中 mTxVC 类是虚基类，不能被例化。byte 类为 final 类，不能被继承。funcClass 类为静态类，其成员变量和成员方法都为静态，可以使用"类名::"进行访问。静态类不能被例化，也不能被继承。

▶▶ 3.4.5 类属性符

在类定义的冒号":"后增加类属性符，用于控制编译器的处理行为。Eagle 语言支持的类属性符包括 factory，即工厂模式，告诉编译器为该类产生构造工厂。

```
class eth of packet: factory
    blank

eth p => new("eth")
```

为一个类创建 factory 工厂后，可以使用类名的字符串形式动态创建类实例。new( )函数会产生一个对象，该对象是一个匿名对象，可以使用别名操作符 "=>" 为该对象取一个对象别名。p 是 eth 类型的一个变量，该变量是该匿名对象的一个别名，使用别名 p 就可以操作该对象。如果 new( )函数的参数指定的类名不存在，其返回的是空引用，使用 isnil(p) 函数判断 p 引用是否为空，使用空引用程序会报错退出。

▶▶ 3.4.6　对象别名

类例化后生成一个类对象，类对象是一个变量。对象在参数传递、赋值、使用过程中，很多情况下会发生对象的拷贝操作，不但浪费内存，还影响程序执行效率。

Eagle 语言引入了对象别名语法来消除这种对象的拷贝操作，以减少内存占用，并提升程序的执行效率。

使用别名操作符 "=>" 为一个对象取一个别名，新的变量就是原对象的一个别名变量。

也可以认为 "=>" 是标签操作符，为一个对象打上一个标签，新的变量就是原对象的一个标签变量。

对象别名示例代码如下。

```
byte B1(4) = 0x1122_3344
byte B2 => B1
byte B3 => B1
byte B4 => B3
B2 = 0xAABB_CCDD        // 等同对 B1, B2, B3, B4 对象进行赋值操作
B1 = 0x55AA_AA55        // 等同对 B1, B2, B3, B4 对象进行赋值操作
```

示例中，变量 B1 是一个 4 字节的 byte 对象，B2 是 B1 对象的一个别名，B3 也是 B1 对象的一个别名，B4 是对象别名 B3 的一个别名。

变量 B1、B2、B3、B4 指向的都是对象 B1，对其中任何一个变量的读取、赋值操作，都等同对其他变量做同样的操作。

还可以为一个对象的一个切片取一个别名。

```
byte B1(4) = 0x1122_3344
byte B2 => B1[0:1]
B2 = 0xAABB               // B1 = 0xAABB_3344
B1[0:1] = 0xAABB          // 和以上赋值等价,B1 = 0xAABB_3344
```

示例中，变量 B1 是一个 4 字节的 byte 对象，B2 是对象 B1 的 [0:1] 切片的一个别名。对 B2 赋值，等同于对 B1[0:1] 切片赋值。

3.5 内存管理

芯片仿真验证工具是既耗费 CPU 运算资源又耗费内存的程序。

编写 C/C++程序，内存管理由程序员自己负责，是程序员不小的负担。内存管理不好，轻则存在内存泄漏问题，重则程序崩溃。

Java 语言有垃圾回收（Garbage Collection，GC）机制，定期集中回收垃圾。这种垃圾回收机制存在内存回收不及时、程序卡顿问题，影响执行效率。

Eagle 语言自动实现内存管理，用户在创建对象后，程序会在合适的时间及时自动释放对象空间，不会无效占用内存资源。

Eagle 语言没有提供销毁、删除对象的语法。这样做一方面可以减轻程序员的负担，另一方面也避免了不合理删除对象而出现功能问题。

Eagle 语言的内存管理基于对象的生命周期自动实现对象的创建和释放。对象的生命周期包括创建、使用、释放三个阶段。对象的生命周期取决于对象变量的作用域。

按作用域划分，变量只有两种：全局变量和局部变量。全局变量在程序启动时创建，在程序退出时销毁。两种变量的作用域和生命周期管理如表 3-3 所示。

表 3-3　变量作用域和生命周期管理

变 量 类 型	作 用 域	释 放 时 间
全局变量	全局	程序退出
局部变量	局部	退出作用域

局部变量的作用域和生命周期管理如表 3-4 所示。

表 3-4　局部变量的作用域和生命周期管理

变 量 类 型	作 用 域	释 放 时 间
函数代码块局部变量	代码块内	代码块一次执行完成
函数局部变量	函数体内	函数返回时
函数输入参数变量（传值）	函数体内	函数返回时
函数输入参数变量（传引用）	函数体内、函数体外	在函数体外释放
函数输出参数变量	函数体内、函数体外	在函数体外释放
类成员变量	类对象	对象析构函数内释放
静态类成员变量	全局	程序退出

从表 3-4 可以看出，局部变量在退出作用域时会自动释放，程序员不用关心变量的释放，这极大减轻了程序员的负担，也降低了内存泄漏和程序出错的概率。

全局变量在程序加载时自动例化，在程序退出时自动释放。多个全局变量的例化和释放也有先后次序。由于可能存在多个动态库的情况，多个全局变量的例化顺序和释放顺序可能无法固定，此时如果全局变量之间有什么使用关系，在例化时有不确定性，释放过程可能会出现崩溃。因此，对全局变量的使用有如下建议。

- 尽量不要使用全局变量，或者少使用全局变量。
- 全局变量之间不要互相赋值。
- 在类的构造函数中不要使用全局变量：全局变量对象可能还没有例化，无法使用。
- 在类的析构函数中不要使用全局变量：全局变量可能已释放，在析构函数内使用全局变量可能导致程序崩溃。

以上问题只是可能会出现，经过仔细设计，使用全局变量也不会出现问题。养成良好的编程习惯，对构建稳定的程序大有裨益。

3.6 程序越界

程序越界是指程序访问不存在的对象资源。

什么情况下会出现程序访问不存在的对象资源呢？容器类对象是存放对象的容器，对容器的越界访问就会导致访问不存在的对象。Eagle 语言的数据类型 string、bit、byte、list、rlist、dict、rdict 都是容器，超出容器范围就是越界访问。比如：

```
string str = "Hi, Eagle!"      // 0:9
str[10] = "?"                  // 越界访问
str[9:10] = "!!"               // 部分越界
```

示例中，变量 str 存储 10 个字节的数据，访问 str[10]元素就会出现越界，访问 str[9:10]元素会出现部分越界。

针对部分越界的情况，系统默认返回存在的那部分对象。

针对完全越界的情况，有如下处理方式。

- 程序直接退出，输出越界错误信息。这是程序默认的处理方式，这样处理的目的是让程序员及时处理程序错误，避免错误累积。
- 先判断资源是否存在，存在时再使用。

Eagle 提供了 bool isnil(eagle obj)函数用于判断访问的资源是否存在。另外提供了确保函数 assure (bool exp)用于判断表达式是否成立，不成立则报错并退出。越界处理示例如下。

```
// 方式一
list<int> l1 = [1, 2, 3]
if !isnil(l1[5:6]):
  l1[5:6] = 5                  // 越界访问,但不会执行
// 方式二
list<int> l1 = [1, 2, 3]
```

```
assure(l1.size() > 5)        // 未访问越界资源前就会退出
l1[5] = 5                    // 越界访问,但不会执行,上条语句已提前判断是否会越界
```

3.7 关键字和操作符

Eagle 语言使用了一系列关键字和保留字,如表 3-5 所示。这些关键字和保留字不能作为一般的标识符使用,函数名、类名、变量名尽量不要使用这些关键字和保留字,否则编译器会报错。

表 3-5 Eagle 语言关键字和保留字清单

系　　统	eagle, eaglelang, eaglepvm package, use
数据类型	parameter int, uint, bool, float, string, enum true, false bit, byte list, rlist, dict, rdict cover, cross, comb, sequence, keep class, of, self, initial, release, final, virtual, static, debug, out factory, new
控制语句	if, elif, else for, foreach, in while, dowhile switch, case, others blank break, continue, return run
系统函数	assure, expect info, warning, error, fatal, debug
库	mtube, stube, mdtube, sdtube, rwtube, wtube, utube, mfifo, snfifo event file, directory, fileinfo regexp atomicInt, egltm, eglexp, eglmod randint eglSQLite3DB

Eagle 语言操作符清单如表 3-6 所示。

表 3-6 Eagle 语言操作符清单

操　作　符	说　　明
//	单行注释符
/*, */	多行注释符

（续）

操 作 符	说 明
\	语句续行符、转义控制符
, , ;	逗号分隔符、分号分隔符
" ", """ """	双引号、三引号，用于定义字符串
=	赋值操作符
. =	对象替换操作符，仅用于 list/rlist/dict/rdict 容器变量，可以替换 list/rlist/dict/rdict 容器内的对象元素
. =	点等操作符，仅用于 bit/byte 变量，可以在赋值的同时改变 bit/byte 变量的大小
=>	别名操作符，为对象取一个别名，减少对象拷贝
( ), [ ], { }, < >	括号分隔符
. , ::	对象成员、类成员、程序包成员访问符
+, -, *, /, %, * *	数学运算符
!, &&, | |	逻辑运算符
= =, !=, >=, <=, >, <	比较运算符
~, &, |, ^	位运算符
>>, <<, >>>, <<<, >>>>, <<<<	移位运算符
:	范围操作符
#	byte 切片行列操作符
'r', 'c', 'h', 'v'	byte 切片模式操作符
..	连接操作符，用于 string、byte、bit 连接
@ , ~@	事件操作符

3.8 预定义系统参数

在编写 Eagle 代码时，需要对一些变量的取值范围进行限制，比如字符串长度不能超过 64KB，自定义的标识符长度不能超过 32 个字符等。Eagle 语言预定义系统参数如表 3-7 所示。

表 3-7　Eagle 语言预定义系统参数

参 数 名	参 数 说 明
tabSize = 4	tab 字符转换成空格的数目
timeUnit = 9	仿真需要的计算时间，支持的单位有 s/ms/us/ns/ps/fs，默认为 ns。0, 3, 6, 9, 12, 15
stringMaxLength = 65536	单个字符串最大长度为 64KB
bitMaxNum = 2147483648	单个 bit 类型对象支持的最大位数为 2Gbit

（续）

参 数 名	参 数 说 明
byteMaxNum = 268435456	单个 byte 类型对象支持的最大字节数为 256MB
crossMaxNum = 655360	随机组合数超过即报错，建议减少组合数，避免仿真时间太长
sequenceMaxNum = 655360	随机序列数超过即报错，建议减少组合数，避免仿真时间太长
tubeMaxDataNum = 16384	tube 管道内可存放的最多数据量
identifierMaxLen = 32	标识符最长的字符个数
maxFileNum = 100	一个编译工程支持的最多源文件数量
maxFileLineNum = 5000	一个源文件的最大代码行数
maxLineNum = 100000	一个编译工程支持的最大代码行数

3.9 控制语法

Eagle 语言支持的控制语句如下。

1）if … elif … else …。

2）for [ ]。

3）for ( )。

4）foreach … in …。

5）while，dowhile。

6）switch … case … others。

7）break，continue。

8）return。

▶▶ 3.9.1 if 条件控制语句

if 条件控制语句的一般形式如下所示。else if 简写为 elif。一个完整的 if 条件控制语句，可以没有 elif 和 else 语句。

```
if (逻辑表达式):
    blank
elif (逻辑表达式):
    blank
else:
    blank

if (逻辑表达式):
    blank
else:
```

```
    blank

if (逻辑表达式):
    blank
```

if…elif…else 控制语句以冒号 "："结束，if…elif 语句需要带逻辑表达式，逻辑表达式使用小括号括起来，便于阅读，也可以没有小括号。

if…elif…else 控制语句冒号 "："后的语句组成语句块，需要使用 4 个空白符缩进对齐。

if…elif…else 控制语句支持嵌套。示例如下。

```
int a = 5
int b = 12
if (a == b):      // 如果出现 a = b 赋值语句,编译器报错
    info("a 等于 b")
    if (a == 5):
        info("a 等于 5")
    elif (a > b):
        info("a 大于 b")
    if (b == 12):
        return
else :
    info("a 不等于 b")
```

▶▶ 3.9.2 for [ ] 循环控制语句

for[ ]循环的基本语法，采用如下这种循环控制形式。

```
int i = 1
int start = 1
int end = 10
int step = 1
for i [end]:              // start 默认为 0,step 默认为 1
    blank
for i [start, end]:        // step 默认为 1
    blank
for i [start, end, step]:
    blank
```

变量 i、start、end、step 只能是 int 整型常量、变量或表达式，start 和 step 可以缺省，end 不能缺省，start 缺省时默认为 0；如果 step 缺省，当 start <end 时，step 默认为 1，当 start > end 时，step 默认为-1。如果显式写 step，step 为 0 时可能陷入死循环。

for 循环中变量的取值是前闭后开区间，如 for i [4]，i 只能取 0、1、2、3 四个数。

for 循环控制语句示例：

```
for int i [-10, 10, 1] :
    info("i 的编号:", i)
```

```
int length = 8
int i
for i [0, length + 5, 1] :
    info("i 的编号:", i)
int a = 1
int b = 10
int i
for i [b, a, -1] :
    info("i 的编号:", i)
int a = 1
int b = 10
int i
for int i [b, a, 0] :        // step=0,死循环
    info("i 的编号:", i)
int a = 1
int b = 10
int i
for int i [b, a] :           // 缺少 step,step 默认为-1
    info("i 的编号:", i)
```

▶▶ 3.9.3　for( )循环控制语句

for( )循环的基本语法采用如下这种循环控制形式。

```
// Eagle for()循环语法
int i
for (i = 0; i < 10; i = i + 1):
    blank
// C++ for 循环语法
int i
for (i = 0; i< 10; i++)
{
}
```

Eagle 语言的 for( )循环和 C++语言的 for 循环基本一致，主要差别是使用冒号 "：" 取代大括号
"{ }" 表示代码块，使用 blank 语句表示空代码块。

▶▶ 3.9.4　foreach…in…循环控制语句

foreach…in 循环主要用于 list、rlist、dict、rdict 元素的遍历操作。示例代码如下。

```
// foreach 循环语法
list<int> intList
foreach int i in intList:
    blank
// foreach 循环语法
dict<int, string> intList
```

```
foreach int i, string v in intList:
    blank
```

▶▶ 3.9.5 while 和 dowhile 循环控制语句

while 和 dowhile 语法用于循环控制。while 语句在循环前先判断逻辑表达式是否成立,逻辑表达式的值为 true,则执行循环,为 false 则不执行循环,故 while 内的语句块可能一次都不执行。

dowhile 语句先执行其包含的语句块,再判断逻辑表达式是否成立,逻辑表达式的值为 true,则继续执行循环,为 false 则不执行循环,故 dowhile 内的语句块执行至少一次。

```
while (逻辑表达式):
    blank
dowhile (逻辑表达式):
    blank
```

while 和 dowhile 循环控制语句示例如下。

```
while (a > b) :
    info("a 大于 b 时才会执行的语句")
dowhile (a > b) :
    info("不管 a 和 b 的大小关系,总会执行一次的语句;当 a > b 时会再次执行")
```

▶▶ 3.9.6 switch… case… others…条件控制语句

switch 语句用于多路选择,代码示例如下。

```
switch condition:
    case 1:
        info("condition 等于 1 时执行的语句块")
    case 2:
        info("condition 等于 2 时执行的语句块")
    others:
        info("condition 为其他值时执行的语句块")
```

switch 语句中的条件变量只能是 int、uint、enum、string 类型。

▶▶ 3.9.7 break 和 continue 循环控制语句

在 for、while、dowhile 循环控制语句内,使用 break 语句可以退出循环,使用 continue 语句控制循环继续,而不执行 continue 后续的语句。break、continue 语句只作用于其最邻近的 for、while、dowhile 循环语句。

for 循环控制语句内的 break、continue 语句示例如下。

```
for int i [1, 10, 1] :
    info("i 的编号:", i)
    if (i == 6):
```

```
        break
for int i [1, 10, 1] :
    info("i 的编号:", i)
    if (i >= 6):
        continue
    info("i 为 1-5 时执行")
```

while 和 dowhile 循环控制语句内的 break、continue 语句示例如下。

```
while (a > b) :
    info("a 大于 b 时才会执行的语句")
    if (a == 6):
        break

dowhile (a > b) :
    info("a 不大于 b 时也会执行的语句")
    if (a == 6):
        continue
    info("当 a 等于 6 时不执行,其他执行")
```

▶▶ 3.9.8　return 返回语句

return 语句是函数的返回语句，可以返回一个值。函数无返回值时，也可以使用 return 语句返回，即函数退出并返回。

```
int func():
    info("函数体内的语句块")
    return 100

func():
    info("函数体内的语句块")
    return
```

基本数据类型

常量和基本数据类型是任何编程语言的基本元素，Eagle 语言支持如下常量和基本数据类型。

- 基本数据类型，如：enum、bool、int、uint、float、string、list/rlist、dict/rdict。
- 验证专用数据类型，如：bit、byte、cover 等。
- 类类型，由系统定义和用户自定义的类型。

4.1 数字常量

数字常量包括整数和小数。整数支持十进制、十六进制和二进制的书写形式，不支持八进制（使用率几乎为零，所以不支持）。整数支持科学记数法书写形式。小数只支持十进制书写形式，支持科学记数法书写形式。数字常量表示法示例如表 4-1 所示。

表 4-1 数字常量表示法

类　　型	进　　制	示　　例
整数	十进制	89，−57，24e10
	十六进制	0x55AA，0X55AA
	二进制	0b0101，0B0101
小数	十进制	27.89，−0.2578，0.25e-7，−3.27E9，−3.27e+9

为便于长数字常量的编写和识别，支持在数字常量的内部插入多个间隔符。使用下画线"_"作为间隔符。数字常量间隔符使用示例如表 4-2 所示。

表 4-2 数字常量间隔符使用示例

类　　型	进　　制	示　　例	说　　明
整数	十进制	−2_987_222	一般推荐写法：十进制整数使用间隔符，一般为千分位间隔符
		−2_98_7_222	正确，间隔符可以不在千分位上
		−2_987__222	正确，可以有连续多个间隔符

（续）

类 型	进 制	示 例	说 明
整数	十进制	-2_987_222_	正确，间隔符可以在数字的末尾
		- _2_987_222	错误，间隔符不能在整数和正负号之间
		_2987_222	错误，间隔符不能在整数或正负号的最前面
	十六进制	0xffff_EEEE_AAAA_5678	一般推荐写法：十六进制整数使用间隔符，一般为四分位间隔符
		0xf_fff_EEEE_AAAA_5678	正确，间隔符可以不在四分位上
		0xffff_EEEE_AAAA__5678	正确，间隔符可以有连续多个
		0xffff_EEEE_AAAA_5678_	正确，间隔符可以在数字的末尾
		0_xffff_EEEE_AAAA_5678	错误，间隔符不能在 0x 中间
		_0xffff_EEEE_AAAA_5678	错误，间隔符不能在 0x 的前面
	二进制	0b0000_0001	一般推荐写法：二进制整数使用间隔符，一般为四分位间隔符
		0b00_00_0001	正确，间隔符可以不在四分位上
		0b0000__0001_	正确，间隔符可以有连续多个
		0b0000_0001_	正确，间隔符可以在数字的末尾
		0_b0000_0001	错误，间隔符不能在 0b 中间
		_0b0000_0001	错误，间隔符不能在 0b 的前面
小数	十进制	3_567.254_897	一般推荐写法：小数使用间隔符，一般为千分间隔符
		-3_56_7.254_897	正确，间隔符可以不在千分位上
		-3_567.254__897	正确，可以有连续多个间隔符
		-3_567.254_897_	正确，间隔符可以在数字的末尾
		- _3_567.254_897	错误，间隔符不能在数字和正负号之间
		_-3_567.254_897	错误，间隔符不能在数字或正负号的最前面

4.2 字符串常量

使用双引号" "、三引号""" """括起来的单个和多个字符。单个字符也是字符串，不区分字符和字符串。不支持单引号' '定义字符串。字符串常量示例：

```
"Hi, Eagle!"
""" comments """
```

在实际的编码过程中，字符串常量有长短之分，相关的格式要求如下。

- 单行字符串常量：可以在一行内书写完成的字符串常量，使用双引号" " 或三引号""" ""。
- 多行字符串常量：在一行内无法完成书写的字符串常量。字符串换行不需要使用续行符 " \ "。

多行字符串常量使用双引号和三引号有不同的效果，具体如下。

- 使用双引号：一个完整的字符串不会因换行而改变原始的内容，换行行首可以添加空白字符（空格和 Tab）调整格式，以保持代码的美观。这些空白字符不会作为字符串的一部分。所有行尾的空白字符都有效。
- 使用三引号：严格保持字符串固有的排版格式。该字符串可能本来就是多行文本，且有一定的格式要求，比如一段代码、版权声明。

使用双引号、三引号的字符串示例如下。

```
// 单行字符串
string str1 = "Hi, Eagle!"

// 使用双引号的多行字符串,行尾的空白字符有效,换行行首的空白字符无效
string str2 = "Hi, Eagle!Hi, Eagle!Hi, Eagle!Hi, Eagle!Hi,
    Eagle!Hi, Eagle!Hi, Eagle!Hi, Eagle!Hi, Eagle!Hi, Eagle!Hi, Eagle!"

// 使用三引号的多行字符串,三引号内部的所有字符,包括换行符都有效
string str3 = """
    Hi, Eagle!
    Hi, Eagle!
    Hi, Eagle!
    Hi, Eagle!
"""
```

使用双引号的字符串变量 str2，不会因为人为换行而改变原字符串的内容。使用三引号的字符串变量 str3，可以严格保持原字符串的格式，包括其中的换行、空格等格式字符。

4.3 参数常量

将一个可变的量定义为参数，使用 parameter 来定义。参数 parameter 不同于变量，只能赋值一次。其作用域为整个 package 程序包。

参数支持 int、float 和 string 三种类型。

参数的赋值可以是表达式，但表达式内只能包含参数和整型常量，且只支持+、-、＊、/、^运算，不支持函数调用。string 类型参数只支持 ".." 连接运算符。

参数一般使用大写字母。

```
parameter WIDTH = 256              // 相当于 const int WIDTH = 256
parameter HEIGTH = 25.6            // 参数支持小数
int a = WIDTH                      // a 的值为 256

parameter A = 5
parameter B = A * 2 + 5            // 支持的运算:+, -, * , /, ^;不支持函数调用

parameter WIDTH = 256
```

```
parameter WIDTH = 128                          // 参数不容许重复定义,否则编译报错

parameter REG_BASE_NAME = "top.duv.m1.reg"    // 字符串参数
```

4.4 枚举类型

使用 enum 定义一组离散值的集合。每一个枚举可以在定义时赋值，没有赋值时取默认值，默认为第一个枚举值。枚举的取值只能为整数。

枚举类型的一个典型应用就是用于描述状态机的状态。

定义枚举、例化枚举和枚举赋值示例如下。

```
// state1=0, state2=1, state3=2, state4=3
enum state {state1, state2, state3, state4}
state sta = state::state3
```

枚举值是一个整数，在枚举类型定义时进行赋值。枚举的第一个值默认从 0 开始，后续依次加 1。已赋值的枚举值不变，后续没赋值的枚举在其基础上依次加 1。

枚举值定义示例如下。

```
// state1 = -2, state2 = -1, state3 = 0, state4 = 1
enum state {state1 = -2, state2, state3, state4}

// state1 = 0, state2 = 5, state3 = 6, state4 = 7
enum state {state1, state2 = 5, state3, state4}

// 错误定义
// state1 = 3, state2 = 2, state3 = 3, state4 = 4
enum state {state1 = 3, state2 = 2, state3, state4}
```

示例中的第三种定义编译器会报错，因为出现了重复定义（state1 和 state3 的取值都为 3）。因此，枚举值的整数值只能按定义顺序依次递增。

枚举值虽然使用一个整数值来定义，但枚举值不能和整数值进行比较运算。可以将枚举理解成一种特殊的类，这个类需要例化实例对象，这个实例对象的取值只能是已定义的枚举值，不能是某个整数值，因此枚举实例对象不能和任何数字进行算术运算、比较运算和赋值运算。

这是和其他语言的不同之处，如此设计是在追求严谨性，回归枚举的本来意义。这样会失去一定的灵活性。

枚举类型常在 switch… case 语句中使用，用于各种分支处理的场景。

4.5 变量的类型及作用域

变量是使用字母、数字和下画线组合定义的标识符（不能使用数字开头），变量根据其存储方式而具有不同的类型。

根据变量的作用域,可以将变量分为如表 4-3 所示的几种类型。

表 4-3　变量的类型及作用域

类　　型	作　用　域	说　　明
全局变量	整个 package 程序包内	定义在类、函数之外的变量
类变量	整个类对象内,类成员函数可以直接访问	定义在类里(类成员函数外)的变量,是类的成员变量
参数变量	函数内	函数调用参数
局部变量	函数内	定义在函数内的变量

变量可能会出现重名的情况,作用域可以解决部分重名问题。建立如下规则。

- 局部变量不能和参数变量重名。其他变量都可以重名。
- 在有重名的情况下,使用"self. 类成员变量名"访问类成员变量,使用"包名::全局变量名"访问全局变量。

```
package example
int width = 8              // 全局变量,在包内所有文件中都可用
int height = 8             // 全局变量,在包内所有文件中都可用

int size = width * height       // 全局变量,在包内所有文件中都可用
int counter = 0            // 全局变量,在包内所有文件中都可用

class CBase:
    int width                     // 类变量可以和全局变量重名
    int height                    // 类变量可以和全局变量重名
    int size                      // 类变量可以和全局变量重名
    function1(int width, int height):    // 参数变量
        int size                  // 局部变量可以和类成员变量重名
        int width                 // 报错,局部变量不能和参数变量重名
        int height                // 报错,局部变量不能和参数变量重名
        self.width = width        // 使用 self 指明是类成员变量,赋值号=右侧使用参数变量
        self.height = height      // 使用 self 指明是类成员变量,赋值号=右侧使用参数变量
        size = self.width * self.height // size 为局部变量
        self.size = width * height        // 使用参数变量
        self.size = example::width * example::height   // 使用全局变量
        example::size = size          // 左侧包名+::使用全局变量,赋值号=右侧使用局部变量
        int counter = 0           // 局部变量和全局变量重名
        int i
        for i [1, 10, 1]:
            counter = counter + 1          // 使用局部变量
            example::counter = example::counter + 1   // 使用全局变量
```

4.6　打印输出语句

通过打印输出信息,编程人员或软件使用者可以知道程序的运行状态和运行结果。Eagle 语言提

供了 5 种级别的打印输出函数。

▶▶ 4.6.1　信息输出级别

Eagle 语言的 5 种打印输出函数如下。

1）info( )：打印输出一般性信息和结果。

2）warning( )：打印输出告警信息，提示程序可能有错误或出现了不期望的情况，起到提示的作用。

3）error( )：打印输出错误信息，告知程序出现错误。

4）fatal( )：打印输出致命错误信息，并退出程序。

5）debug( )：在程序调试过程中使用，输出调试信息。在将源程序代码编译成调试（debug）版本时，debug( )语句可以执行；当将源程序编译成发布（release）版本时，debug( )语句会被忽略，不会编译到最终的执行程序中。这样做的目的就是为程序员提供一种方便的调试手段，在调试程序时可以多插入一些 debug( )语句用于打印调试信息。这些打印调试语句不是软件的一部分，通常会被删除。使用 Eagle 编译，程序员不需要删除这些 debug( )语句，在编译发布版本时，编译器会忽略这些调试语句。

以上 5 种信息输出语句的语法完全一致，只是使用场景不同。前 4 种信息输出语句可以通过 setInfoLevel( )函数设置显示内容的层级，忽略部分信息不打印显示。信息级别定义如下。

```
parameter MSG_LEVEL_NONE      = 0b0000      // 0
parameter MSG_LEVEL_INFO      = 0b0001      // 1
parameter MSG_LEVEL_WARNING   = 0b0010      // 2
parameter MSG_LEVEL_ERROR     = 0b0100      // 4
parameter MSG_LEVEL_FATAL     = 0b1000      // 8
parameter MSG_LEVEL_ALL       = 0b1111      // 15
```

使用 setInfoLevel( )函数控制哪些信息会打印输出。

- setInfoLevel(MSG_LEVEL_ALL)（默认），info、warning、error、fatal 信息均显示。
- setInfoLevel(MSG_LEVEL_WARNING ｜ MSG_LEVEL_ERROR ｜ MSG_LEVEL_FATAL)，只显示 warning、error、fatal 信息。
- setInfoLevel(MSG_LEVEL_ERROR ｜ MSG_LEVEL_FATAL)，只显示 error、fatal 信息。
- setInfoLevel(MSG_LEVEL_FATAL)，只显示 fatal 信息。

信息可以输出到控制台，也可以输出到日志文件，其配置参数定义如下。

```
parameter MSG_ACTION_DISPLAY  = 0b0000_0001
parameter MSG_ACTION_LOG      = 0b0000_0010
parameter MSG_ACTION_BOTH     = 0b0000_0011
```

使用 setInfoOut( )函数控制信息输出的方式如下。

- setInfoOut(MSG_ACTION_DISPLAY)（默认），信息输出到控制台。
- setInfoOut(MSG_ACTION_LOG)，信息输出到日志文件。

- setInfoOut(MSG_ACTION_BOTH), 信息输出到控制台, 同时输出到日志文件。

▶▶ 4.6.2 一般语法

debug( )、info( )、warning( )、error( )、fatal( )5 个函数的语法完全一致, 下面以 info( ) 为例进行说明。

对于基本数据类型, 直接使用变量即可打印输出相关字符串信息。

```
int i1
bool flag
float f1
string str

info(i1)
info(flag)
info(f1)
info(str)
info(i1, flag, f1, str)
```

对于验证专用数据类型, 直接使用变量即可打印输出相关字符串信息。其输出的信息由基本数据类型提供的 tostring( ) 函数得到的字符串信息, 其中的 tostring( ) 函数调用可以省略。

```
list<int> l1
dict<int, string> dict1
byte B1(1, 8)
bit b1(32)

info(l1)
info(l1.tostring())

info(dict1)
info(dict1.tostring())

info(B1)
info(B1.tostring())

info(b1)
info(b1.tostring())
```

如果是用户自定义的类型, 如果想使用 info( ) 输出相关的信息, 则建议提供 tostring( ) 函数。如果不提供 tostring( ) 函数, 则输出空字符串信息。info( ) 函数使用示例如表 4-4 所示。

表 4-4　info( ) 函数使用示例

变　　量	打印输出语句	输 出 结 果
int i = 58	info(i)	58
uint u = 65	info(u)	65
float f = 3.14	info(f)	3.14
bool flag = false	info(flag)	0

（续）

变　　量	打印输出语句	输　出　结　果
string str = "Eagle"	info(str)	Eagle
list<int> l1 = [1, 2, 3]	info(l1)	[1, 2, 3]
dict < string, int > d1 = ["a": 1, "b": 2, "b": 3]	info(d1)	[　　a: 1, 　　b: 3,]
bit b1(32)	info(b1)	0000 _ 0000 _ 0000 _ 0000 _ 0000 _ 0000 _ 0000_0000
byte b2(4, 8)	info(b2)	0000_0000_0000_0000 0000_0000_0000_0000 0000_0000_0000_0000 0000_0000_0000_0000

cover cr("cr", CROSS) = {
　　a: [1, 2, [1: 100]]
　　b: [1, 2, [1: 100]]
　　c: [1, 2, [1: 100]]
}
	info(cr)	{
		　　a: [1, 2, [1: 100]]
		　　b: [1, 2, [1: 100]]
		　　c: [1, 2, [1: 100]]
		}

cover sq("sq", SEQUENCE) = {
　　a: [1, 2, 3]
　　b: [1, 2, 3]
　　c: [1, 2, 3]
}
	info(sq)	{
		　　a: [1, 2, 3]
		　　b: [1, 2, 3]
		　　c: [1, 2, 3]
		}

▶▶ 4.6.3 格式化打印输出

为了支持信息打印输出的丰富性和整洁性，使用格式化控制选项。info( ) 函数的第一个参数为格式化字符串，使用 f" …" 的形式，f 表示 format 格式化。

```
int i = 3
float f = 3.14
info(f"Display Format %d, %f, %d\n", i, f, i)
info(i)

// 显示结果：
Display Format 3, 3.14, 3
```

打印信息格式化符号定义如表 4-5 所示。

表 4-5　打印信息格式化符号定义

格式化符号	说　　明
%s	输出字符串
%d	有符号十进制整型
%3d	字符数为 3，不足在左边补空格
%-3d	字符数为 3，不足在右边补空格（"–"可以理解为"非"，默认在左边加 0 或空格，"–"表示在右边）
%05d	字符数为 5，不足的在左边补 0，不可能在右边补 0
%x	无符号十六进制整型，比如：0xab
%X	无符号十六进制整型大写，比如：0XAB
%04x	字符数为 4，不足的在左边补 0
%b	无符号二进制整型，比如：0b10
%08b	字符数为 4，不足的在左边补 0，比如：0b0000_0001
%e	科学记数法，使用自然常数小写字母 e
%E	科学记数法，使用自然常数大写字母 E
%3.2f	浮点数，十进制记数法。小数点前占 3 位，不足 3 位时在前面补空格；小数点后占 2 位

4.7　bool 类型

bool（布尔）类型变量用于逻辑运算。

▶▶ 4.7.1　bool 类型定义

bool 类型的变量取值为 true 和 false，全部使用小写。true 和 false 的取值分别为 1 和 0。bool 变量的默认取值为 false。

bool 类型变量定义示例如下。

```
bool flag1              // 默认取值为 false(0)
bool flag2 = 0          // 为 false
bool flag3 = false      // 为 false
bool flag4 = 1          // 为 true
```

▶▶ 4.7.2　逻辑运算

bool 类型支持的逻辑运算如下。

- 逻辑与：&&。
- 逻辑或：||。

- 逻辑非: ! 。非运算操作符! 只能对 bool 变量进行操作。

```
int i
bool flag
! flag           // 合法
! i              // 非法
```

▶▶ 4.7.3   逻辑表达式

使用逻辑与、或、非操作符和比较运算符（ == 、! = 、>= 、<= 、> 、< ）连接起来的表达式就是逻辑表达式。基本数据类型各自提供各自的比较运算符。

逻辑表达式示例如下。

```
bool flag = false
int i = 0
int j = 0
if (i == 0):
    info("The value of i is:", i)

flag = i==0 && j==0              //flag = true
flag = i==0 && ! (j==0)         //flag = false
flag = i==0 || j==0             //flag = true
flag = i==0 && ! flag           //flag = false
flag = i==0 && ! j              //flag = true
```

4.8   int 类型

int 类型为 64 位的有符号整数类型，取值范围为 $-2^{63} \sim 2^{63} - 1$。int 类型变量定义的初始值为 0。int 类型变量的赋值为十进制、十六进制、二进制数。低位对齐，符号位保留，超过的高位被截取，不足的高位补 0。int 类型变量支持的运算符如下。

（1）算术运算符

int 类型变量支持的算术运算符有+（加）、−（减）、*（乘）、/（除）、%（取余）、* *（乘方），不支持++、−−运算符。加法和乘法运算可能出现溢出。除法运算中，除数为零为异常，当除数为字面值 0 时，编译器会报错。

（2）比较运算符

int 类型变量支持的比较运算符有 ==（等于）、! =（不等于）、>=（大于等于）、<=（小于等于）、>（大于）、<（小于）。

（3）位运算符

int 类型变量支持的位运算符有 &（位与）、|（位或）、~（位非）、^（位异或）、<<（逻辑左移）、>>（逻辑右移）、<<<（算术左移）、>>>（算术右移）、<<<<（循环左移）、>>>>（循环右移）。位运算示例如下。

```
int i = 0x8000_0000_0000_02cc
int f = 0xffff_ffff_ffff_ffff
int h = 0x7fff_ffff_ffff_fd33
i = i & f          // i = 0x8000_0000_0000_02cc
f = i | f          // f = 0xffff_ffff_ffff_ffff
h = ~i             // h = 0x7fff_ffff_ffff_fd33
h = i ^ f          // h = 0x7fff_ffff_ffff_fd33

i = i << 20        // i = 0x0000_0000_2cc0_0000
i = i >> 25        // i = 0x0000_0000_0000_0016

i = 0xd000_0000_0000_02cc
i = i <<< 1        //同逻辑左移, i = 0xa000_0000_0000_0598
i = i >>> 5        //右移,高位补符号位, i = 0xfd00_0000_0000_002c

i = 0xd000_0000_0000_02cc
i = i <<<< 1       // i = 0xa000_0000_0000_0599
i = i >>>> 1       // i==0xd000_0000_0000_02cc
```

int 类型变量可以和其他基本数据类型变量、验证专用数据类型变量进行交叉赋值。赋值规则如表 4-6 所示。由于不同类型的数据存储位宽不同，交叉赋值时某些情况下会有数据丢失的现象。

表 4-6　int 类型变量和其他数据类型变量交叉赋值的规则

数 据 类 型	说　　　明
int	直接赋值
uint	直接赋值
bool	直接赋值
float	遵循 C++处理方法，去掉小数部分，保留整数部分
bit	位少时高位补 0；位多时高位丢弃
byte	位少时高位补 0；位多时高位丢弃
string	非法

4.9　uint 类型

uint 类型为 64 位的无符号整数类型，取值范围为 $2^0 \sim 2^{64}-1$。uint 类型变量定义的默认初始值为 0。uint 类型变量的赋值为十进制、十六进制、二进制数。低位对齐，超过的高位被截取，不足的高位补 0。uint 类型变量支持的运算符如下。

（1）算术运算符

uint 类型变量支持的算术运算符有+（加）、-（减）、*（乘）、/（除）、%（取余）、**（乘方），不支持++、--运算符。加法和乘法运算可能出现溢出。除法运算中，除数为零为异常，当除数为字面值 0 时，编译器会报错。

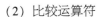
（2）比较运算符

uint 类型变量支持的比较运算符有 = =（等于）、! =（不等于）、> =（大于等于）、< =（小于等于）、>（大于）、<（小于）。

（3）位运算符

uint 类型变量支持的位运算符有 &（位与）、|（位或）、~（位非）、< =（小于等于）、^（位异或）、<<（逻辑左移）、>>（逻辑右移）、<<<（算术左移）、>>>（算术右移）、<<<<（循环左移）、>>>>（循环右移）。

```
uint u = 0x8000_0000_0000_02cc
uint f = 0xffff_ffff_ffff_ffff
uint h = 0x7fff_ffff_ffff_fd33
u = u & f          // u = 0x8000_0000_0000_02cc
f = u | f          // f = 0xffff_ffff_ffff_ffff
h = ~u             // h = 0x7fff_ffff_ffff_fd33
h = u ^ f          // h = 0x7fff_ffff_ffff_fd33

u = u << 20        // u = 0x0000_0000_2cc0_0000
u = u >> 25        // u = 0x0000_0000_0000_0016

u = 0xd000_0000_0000_02cc
u = u <<< 1        //同逻辑左移，u = 0xa000_0000_0000_0598
u = u >>> 5        //右移,高位补符号位，u = 0x0500_0000_0000_002c

u = 0xd000_0000_0000_02cc
u = u <<<< 1       // u = 0xa000_0000_0000_0599
u = u >>>> 1       // u==0xd000_0000_0000_02cc
```

uint 类型变量可以和其他基本数据类型变量、验证专用数据类型变量进行交叉赋值。赋值规则如表 4-7 所示。由于不同类型的数据存储位宽不同，交叉赋值时某些情况下会有数据丢失的现象。

表 4-7　uint 类型变量和其他数据类型变量交叉赋值的规则

数 据 类 型	说　　　明
int	直接赋值
uint	直接赋值
bool	直接赋值
float	遵循 C++处理方法，去掉小数部分，保留整数部分
bit	位少时高位补 0；位多时高位丢弃
byte	位少时高位补 0；位多时高位丢弃
string	非法

4.10　float 类型

float 类型是 64 位浮点类型，支持的运算符如下。

（1）算术运算符

float 类型变量支持的算术运算符有 +（加）、-（减）、*（乘）、/（除）、**（乘方），不支持 %（取余）、++、--运算符。加法和乘法运算可能出现溢出。除法运算中，除数为零为异常，当除数为字面值 0 时，编译器会报错。

（2）比较运算符

float 类型变量支持的比较运算符有 ==（等于）、!=（不等于）、>=（大于等于）、<=（小于等于）、>（大于）、<（小于）。

float 类型变量可以和其他基本数据类型变量、验证专用数据类型变量进行交叉赋值。当两侧的位宽不等时，运行时不进行赋值操作且有相关告警。两侧位宽相等时，赋值规则如表 4-8 所示。

表 4-8 float 类型变量与其他数据类型变量交叉赋值的规则

数 据 类 型	说　　　明
int	直接赋值
uint	直接赋值
bool	位宽不等，不操作，有告警
float	直接赋值
bit	将 bit 类型变量的十六进制数转为对应的 float 类型
byte	将 byte 类型变量的十六进制数转为对应的 float 类型
string	非法

4.11 string 类型

string 类型是 Eagle 语言的基本类型，可以定义字符串常量和字符串变量，用于文本的处理，支持的字符串长度最大为 64KB。

▶▶ 4.11.1 字符串定义

使用 string 定义字符串变量，将字符串常量赋值给字符串变量。字符串变量定义示例如下。

```
// 短字符串
string str1 = "Hi, Eagle!"
string str2 = 'h4'  //非法,不支持单引号

// 长字符串,第 1 行末尾的换行符无效,第 2 行行首的空白字符无效
string str = "Hi, Eagle! Hi, Eagle! Hi, Eagle! Hi, Eagle! Hi,
    Eagle! Hi, Eagle! Hi, Eagle! Hi, Eagle! \"Hi, Eagle! Hi, Eagle! Hi, Eagle!"

// 格式化字符串,三引号内的所有字符都是字符串的一部分
string str = ""
```

```
    Hi, Eagle!
    Hi, Eagle!
    Hi, Eagle!
    Hi, Eagle!
"""
```

▶▶ 4.11.2　切片操作

通过索引可以访问 string 变量内的单个字符或连续多个字符，字符索引从左到右，起始索引从 0 开始。string 变量切片操作示例如表 4-9 所示。

表 4-9　string 变量切片操作示例

切 片 类 型	示　　例	说　　明
单字符	[1]	第 2 个字符
连续多字符	[3:6]	第 4 个到第 7 个字符
	[:6]	第 0 个到第 7 个字符
	[7:]	第 8 个到末尾的所有字符
	[3, 8]	从第 4 个开始的连续 9 个字符，不够 9 个时到最后一个结束
	[:]	从第 0 个开始到最后一个字符

切片操作示例如下。

```
string str1 = "Hi, Eagle!"
string str2
str2 = str1[1]        // "i"
str2 = str1[3:6]      // " Eagl"
str2 = str1[:6]       // "Hi, Eagl"
str2 = str1[7:]       // "e!"
str2 = str1[3, 8]     // " Eagle!"
str2 = str1[:]        // "Hi, Eagle!"
```

▶▶ 4.11.3　常用操作函数

字符串变量的大小会根据操作进行动态调整，其常用操作函数如表 4-10 所示。

表 4-10　string 字符串常用操作函数

操 作 类 型	函　　数	说　　明
尺寸	size( )	获取字符串长度
判断	isdigit( )	是否为十进制数字
	ishex( )	是否为十六进制数字
	isbin( )	是否为二进制数字
比较	(str1 == str2)	比较两个字符串是否完全相等

（续）

操作类型	函 数	说 明
修整字符串	trim( ) trim("a")	默认删除行首和行尾的空格、换行符、回车符 删除行首和行尾的字符 "a"
	ltrim( ) ltrim("a")	默认删除空格、换行符、回车符 删除行首的字符 "a"
	rtrim( ) rtrim("a")	默认删除空格、换行符、回车符 删除行尾的字符 "a"
添加	append(str)	在字符串末尾添加字符串
插入	insert(index, str)	在 index 位置前插入字符串
删除	erase(index, n)	删除从 index 位置开始的 n 个字符
	erase(str)	删除字符串里的所有 str 字符串
替换	replace(str1, str2)	使用 str2 替换掉 str1
	replace(index, n, str1)	将从 index 位置开始的 n 个字符替换为 str1
查找	find(str)	从第 0 个位置开始查找 str，找到第一个即返回位置索引，找不到则返回-1
	find(pos, str)	从 pos 位置开始查找 str，找到第一个即返回位置索引，找不到则返回-1
计数	count(str)	计算 str 在字符串里的个数
分割	split(str)	使用 str 字符对字符串进行分割，返回 list<string>列表
连接	list.join(str)	将 list<string>列表字符串使用 str 字符串连接起来
转换	toint( )	转换为 int 类型
	touint( )	转换为 uint 类型
	tofloat( )	转换为 float 类型
	tobool( )	转换为 bool 类型
	hex2int( )	十六进制字符串转换为 int 类型

▶▶ 4.11.4 字符串支持的运算符

字符串支持的运算符包括 ..（拼接）、= =（等于）、! =（不等于）、>=（大于等于）、<=（小于等于）、>（大于）、<（小于）。

```
string str1 = "eagle"
string str2 = "PVM"
string str3 = str1 .. str2
bool flag = str3 == "eaglePVM"        //flag = true
flag = str1 > str2                    //flag = true
flag = str3 >= str2                   //flag = true
flag = str1 < str3                    //flag = true
flag = str3 <=str3                    //flag = true
```

4.12 list/rlist 数据结构设计

list/rlist 是列表容器，可以存储同类型对象的元素，使用索引存取容器中的元素。

在 C++语言中，有一个 vector 数据结构，作为一系列数据的容器，容器类存放的数据必须是同一类型的数据，Eagle 语言对应的数据结构为 list/rlist 列表。

list 和 rlist 有两点差别。

- 复制操作：往 list 容器中添加对象，会复制对象。对原对象、容器内的对象的任何操作，互相不影响。往 rlist 容器中添加对象，只添加对象的引用，而不复制对象。对原对象、容器内的对象进行操作，操作的是同一个对象，任何修改都会同步更新。这样也有利于数据的输入输出，不需要复制操作。

- 子类对象操作：list、rlist 容器在定义时要明确元素的类型。如果要添加该类型的子类对象，两者处理有差别。往 list 容器中添加子类对象时，只能复制父类对象的信息，子类对象的信息会丢失。往 rlist 容器中添加子类对象时，可以完整保留子类对象的信息。在需要使用容器同时保存父类对象、子类对象的场景，使用 rlist 比较方便。

如果元素的类型是基本数据类型 bool、int、uint、float、string，使用 list 和 rlist 没有任何区别，因为这些类型的对象添加到容器时都会发生复制操作，并且这些类型不会有子类。

除了以上两点差别外，两者操作方式完全一致。本节中出现 list 的地方，同样适用于 rlist。

▶▶ 4.12.1 list 定义

list 定义时必须指定类型，可以是任意数据类型。定义时可以不赋值，表示是一个空列表。也可以在定义时添加元素。list 的大小随添加、删除操作动态变化。

list 是一维的、空间大小可变的容器，其中的元素按顺序排列，元素内容可以相同。

```
list<int> il1
list<int> il2 = [ ]
list<int> il3 = [1, 2, 3]

list<string> sl1
list<string> sl2 = [ ]
list<string> sl3 = ["a", "b", "c"]

// list 列表数据合法性检查
il1 = [1, 2, 3]
il1 = [1, 2, "c"]          // 类型不匹配,非法报错
sl1 = ["a", 2, "c"]        // 类型不匹配,非法报错
```

▶▶ 4.12.2 list 元素切片

list 支持单个元素的切片和多个元素的切片。list 类型索引从左到右，起始索引从 0 开始，索引可

以是变量和表达式。list 元素切片示例如表 4-11 所示。

表 4-11　list 元素切片示例

切 片 类 型	示　　例	说　　明
单元素切片	[2]	第 2 个元素
多元素切片	[4:7]	第 4 个到第 7 个元素
	[:7]	第 0 个到第 7 个元素
	[8:]	第 8 个到末尾的所有元素
	[:]	第 0 个到最后一个元素
	[4, 8]	从第 4 个开始的连续 8 个元素，不够 8 个时到最后一个结束

单元素切片返回的是单个元素，多元素切片返回的是 list 列表。

```
list<int> il1 = [1, 2, 3, 4, 5, 6]
int i = il1[3]            // i = 4
list<int> il2 = il1[1:3]   // il2 = [2, 3, 4]
```

▶▶ 4.12.3　对象替换操作符（. =）

list/rlist 是列表容器，容器内存放的是指定类型的对象或者对象的引用。对 list/rlist 列表容器中的对象可能存在两种操作：一是给对象赋值，二是替换该对象。代码示例如下。

```
bit b1, b2, b3, b4, b5
list<bit> bitList = [b1, b2, b3]

bitList[1] = 5
bitList[1] = b4
```

bitList 列表中存放了三个对象：b1，b2，b3。其中 b2 是 bitList 的第 1 个元素。

语句"bitList[1] = 5"比较自然的解释是：将整数 5 赋值给列表容器的第 1 个元素 b2。而不是将整数 5 默认转换为 bit 类型的对象后替换元素 b2（替换前 b2 对象会被删除）。

语句"bitList[1] = b4"比较自然的解释是：将对象 b4 放到列表容器的第 1 个位置，替换元素 b2。

以上两种赋值都有使用场景，仅仅使用赋值操作符"="会产生歧义和矛盾，因此引入对象替换操作符". ="。上述代码可以修改如下。

```
bit b1, b2, b3, b4, b5
list<bit> bitList = [b1, b2, b3]

bit b1, b2, b3, b4, b5
list<bit> bitList = [b1, b2, b3]

bitList[1] = 5
bitList[1] .= b4
```

语句"bitList[1] = 5"实现将整数 5 赋值给列表容器的第 1 个元素 b2。语句"bitList[1]. = b4"使用对象 b4 替换列表容器的第 1 个元素。

对象替换操作符". ="同样适用于字典容器 dict/rdict,在介绍 dict/rdict 字典容器时不再赘述。另外需要说明的是,对象替换操作符". ="只能用于 list/rlist、dict/rdict 的元素对象的替换操作。

▶▶ 4.12.4 list 的操作函数

list 的大小可以动态调整,添加、插入、删除等操作会自动改变 list 列表容器的大小。list 变量的常用操作函数如表 4-12 所示。

表 4-12 list 变量的常用操作函数

操作类型	函 数	说 明
尺寸	size()	获取 list 列表元素的个数,仅针对第一层
深度	depth()	显示 list 的深度,即 list 嵌套的层数
转字符串	tostring()	将 list 转换为字符串
添加	append(item)	一次只能添加一个元素,item 后续的变化不影响列表内的值
拼接	join(list1)	将 list1 拼接到后面
插入	insert(pos, item)	在索引 pos 前插入一个元素,一次只能插入一个元素
删除	erase(pos)	删除索引 pos 位置的元素
删除	erase(pos, n)	删除从索引 pos 位置开始的 n 个元素,不够几个时到最后一个元素结束
清零	clear()	删除所有元素
查找	find(item)	从第 0 个位置开始查找元素 item,找到第一个即返回位置索引,找不到则返回−1
查找	find(pos, item)	从索引 pos 位置开始查找元素 item,找到第一个即返回位置索引,找不到则返回−1

4.13 dict/rdict 数据结构设计

dict/rdict 是字典容器,可以存储同类型对象的元素,使用键值存取容器中的元素。

dict/rdict 是键值对<key, Value>的存储容器:字典。在定义时需要指定键的类型和值的类型。键只支持 int、uint、string 三种类型。值可以为任意类型。

dict 和 rdict 的差别体现在对值对象的处理上,具体如下。

* 复制操作:往 dict 中添加值对象,会发生复制操作。对原对象、容器内的对象的任何操作,互相不影响。往 rdict 中添加值对象,只添加对象的引用,而不复制对象。对原对象、容器内的对象进行操作,操作的是同一个对象,任何修改都会同步更新。这样也有利于数据的输入输出,不需要复制操作。

* 子类对象操作:dict、rdict 容器在定义时要明确元素的值类型。如果要添加该类型的子类对象,两者处理有差别。往 dict 容器中添加子类对象时,只能复制父类对象的信息,子类对象的信息会丢失。往 rdict 容器中添加子类对象时,可以完整保留子类对象的信息。在需要使用

容器保存父类对象、子类对象的场景，使用 rdict 比较方便。

如果元素的类型是基本数据类型 bool、int、uint、float、string，使用 dict 和 rdict 没有任何区别，因为这些类型的对象添加到容器时都会发生复制操作，并且这些类型不会有子类。

除了以上两点差别外，两者操作方式完全一致。本节中出现 dict 的地方，同样适用于 rdict。

▶▶ 4.13.1　dict 定义

dict 存储一对 key-value，即键值对，其中 key（键）只支持 int、uint、string 三种类型，value 值可以是任意类型。dict 在定义时可以不赋值，表示一个空的字典。可以添加和删除字典元素，其大小会动态变化。

```
// dict 定义
dict<int, int> di1
dict<int, int> di2 = [ ]
dict<int, int> di3 = [1:111, 2:222, 3:333]
dict<string, int> ds1
dict<string, int> ds2 = [ ]
dict<string, int> ds3 = ["a":111, "b":222, "c":333]

// dict 数据合法性检查
di1 = ["a":1]    // 键类型错误,编译报错
di2 = [1:"a"]    // 值类型错误,编译报错
```

为 dict 变量采用中括号 [ ] 赋值时，支持变量和表达式赋值。

```
int i = 5
dict<int, int> di = [i: i+100, i-1:i* 100, i^2:i&2]        // 支持变量和表达式赋值
```

▶▶ 4.13.2　dict 元素切片

支持单个元素的切片和多个元素的切片。dict（字典）类型没有索引，只能通过键来访问对应的元素，可以同时访问多个键值对，即切片操作。

多个元素的切片可能会用到 int、uint、string 类型的比较运算，[-5;5] 表示大于等于-5、小于等于 5 的整型键。["a" : "d"]表示字符串"a"和"d"之间的所有键，字符串排序遵循字典排序。dict 元素切片示例如表 4-13 所示。

表 4-13　dict 元素切片示例

切片类型	示　例	说　明
单元素切片	[2]	选中 key 为 2 的元素
多元素切片	[4:7]	选中 key 在 4~7 之间的元素
	[:7]	选中 key 小于等于 7 的元素
	[8:]	选中 key 大于等于 8 的元素
	[:]	选中所有元素

▶▶ 4.13.3 dict 操作函数

dict 的大小是可以动态调整的，但不提供改变其大小的函数，其大小变化都是根据添加、插入、删除等操作自动改变的。dict 变量常用操作函数如表 4-14 所示。

表 4-14   dict 变量常用操作函数

操作类型	函 数	说 明
尺寸	size( )	获取字典元素的个数
转字符串	tostring( )	将字典转换为字符串
获取 key 列表	keys( )	获取所有键的 list 列表
获取 value 列表	values( )	获取所有值的 list 列表
删除	erase(key1)	删除键为 key1 的元素
清零	clear( )	删除所有元素
查找	find(key1)	查找键为 key1 的元素，找到返回 true，找不到返回 false
批量添加元素	ladd(l1, l2)	将两个 list 分别作为 key 和 value 添加到 dict 中，示例： list<int> l1 = [1, 2, 3] list<string> l2 = ["a", "c", "b"] dict<int, string> d d.ladd (l1, l2) // d = [1:"a", 2:"c", 3:"b"]
增改元素	d[key1] = value1	如果 d 中存在键为 key1 的元素，就修改其值为 value1；否则就新增键为 key1、值为 value1 的元素，例如： dict<string, int> d = ["a":101, "b":102] d["a"] = 65 //已有元素，修改元素的值 d["c"] = 200 //不存在该元素，增加
排除选中	d.noequal("a")	选中除某个元素以外的所有其他元素，示例： dict<string, int> d = ["a":1, "b":2, "c":3] dict<string, int> d1 = d.noequal("a") // d1 = ["b":2, "c":3]

使用 foreach 遍历 dict 元素的示例如下。

```
dict<string, int> d = [ "a":1, "b":2, "c":3 ]

foreach string key, int value in d:
    info("key: ", key, ", value: ", value)
```

显示结果：

```
key: a, value: 1
key: b, value: 2
key: c, value: 3
```

验证专用数据类型

验证专用数据类型是 Eagle 语言有别于其他编程语言的重要特征，主要包括 bit、byte、cover 等数据类型。

bit 数据类型专用于数据的位操作。byte 数据类型用于字节流操作，可以用于数据包的处理。cover 数据类型专用于芯片领域的功能覆盖率定义和随机约束定义，包含 cross 交叉组合、comb（Combination）排列组合和 sequence 顺序组合。

5.1 bit 数据结构设计

数字计算机以二进制计算为基础，在现有的很多通用的编程语言中，除了硬件描述语言 Verilog 能提供比较方便的位操作以外，其他编程语言的位操作功能比较简单，使用起来比较烦琐。

Eagle 语言设计了一个 bit 类，提供方便快捷的存取方式，提供比较完整的位操作功能。

5.1.1 bit 类型定义

bit 是一位或多位数据结构类型，有确定的位宽，默认位宽为 32 位。在定义时可以同时赋值，不赋值时使用 0 作为默认值。

```
bit b1                 // 位宽:32bit,值:0
bit b2 = 0xF5          // 位宽:32bit,值:0xF5

bit b3(8)              // 位宽:8bit,值:0
bit b4(16) = 0xF5      // 位宽:16bit,值:0xF5
```

bit 变量的高位在左，低位在右，如图 5-1 所示。

15	14	13	12	11	10	9	8	7	6	5	4	3	2	1	0

● 图 5-1 bit 位序图

bit 类型变量之后，可以使用赋值号 "=" 对该变量整体或部分位（即切片）进行赋值。同时还可以使用 resize( ) 函数改变 bit 变量的位宽，但切片的位宽无法改变。

```
bit b1                    // 位宽:32bit,值:0
b1.resize(8)              // 位宽变为 8bit
```

▶▶ 5.1.2 bit 位切片

使用 "[ ]" 中括号操作符，通过位置索引对 bit 数据进行位切片，可以选择 1 位或多位。可以读取切片的值，也可以为切片赋值。

```
// 取值操作
bit b1(32)
bit b2(1) = b1[8]             // 选中第 8bit
bit b3(8) = b1[12:5]          // 选中第 12bit 到第 5bit
bit b4(2) = b1[1:]            // 选中第 1bit 到第 0bit
bit b5(16) = b1[:16]          // 选中第 31bit 到第 16bit
bit b6(32) = b1[:]            // 选中第 31bit 到第 0bit

// 赋值操作
b1[8] = 1
b1[12:5] = 0xFE
```

选取多位的一般形式为 [m:n]。其中选取的位数 size ≥ m ≥ n ≥ 0。m 和 n 可以省略，省略的 m 表示最高位，省略的 n 表示最低位。如果出现 m<n 的情况，两者会自动调换位置。切片索引不支持负数，出现负数运行时报错。

```
bit b1(32)
bit b2(8) = b1[12:5]       // 选中第 12bit 到第 5bit
bit b3(8) = b1[5:12]       // 选中第 12bit 到第 5bit
```

示例中，b1[12:5] 和 b1[5:12] 等价。

为了方便编程，m、n 除了可以是数字外，还可以是变量和表达式，示例如下。

```
bit b1(32)
int i1 = 3
int i2 = 2
bit b3(8) = b1[ i1 * 3 + 3 : i2 + 3]         // 选中第 12bit 到第 5bit
```

切片异常处理（以 16 位 bit 数据的切片越界为例），示意图如图 5-2 所示。

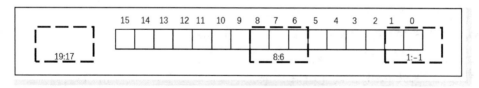

● 图 5-2 切片越界示意图

- 切片[8:6]属于正常切片。
- 切片 [1:-1] 部分超出了范围，说明程序功能异常，程序报错退出。（备注：另一种处理方式是取切片的交集，即 [1:0]，程序正常执行。这样会隐藏程序的缺陷，调试会比较困难。当出现这种情况时，不如使程序异常退出，修改缺陷后再运行。）
- 切片 [19:17] 上下都超出了范围，说明程序功能异常，程序报错退出。

切片越界的处理原则为程序运行时报错并直接退出。由于索引值可能是变量或表达式，在编译期，编译器难以检查，无法报错。

▶▶ 5.1.3 bit 位标记

基于位切片，可以为任何切片设置一个 mark 标记，后续可以直接使用 mark 标记对该切片进行访问。bit 位标记示例如图 5-3 所示。

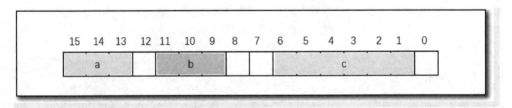

● 图 5-3 bit 位标记示意图

```
bit b1(16)
b1[15:13].mark("a")
b1[11:9].mark("b")
b1[6:1].mark("c")

b1<"a"> = 5
int i = b1<"b">

// 以下访问方式等价
b1.a = 5
i = b1.b

// 标记重名
b1[15:13].mark("b")
i = b1.b        // i = 5
i = b1.a        // i = 5
```

示例中，b1[15:13]切片被标记为"a"，b1[11:9]切片被标记为"b"，b1[6:1]切片被标记为"c"。标记后，可以使用尖括号"< >"或"."访问该切片。

标记重名时，等效于把标记从原来的切片移动到其他的切片上。执行 b1[15:13].mark("b")之后，切片 b1[15:13]有两个标记"a"和"b"，切片 b1[11:9]的标记被清除。

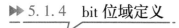

▶▶ 5.1.4 bit 位域定义

bit 类型变量除了可以使用位切片加标记的方式访问指定的位域外，还可以使用大括号"｛｝"的方式定义位域。示例如下。

```
bit b1(32) = {
    a : 3 = 5
    b : 9
    c : 4 = 8
}
```

bit 位域定义如图 5-4 所示。

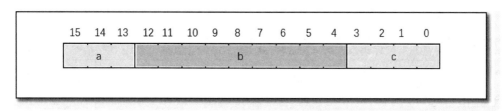

● 图 5-4   bit 位域定义示意图

示例中，b1 变量定义了三个位域：a，b，c，位宽分别为 3bit、9bit 和 4bit，初始值分别为 5、0、8，其中 b 的值为默认值 0。b1 变量的位宽为各个位域位宽之和，即 3+9+4=16。

使用尖括号"＜＞"和"."访问对应的数据域。

```
int i
b1<"b"> = 7
b1.b = 7            // 和 b1<"b"> = 7 等价
i = b1<"a">        // i = 5
i = b1.a           // i = 5
```

当所有位域位宽之和与定义不相等时，以位域位宽之和为准。示例中，b1 被定义为 32bit 的变量，三个位域位宽之和为 16，这样 b1 的实际位宽为 16。

从以上示例可以看出，bit 位域定义方式是 bit 位标记的另一种形式。但两者又有所不同：bit 位标记可以对任何切片进行标记，切片可以重叠，一次只能做一个标记，标记时不能同时赋值。位域定义方式实质是定义 bit 变量，同时按顺序对连续切片（中间不能有间隔）进行标记，同时可以对切片进行赋值。

bit 变量在进行位域定义后，还可以继续对切片标记。

▶▶ 5.1.5 点等操作符 ".="

bit 类型的变量一般有固定的位宽，在使用符号"="赋值时，右值位宽少则进行补位，右值位宽多则进行截位，bit 变量的位宽不会发生变化。但在某些情况，希望 bit 变量的位宽根据右值的位宽进行自动调整，为此引入了"．="操作符，用于在赋值的同时改变 bit 变量的位宽，示例如下。

```
bit bitFunc():
    bit localb(12) = 25
    return localb

bit b1 = bitFunc()          // b1 默认位宽为 32,赋值后仍然为 32
bit b2 .= bitFunc()         // b2 默认位宽为 32,赋值后位宽为 12
```

示例中，变量 b1 的默认位宽为 32，使用符号"="赋值后位宽仍然为 32。变量 b2 的默认位宽为 32，使用符号"．="赋值后，位宽变为 12。

bit 变量使用"="和"．="操作符的场景有 8 种：变量整体赋值和变量切片赋值，其右值类型分为大括号类型和非大括号类型，组合在一起有不同的行为，如表 5-1 所示。

表 5-1　bit 变量的"="和"．="操作符行为

左 值 类 型	右 值 类 型	操 作 符	示　　例	行　　为
变量整体	大括号	=	b = {…}	赋值 + 改变位宽
		．=	b ．= {…}	赋值 + 改变位宽
	非大括号	=	b = 8	赋值
		．=	b ．= 8	赋值 + 改变位宽
变量切片	大括号	=	b[7:0] = {…}	非法
		．=	b[7:0] ．= {…}	非法
	非大括号	=	b[7:0] = 8	赋值
		．=	b[7:0] ．= 8	非法

"{}"和"．="都有改变变量位宽的作用，两者可以同时出现，任意一个出现都会改变变量的位宽。变量切片的位宽不能改变，任何一个出现都为非法。

▶▶ 5.1.6　bit 数据类型交叉赋值

其他的数据类型变量可以和 bit 类型变量赋值。当位宽不一致时，进行补位或截位处理，赋值规则如表 5-2 所示。

表 5-2　其他数据类型变量为 bit 类型变量赋值的规则

数 据 类 型	说　　明
int	高位补零；保留符号位，丢弃高位
uint	高位补零或丢弃高位
bool	对最低位进行操作，其他清零
float	不等于 64 位则不操作，运行时告警；等于 64 位则复制内存
bit	按位复制，高位补零或丢弃高位
byte	按 byte 依次复制，高位补零或丢弃高位

▶▶ 5.1.7　bit 操作函数

bit 类型变量支持的操作函数如表 5-3 所示。

表 5-3　bit 类型变量操作函数

序号	操作类型	操 作	函 数	示 例	切片位操作示例
1	位运算操作	位与	band( )	b1.band(0xFF00)	b1[8:5].band(0xFF00)
2		位或	bor( )	b1.bor(0b0011)	b1[8:5].bor(0b0011)
3		位取反	bnot( )	b1.bnot( )	b1[8:5].bnot( )
4		位异或	bxor( )	b1.bxor(0xFFFF)	b1[8:5].bxor(0xFFFF)
5	移位操作	左移	lshift( )	b1.lshift(3)	b1[8:5].lshift(3)
6		右移	rshift( )	b1.rshift(1)	b1[8:5].rshift(1)
7		循环左移	rlshift( )	b1.rlshift(3)	b1[8:5].rlshift(3)
8		循环右移	rrshift( )	b1.rrshift(4)	b1[8:5].rrshift(4)
9	一般性位操作	置位	set( )	b1.set( )	b1[8:5].set( )
10		复位	reset( )	b1.reset( )	b1[8:5].reset( )
11		获取位数	size( )	b1.size( )	b1[8:5].size( )
12		位测试	test( )	b1.test(3)	b1[8:5].test(3)
13		任何位为 1 测试	anyone( )	b1.anyone( )	b1[8:5].anyone( )
14		全为 0 测试	none( )	b1.none( )	b1[8:5].none( )
15		全为 1 测试	all( )	b1.all( )	b1[8:5].all( )
16		判断相等	equal( )	b1.equal(b2)	b1[8:5].equal(b2[3:0])
17		判断不相等	nequal( )	b1.nequal(b2)	b1[8:5].nequal(b2[3:0])
18		十六进制输出	datadump( )	b1.datadump( )	b1[8:5].datadump( )
19		设置随机种子	seed( )	b1.seed(2022)	b1[8:5].seed(2022)
20		产生随机值	random( )	b1.random( )	b1[8:5].random( )
21		末尾拼接	append( )	b1.append(b2)	b1[8:5].append(b2)
22	转换操作	转换为 int	toint( )	b1.toint( )	b1[8:5].toint( )
23		转换为 uint	touint( )	b1.touint( )	b1[8:5].touint( )
24		转换为 float	tofloat( )	b1.tofloat( )	b1[8:5].tofloat( )
25		转字符串	tostring( )	b1.tostring( )	b1[8:5].tostring( )
26	标记操作	命名切片	mark( )	—	b1[0:7].mark("SN") b1<"SN"> = 0x5A

除了 bit 类型变量整体支持以上位操作外，其切片也支持所有的位操作。比如：b1[8:5].bnot( )，只对 b1 的 8 位到 5 位取反，其他位保持不变。

置位函数 set( ) 和复位函数 reset( )，表示对所有位进行置位或复位。

test( )、anyone( )、none( )、all( )、equal( )、nequal( ) 函数的返回值都是 bool 类型。

▶▶ 5.1.8 bit 位运算

bit 类型变量支持的位运算符有 & (位与)、| (位或)、~ (位非)、^ (位异或)、<< (逻辑左移)、>> (逻辑右移)、<<<< (循环左移)、>>>> (循环右移)。

```
bit b1(8) = 0b0011_0011
bit b2(8) = 0b1111_1111
bit b3(8) = 0b1100_1100
bit b4(8) = 0b0011_0011
b1 = b1 & b2          // b1 = 0b0011_0011
b2 = b1 | b2          // b2 = 0b1111_1111
b3 = b1 ^ b2          // b3 = 0b1100_1100
b3 = ~b1              // b3 = 0b1100_1100
b2 = b2 << 2          // b2 = 0b1111_1100
b2 = b2 >> 2          // b2 = 0b0011_1111
b2 = b2 <<<< 2        // b2 = 0b1111_1100
b2 = b2 >>>> 4        // b2 = 0b1100_1111

bool flag
flag = b1 > b3        // bit 最高位是符号位, flag = true
flag = b2 < b1        // flag = true
flag = b1 == b4       // flag = true
flag = b1 != b2       // flag = true
flag = b1 >= b4       // flag = true
flag = b1 <= b4       // flag = true
```

▶▶ 5.1.9 bit 算术运算

任意位数的 bit 变量，可以被看作是没有位数限制的有符号整数。可以进行加 (+)、减 (−)、乘 (*)、除 (/)、取余 (%) 算术运算。

```
bit b1(746)
bit b2(746)
b1 = 0x1234_FFFF_ABCD_9876
b1[746].set()                    // 最高位置1变为负数
b2 = b1 * 65537
b2 = b1 * b1 + b2 / b1 - b1 % 3
```

示例中, b1 和 b2 是 746 位的 bit 类型变量，是 746 位的有符号整型变量。

5.2 byte 数据结构设计

在通信领域，需要处理各种各样的数据包，以 IP 数据包为例，其数据格式如图 5-5 所示。IP 数据包由首部和数据部分组成，每一部分又由位数不同的域组成。

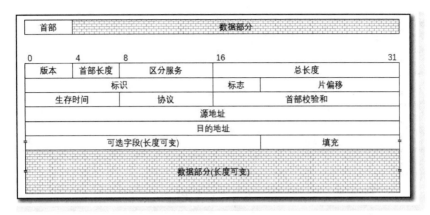

● 图 5-5　IP 数据包格式

在计算机领域，CPU 系统中使用 PCIe 协议，PCIe 数据包格式如图 5-6 所示，其数据包也是由多个数据域组成的，每个域位数不同，有的以位为单位，有的以字节为单位。

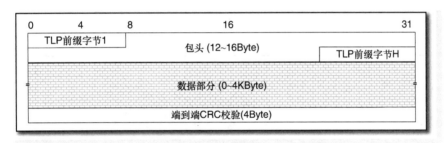

● 图 5-6　PCIe 数据包格式

芯片是通信、计算机的硬件基础。在做芯片设计和验证时，经常要处理这种数据包，比如：根据这些格式构造数据激励，接收数据包，分析数据包等。

在进行芯片验证、搭建验证平台时，能使用的数据结构也就是 C/C++ 语言中的带位域的结构体 struct 和数组了，如下所示。

```
struct IPHeader
{
    unsigned int ver:4;
    unsigned int len:4;
    unsigned int server:8;
    unsigned int total:16;
    ...
}
unsigned char IPHead[24];
```

使用 System Verilog 语言进行验证时，也只能使用类似的（压缩）结构体来构造这样的数据包。

```
struct packaged
{
    bit[3:0] ver;
    bit[3:0] len;
    bit[7:0] server;
    bit[15:0] total;
    ...
}
byte IPHeader[23:0];
```

使用结构体和数组来产生数据包有如下缺点。

- 数据包里的数据域位宽不同，在结构体里的定义比较烦琐。
- 需要针对每类数据进行结构体定义，数量多，且不能动态修改。
- 一个数据包，需要定义多种结构体，结构体产生的数据大小、形状不同，将这些结构体产生的数据拼装起来也是非常烦琐、难度较高的编程过程。
- 数据包的数据域读取和赋值比较烦琐。如果碰到更复杂的数据包结构，比如光传输的 OTN 帧数据包格式如图 5-7 所示。构造这样的数据包将异常复杂。OPUk 数据域跨列、跨行，使用结构体来描述这样的数据结构难度较大，且访问跨行、跨列的数据域难度较大。

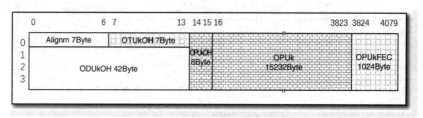

- 图 5-7　OTN 帧数据包格式

使用 System Verilog 的二维数组的例子。二维数组的定义看起来不自然，赋值起来烦琐（使用常量赋值时使用了大括号，还需要在大括号前面使用单引号，增加使用成本），可以使用的方法也很简陋，无法实现更为强大的功能。

```
// 定义 8 行 4 列的 byte(8bit)数组
byte data1[0:7][0:3];        // 完整的声明
byte data2[8][4];            // 更紧凑的声明
data2[7][3] = 1;             // 设置第 7 行第 3 列,即最后一个元素的值

// 二维数组赋值
int data[2][3] = '{'{1, 2, 3}, '{4, 5, 6}};
```

在 System Verilog 仿真器中，byte 类型的 8bit 数据，需要使用 32bit 来存储，耗费空间比较大。为了节省空间，又引入了压缩（packed）数组。这样使用，需要验证工程师关注数据的存储细节，耗费工程师的精力。

总之，传统语言常见的数组和结构体虽然可以满足编程需要，但对验证工程师来说，需要承担大

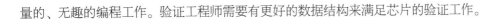

量的、无趣的编程工作。验证工程师需要有更好的数据结构来满足芯片的验证工作。

▶▶ 5.2.1　byte 数据类型定义

在芯片设计和验证领域，以及软件领域，产生、处理 IP 数据包、PCIe 数据包，以及 OTN 数据包，是十分常见的需求。市面上现存的验证领域所用到的编程语言，如 C/C++、System Verilog 和 Python 语言，还没有哪种语言所支持的数据结构可以比较完美地实现这些需求，往往需要经过复杂烦琐的编程才能实现。

Eagle 语言为此设计了 byte 数据结构来解决这些问题。其基本设计思路包括如下关键词。

- 整体化：把数据包当成一个整体来考虑，数据包不是由多个数据拼接而成的，因为拼接难度很大，且烦琐。传统的结构体看到的是零碎的数据域。
- 二维化：在描述数据包结构时，一般都采用二维的方式，直接、清晰、明了。新的 byte 数据结构与之对应，被设计成二维结构。
- 容器化：byte 数据类型是一个二维容器，可以装各种大小和形状的数据。
- 多样化：存取 byte 类型数据的方式多样化，可以在二维空间定义多种形状、大小的数据。
- 动态化：数据包结构定义可以动态调整，减少了定义结构体的工作量。

byte 数据格式如图 5-8 所示。

	0	1	2	3	4	5	6	7	8	9	10	11	12	13	14	15
0	0	1	2	3	4											15
1	16															31
2	32															47
3	48															63
4	64															79
5	80															95

● 图 5-8　byte 数据格式

```
byte B1(6, 16)
int size = B1.size()        // size = 96
int row = B1.rows()         // row = 6
int col = B1.cols()         // col = 16
```

上述代码定义了一个 6 行且每行 16 个字节的二维变量 B1。行号和字节索引号都从 0 开始。调用 size( ) 函数可以查看其大小；调用 rows( ) 函数可以查看行数；调用 cols( ) 函数可以查看每行的字节数。

可以将 B1 看作是一个字节容器，每个字节在容器的编号按从左到右、从上到下的顺序依次为 0、1、2、3、…、95。

其他定义形式如下。

```
byte B1          // 1 行 8 个字节;在不指定大小时,默认为 8 个字节
byte B1(8)       // 1 行 8 个字节,和 byte B1 等价
```

可以根据需要对 byte 大小进行调整。使用 resize( ) 函数可以调整其行列大小和整体容量。调整 byte 的容量有三种情况。

- 容量大小不变，即行列划分发生变化，只改变 byte 的二维形状，不分配新的存储空间。

```
int size = B1.size()      // size = 6 * 16 = 96
B1.resize(12, 8)          // size = 12 * 8 = 96
```

- 容量变大，即旧的存储空间不够使用，需要分配新的存储空间，将旧的存储空间存储的数据复制到新的存储空间，释放旧的存储空间。byte 的二维形状同步修改。

```
B1.resize(6, 32)          // size = 6 * 32 = 192
```

- 容量变小，即分配新的更小的存储空间，将旧的存储空间存储的数据复制到新的存储空间（后面的数据丢失），释放旧的存储空间。byte 的二维形状同步修改。

```
B1.resize(6, 8)           // size = 6 * 8 = 48
```

如果只需要定义一行，byte 类型就是一维数据结构，一维是二维的一个特例。一维 byte 的定义方式有两种。以下两种方式等价。

```
byte B1(1, 16)
byte B1(16)      // 当行数为 1 时,定义时可以省略行数
```

▶▶ 5.2.2 byte 数据类型字节切片方式

byte 数据类型最具特色的是其字节存取方式，即切片方式，一共有 10 种切片方式。

（1）单元素切片

有两种方式存取单个元素，使用全局索引存取，或使用行列号来存取，行列号使用 "#" 分割。第一种方式是把 byte 当作一维数据结构来看待，第二种方式是把 byte 当作二维数据结构看待，单元素切片如图 5-9 所示。

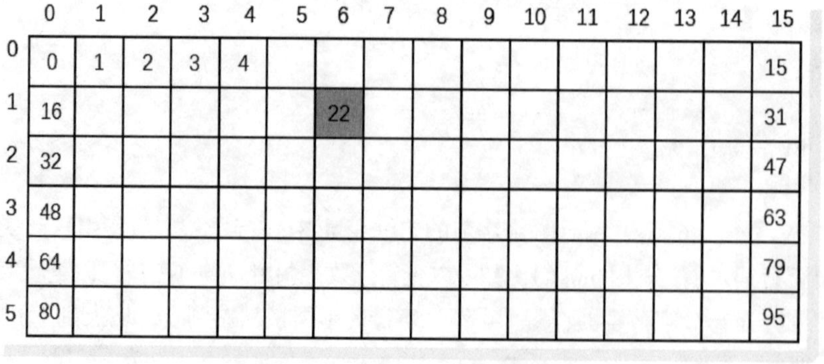

• 图 5-9 单元素切片示意图

```
B1[22] = 5            // 第 22 字节赋值为 5
B1[1#6] = 5           // 第 1 行第 6 列字节赋值为 5
```

（2）多元素切片

多元素切片是指将 byte 数据看作是一维数据。采用"起点-终点"模式（[p1:p2]），或者"起点-长度"模式（[p, n]）选取多个元素。多元素切片如图 5-10 所示。

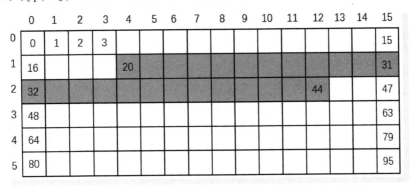

● 图 5-10　多元素切片示意图

```
// 一维多元素切片
b1[20:44]             // 选中 b1 的第 20～44 个字节
b1[20, 25]            // 选中 b1 的从第 20 个字节开始的 25 个字节

// 二维多元素切片
b1[1#4 : 2#12]        // 选中从第 1 行第 4 列到第 2 行第 12 列的字节,与 b1[2#12 : 1#4]等价
b1[1#4, 25]           // 选中从第 1 行第 4 列字节开始的 25 个字节
```

（3）行切片

行切片是指一次存取整行数据。B1['r', 2]存取的是整个第 2 行，'r'代表行 row。存取的字节从左到右依次排列，如图 5-11 所示。

```
byte B2(1, 16) = B1['r', 2]
```

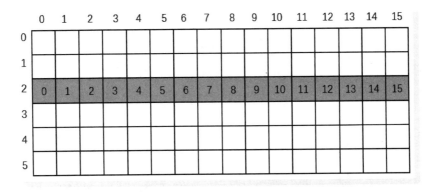

● 图 5-11　行切片示意图

（4）列切片

列切片是指一次存取整列数据。B1['c', 7]存取的是整个第 7 列，'c'代表列 column。存取的字节从上到下依次排列，如图 5-12 所示。

```
byte B2(1, 6) = B1['c', 7]
```

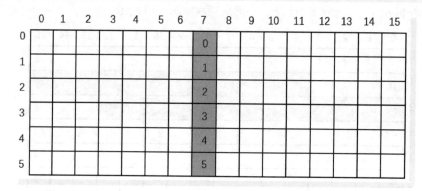

● 图 5-12　列切片示意图

（5）跨行切片

跨行切片是指从某行某列元素开始，跨行存取一个或多个元素，如图 5-13 所示。B1['r', 1#1, 9]存取从第 1 行第 1 列元素开始的 9 个元素，存取的字节从左到右依次排列，没有发生换行。B1['r', 3#6, 13]存取从第 3 行第 6 列元素开始的 13 个元素，存取的字节从左到右、从上到下依次排列，发生了换行。

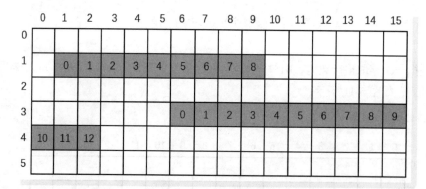

● 图 5-13　跨行切片示意图

```
byte B2(1, 9) = B1['r', 1#1, 9]
byte B3(1, 13) = B1['r', 3#6, 13]
```

（6）跨列切片

跨列切片是指从某行某列元素开始，跨列存取一个或多个元素，如图 5-14 所示。B1['c', 1#5, 4]存取从第 1 行第 5 列元素开始的 4 个元素，存取的字节从上到下依次排列，没有跨列。B1['c', 2#9, 9]

存取从第 2 行第 9 列元素开始的 9 个元素，存取的字节从上到下、从左到右依次跨列排列。

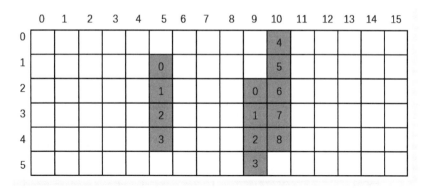

● 图 5-14　跨列切片示意图

```
byte B2(1, 4) = B1['c', 1#5, 4]
byte B3(1, 9) = B1['c', 2#9, 9]
```

（7）横向区块切片

横向区块切片是指从某行某列元素开始，跨行跨列存取一个规则的区块，如图 5-15 所示。

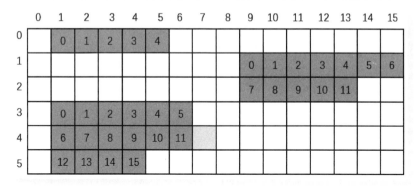

● 图 5-15　横向区块切片示意图

B1['h', 0#1, 5]存取从第 0 行第 1 列元素开始的 5 个元素，'h'代表 horizontal，水平存取。存取的字节从左到右依次排列，没有跨行跨列。

B1['h', 1#9, 12]存取从第 1 行第 9 列元素开始的 12 个元素，'h'代表 horizontal，水平存取。存取的字节从左到右排列，到最右列时换行，换行后的起始列为第一个元素的所在列。

B1['h', 6, 3#1, 16]存取从第 3 行第 1 列元素开始的 16 个元素，"'h', 6"表示水平存取 6 个元素后换行。换行后的起始列为第一个元素的所在列。

```
byte B2(1, 5) = B1['h', 0#1, 5]
byte B3(1, 12) = B1['h', 1#9, 12]
byte B4(1, 16) = B1['h', 6, 3#1, 16]
```

（8）纵向区块切片

纵向区块切片是指从某行某列元素开始，跨行跨列存取一个规则的区块，如图 5-16 所示。

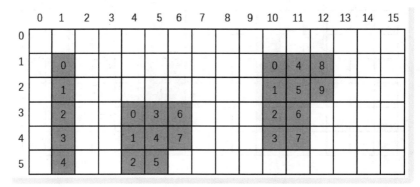

● 图 5-16　纵向区块切片示意图

B1['v', 1#1, 5]存取从第 1 行第 1 列元素开始的 5 个元素，'v'代表 vertical，垂直存取。存取的字节从上到下依次排列，没有跨行跨列。

B1['v', 3#4, 8]存取从第 3 行第 4 列元素开始的 8 个元素，'v'代表 vertical，垂直存取。存取的字节从上到下排列，到最后一行时跨列，跨列后的起始行为第一个元素的所在行。

B1['v', 4, 1#10, 10]存取从第 1 行第 10 列元素开始的 10 个元素，"'v', 4"表示垂直存取 4 个元素后跨列。跨列后的起始行为第一个元素的所在行。

```
byte B2(1, 5) = B1['v', 1#1, 5]
byte B3(1, 8) = B1['v', 3#4, 8]
byte B4(1, 10) = B1['v', 4, 1#10, 10]
```

（9）横向矩形区块切片

横向矩形区块切片是指从某行某列元素开始，跨行跨列存取一个矩形区块，如图 5-17 所示。B1['h', 1#5, 4, 3]存取从第 1 行第 5 列元素开始，横向 4 个元素、纵向 3 个元素的矩形区块。'h'代表 horizontal，水平存取。存取的字节从左到右、从上到下排列。

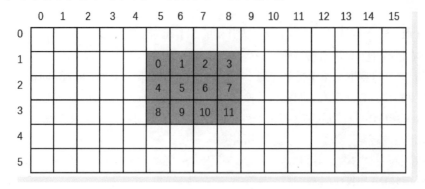

● 图 5-17　横向矩形区块切片示意图

```
byte B2(1, 12) = B1['h', 1#5, 4, 3]
```

（10）纵向矩形区块切片

纵向矩形区块切片从某行某列元素开始，跨行跨列存取一个规则的区块，如图 5-18 所示。B1['v', 1#5，4，3]存取从第 1 行第 5 列元素开始，横向 4 个元素、纵向 3 个元素的矩形区块。'v'代表 vertical，垂直存取。存取的字节从上到下、从左到右排列。

```
byte B2(1, 12) = B1['v', 1#5, 4, 3]
```

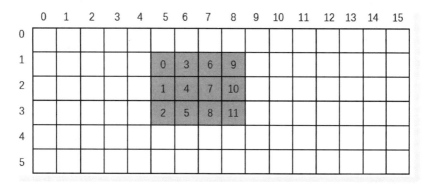

● 图 5-18 　纵向矩形区块切片示意图

图 5-7 所示的 OTN 帧数据包中的每个区块使用切片表示如表 5-4 所示。

表 5-4 　OTN 帧数据包的切片方式

区 块 名 称	切 片 方 式
Alignm	otn['r', 0#0, 7]
OTUkOH	otn['r', 0#7, 7]
ODUkOH	otn['h', 14, 1#0, 42] otn['v', 3, 1#0, 42]
OPUkOH	otn['h', 2, 0#14, 8] otn['v', 4, 0#14, 8]
OPUk	otn['h', 3808, 0#16, 15232] otn['v', 4, 0#16, 15232]
OPUkFEC	otn['h', 0#3824, 1024] otn['h', 256, 0#3824, 1024] otn['v', 4, 0#3824, 1024]

对以上 10 种切片方式的总结如表 5-5 所示。表 5-5 中，r 代表 row，表示行或行号；c 代表 column，表示列或列号；h 代表 horizontal，表示水平选取；v 代表 vertical，表示垂直选取；n 表示元素个数；m 表示换行间隔或跨列间隔；x 表示列数；y 表示行数。

表 5-5 byte 切片方式

序号	切片类型	表现形式	说　明
1	单元素切片	[p] [r#c]	按一维方式选取单个元素 按二维方式选取单个元素
2	多元素切片	[p1:p2] [p, n] [r#c : r#c] [r#c, n]	按一维方式选取多个元素 按一维方式选取 n 个元素 按"起点-终点"的二维方式存取元素 按二维方式选取 n 个元素
3	行切片	['r', r]	选取一整行元素
4	列切片	['c', c]	选取一整列元素
5	跨行切片	['r', r#c, n]	从起始元素开始，跨行选取 n 个元素
6	跨列切片	['c', r#c, n]	从起始元素开始，跨列选取 n 个元素
7	横向区块切片	['h', r#c, n] ['h', m, r#c, n]	从起始元素开始，横向跨列到行尾，对齐选取 n 个元素 从起始元素开始，横向跨 m 列，对齐选取 n 个元素
8	纵向区块切片	['v', r#c, n] ['v', m, r#c, n]	从起始元素开始，纵向跨行到列尾，对齐选取 n 个元素 从起始元素开始，纵向跨 m 行，对齐选取 n 个元素
9	横向矩形区块切片	['h', r#c, x, y]	从起始元素开始，水平选取 x 列、y 行的矩形元素
10	纵向矩形区块切片	['v', r#c, x, y]	从起始元素开始，垂直选取 x 列、y 行的矩形元素

▶▶ 5.2.3 byte 数据类型切片标记

对 byte 数据进行切片后，可以对每个切片做一个标记，以方便后续的操作。标记分为主标记和副标记，主标记是不重复的数字（大于等于 0 的整数），副标记是字符串，也不能重复。标记后的切片命名为段，通过主副标记来访问段，比使用切片更加简单直观。mark( )标记函数的原型如下。

```
B1.mark(int index)
B1.mark(int index, string name)
```

使用 mark( )函数将 OTN 帧数据包的切片标记成为段，标记后使用 otn<index>或 otn<name>来访问段，如表 5-6 所示。

表 5-6 OTN 帧数据包的切片标记示例

数　据　段	切片标记	段　访　问
Alignm	otn['r', 0#0, 7].mark(0, "Alignm")	otn<0> otn<"Alignm">
OTUkOH	otn['r', 0#7, 7].mark(1, "OTUkOH")	otn<1> otn<"OTUkOH">
ODUkOH	otn['h', 14, 1#0, 42].mark(2, "ODUkOH") otn['v', 3, 1#0, 42].mark(2, "ODUkOH")	otn<2> otn<"ODUkOH">
OPUkOH	otn['h', 2, 0#14, 8].mark(3, "OPUkOH") otn['v', 4, 0#14, 8].mark(3, "OPUkOH")	otn<3> otn<"OPUkOH">

（续）

数 据 段	切 片 标 记	段 访 问
OPUk	otn['h', 3808, 0#16, 15232].mark(4, "OPUk") otn['v', 4, 0#16, 15232].mark(4, "OPUk")	otn<4> otn<"OPUk">
OPUkFEC	otn['h', 0#3824, 1024].mark(5, "OPUkFEC") otn['h', 256, 0#3824, 1024].mark(5, "OPUkFEC") otn['v', 4, 0#3824, 1024].mark(5, "OPUkFEC")	otn<5> otn<"OPUkFEC">

标记后的 OTN 帧数据包格式如图 5-19 所示。

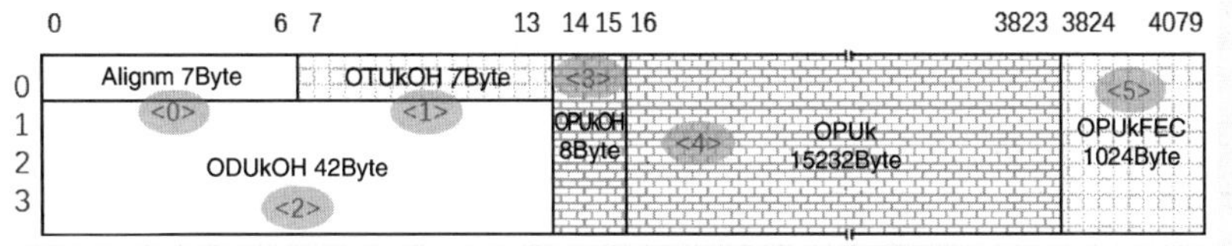

● 图 5-19　标记后的 OTN 帧数据包格式

byte 变量标记后，可以通过标记索引对所对应的切片进行操作。

完成标记后，可以使用 list 列表对标记的切片进行批量存取。

```
list<int> l1 = [21, 8, 87, 24, 35, 62]
list<int> l2
otn = l1
l2 = otn
```

list l1 有 6 个数据，按主标记的大小顺序依次给对应的切片进行批量赋值。list l2 可以批量获取 otn 的 6 个标记切片的值。

说明：byte 的标记功能是在切片的基础上增加的增强功能。如果切片只使用了一次或很少的次数，就没有必要使用标记功能。

▶▶ 5.2.4　byte 位域定义

byte 类型变量除了可以使用切片的方式访问相关的局部数据外，还可以使用位域的方式来进行定义，每个域包含名称、位宽和初始值。byte 位域定义示例如下。

```
byte B(32) = {
    a : 7 = 5
    b : 13
    c : 12 = 8
}
int i
B<"a"> = 20
i = B<"b">    // i = 0
```

```
B.a = 20
i = B.b
```

示例中，B 变量是 32Byte 位宽的变量，该变量有三个数据域：a，b，c，位宽分别为 7Byte、13Byte、12Byte，初始值分别为 5、0、8，其中 b 的值为默认值 0。使用尖括号 "< >" 或 "." 符号访问对应的位域，两者等价。

从以上示例可以看出，byte 位域定义是 byte 切片标记的另一种形式。但两者又有所不同：byte 切片标记可以对任何切片进行标记，切片可以重叠，一次只能做一个标记。做切片标记时不能同时赋值。byte 位域定义实质是批量化的切片标记操作，只能按顺序对相应的切片做标记，做标记的同时可以赋值。byte 变量在位域定义之后，还可以继续对切片做标记。

▶▶ 5.2.5　点等操作符 ". ="

和 bit 类型类似，byte 类型的变量一般有固定的位宽，在使用 "=" 赋值时，右值位宽少则进行补位，右值位宽多则进行截位，byte 变量的位宽不会发生变化。但在某些情况下，希望 byte 变量的位宽根据右值的位宽进行自动调整，为此引入了 ". =" 操作符，用于在赋值的同时改变 byte 变量的位宽，示例如下。

```
byte byteFunc():
    byte localB(4) = 25
    return localB

byte B1 = byteFunc()        // B1 默认位宽为 64,赋值后仍然为 64
byte B2 . = byteFunc()      // B2 默认位宽为 64,赋值后位宽为 32
```

示例中，变量 B1 的默认位宽为 64，使用 "=" 赋值后位宽仍然为 64。变量 B2 的默认位宽为 64，使用 ". =" 赋值后，位宽变为 32。

byte 变量使用 "=" 和 ". =" 操作符的场景有 8 种：变量整体赋值和变量切片赋值，其右值类型分为大括号类型和非大括号类型，组合在一起有不同的行为，如表 5-7 所示。

表 5-7　byte 变量的 "=" 和 ". =" 操作符行为

左 值 类 型	右 值 类 型	操 作 符	示 例	行 为
变量整体	大括号	=	B = { … }	赋值 + 改变位宽
		. =	B . = { … }	赋值 + 改变位宽
	非大括号	=	B = 8	赋值
		. =	B . = 8	赋值 + 改变位宽
变量切片	大括号	=	B[0:7] = { … }	非法
		. =	B[0:7] . = { … }	非法
	非大括号	=	B[0:7] = 8	赋值
		. =	B[0:7] . = 8	非法

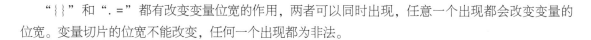

"{}" 和 ". =" 都有改变变量位宽的作用，两者可以同时出现，任意一个出现都会改变变量的位宽。变量切片的位宽不能改变，任何一个出现都为非法。

▶▶ 5.2.6 基于标记进行 byte 类型数据比较

byte 类型一般用来产生和传递数据包。在芯片验证项目中，先使用 byte 产生数据包激励，数据包一路传递给行为级参考模型（BRM），计算出预期的结果数据包。经芯片处理后，输出实际的结果数据包。在结果比较器中对这两种数据包进行比较，比较时并不需要对所有的数据进行比较，只需要比较关心的部分数据。

通常的做法是将整体的数据包解开，提取相关的数据来进行比较。这种方法在实现上没有问题，但烦琐又耗时。

byte 类型数据提供了部分数据的比较功能，只要使用前面介绍的切片标记方法，即使两个 byte 数据包形状不同、大小不同，也可以实现部分数据的比较，如图 5-20 所示。

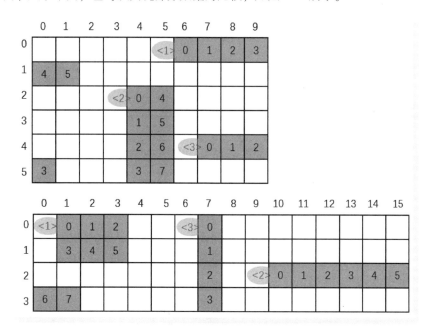

● 图 5-20 byte 数据包部分数据比较示意图

图 5-20 示例中，分别定义了 6 行 10 列共 60 个字节的 byte 类型变量 B1 和 4 行 16 列共 64 个字节的 byte 类型变量 B2，使用切片分别标记了形状不同但大小相同的三个段<1>、<2>、<3>。在 B1 和 B2 进行比较时，只对这三个段进行比较。只有这三个段的大小和内容全部一致时，比较结果才为 true，其他都为 false。

```
byte B1(6, 10)
B1['r', 0#6, 6].mark(1)
```

```
B1['v', 2#4, 8].mark(2)
B1['r', 4#7, 4].mark(3)

byte B2(4, 16)
B2['h', 3, 0#1, 6].mark(1)
B2['r', 2#10, 8].mark(2)
B2['c', 7].mark(3)

bool flag = B1.compare(B2)
```

5.2.7 byte 数据类型交叉赋值

其他的数据类型变量可以为 byte 变量赋值，由于位宽的原因，赋值时可能出现数据的丢失，赋值规则如表 5-8 所示。

表 5-8 其他数据类型变量为 byte 类型变量赋值的规则

数 据 类 型	说　明
int	高位补零；保留符号位，丢弃高位
uint	高位补零或丢弃高位
bool	保留最低位，其他补零
float	不等于 64 位则不操作，运行时告警 等于 64 位则复制内存
bit	按位复制，高位补零
byte	按 byte 依次复制
string	按字符依次复制
list<int>	左值 byte 有切片信息，list[0]整体赋值给该切片； 左值无切片信息时，按段赋值、取值，如无分段信息，则用 list[0]赋值

5.2.8 byte 操作函数

byte 类型变量的常用操作函数如表 5-9 所示。

表 5-9 byte 类型变量的常用操作函数

序号	操作类型	操　作	函　数	示　例
1		获取大小	size()	B1.size()
2		获取行数	rows()	B1.rows()
3		获取列数	cols()	B1.cols()
4	一般操作	改变大小和形状	resize()	B1.resize(5, 5)
5		转字符串	tostring()	B1.tostring()
6		十六进制输出	datadump()	B1.datadump()
7		设置随机种子	seed()	B1.seed(2022)

（续）

序号	操作类型	操作	函 数	示 例
8	一般操作	产生随机值	random( )	B1.random( )
9		末尾拼接	append( )	B1.append(B2)
10		校验	crc32( )	B1.crc32( )
11		按字节置数	set( )	B1.set(0x55) B1[3:8].set(0xff)

12		按步进设置数据	setData( )	B1.setData(2, 5, −1) // 按 2 字节，起始数据为 5，步进为−1 递增
				B1[5:].setData(4, 5, 0) // 按 4 字节，起始数据为 5，步进为 0 递增，即每 4 字节全填 5

13		判断是否为空	empty( )	B1.empty( )
14	标记操作	设置 mark	mark( )	B1['r', 3].mark(2, "addr")
15		复制 mark	copy( )	B1.copy(B2)
16		比较 mark	compare( )	B1.compare(B2)

除此之外，byte 类型变量支持算术运算、比较运算、逻辑运算、位运算和连接运算。

```
byte by
byte by1 = 0x01
byte by2 = 0x02

// 算术运算
by = by1 + by2          // by = 3
by = by2 - by1          // by = -1
by = by1 * by2          // by = 2
by = by1 / by2          // by = 0

// 比较运算
bool flag
flag = by1 == by2       // flag = false
flag = by1 != by2       // flag = true
flag = by1 >= by2       // flag = false
flag = by1 <= by2       // flag = true
flag = by1 > by2        // flag = false
flag = by1 < by2        // flag = true

// 逻辑运算
by1 = 0
by2 = 2
by = by1 && by2         // by = 0
by = by1 && by2         // by = 1
by = ! by1              // by = 1

// 位运算
by1 = 0
```

```
by2 = 2
by = by1 & by2        // by = 0
by = by1 | by2        // by = 0x0000_0000_0000_0002
by = by1 ^ by2        // by = 0x0000_0000_0000_0002
by = ~by2             // by = 0xffff_ffff_ffff_fffd

// 连接运算
by = by1 .. by2       // by = 0x0000_0000_0000_0000_0000_0000_0000_0002
by = by2 .. by2       // by = 0x0000_0000_0000_0002_0000_0000_0000_0002
```

5.3 cover 数据结构设计

在芯片验证中，功能覆盖率占据越来越重要的位置。有三种类型的功能覆盖率。

- 基本功能覆盖率：针对单个变量或因素的功能覆盖率。
- 组合功能覆盖率：针对多个变量或因素的功能覆盖率。
- 序列功能覆盖率：针对单个变量或因素的时间序列的功能覆盖率。

其中，基本功能覆盖率是组合功能覆盖率的一个特例，可以归结到组合功能覆盖率中。

要实现功能覆盖率，首先要解决的问题是如何定义覆盖率。E 语言和 System Verilog 语言采用基本相同的组合功能覆盖率定义方式，以 System Verilog 为例：

```
bit [7:0] v_a, v_b;

covergroup cg @ (posedge clk);
    a: coverpoint v_a
    {
        bins a1 = { [0:63] };
        bins a2 = { [64:127] };
        bins a3 = { [128:191] };
        bins a4 = { [192:255] };
    }

    b: coverpoint v_b
    {
        bins b1 = { 0 };
        bins b2 = { [1:84] };
        bins b3 = { [85:169] };
        bins b4 = { [170:255] };
    }

    c: cross a, b;

endgroup
```

上述示例中，变量 v_a 和 v_b 的理论取值范围为 0~255。定义这两个变量的组合覆盖率，需要先定义 covergroup 覆盖率组 cg；然后在其内部定义两个 coverpoint 覆盖率点 a 和 b，分别对应变量 v_a 和 v_b；再针对覆盖率点 a 和 b，分别定义多个 bins 覆盖率仓；定义组合覆盖率 cross，对应变量 v_a 和

v_b，使用覆盖率点 a 和 b 的覆盖率仓来进行组合，一共实现 16 种组合。

在定义组合功能覆盖率时，引入了多个概念：覆盖率组 covergroup、覆盖率点 coverpoint、覆盖率仓 bins、组合覆盖率 cross，需要定义多个变量 cg、a、b、c，以及 a1、a2、a3、a4 和 b1、b2、b3、b4。定义了这些变量，别处也不会使用。有没有更简单的方法呢？

在 E 语言和 System Verilog 语言中，定义覆盖率是为了统计最终的覆盖率结果。实现方式包括定向测试和随机测试。随机测试如果达不到效果，需要变更随机数种子来尝试，这种尝试也并不能保证能命中覆盖率盲区。(参见：图 1-3 传统功能覆盖率收敛过程示意图)

在 E 语言和 System Verilog 语言中定义了非常丰富的随机激励手段，举例如下。

```
class XYPair;
    rand integer x, y;
    constraint c {
        x < y;
    }
endclass

rand integer x, y, z;
constraint c1 {
    x inside {3, 5, [9:15], [24:32], [y:2* y], z};
}
```

虽然有丰富（更多的是烦琐、复杂）的随机约束手段，但没有提供可以直接针对功能覆盖率组合 cross 的约束。在这两门语言中，功能覆盖率定义和随机约束在语法和实现机制上是彼此独立的、没有关联的。是否可以通过关联更方便地实现功能覆盖率呢？

▶▶ 5.3.1　cross 交叉组合

在定义组合功能覆盖率时，先引入如下概念，以便描述方便。

- cross：交叉组合。和 System Verilog 中的 covergroup 基本对应。一个 cross 由一个或多个 variable（随机变量）组成。
- variable：随机变量。即构建交叉组合的一个或多个变量元素。和 System Verilog 中的 coverpoint 基本对应。一个 variable 由一个或多个 variable range（变量取值范围）及对应 weight（权重）组成。
- variable range：变量取值范围。变量取值范围可以是一个或多个范围，定义的通用形式为 [min:max, n]，max ≥ min，n 表示该范围的子范围个数，n 必须是整型常量，取值范围为 [1:1024]。当 n = 1 时，可以简写为 [min:max]。当 max = min 时，可以简写为 max，同时省略中括号。在芯片验证实践中，当 max = min 时，即变量取一个固定的值时，这就是直接测试（Direct Test）。当 max ! = min 时，变量的取值是一个范围，具体的取值是在这个范围内随机值，则这样的测试就是随机测试（Random Test）。variable range 和 System Verilog 的 bins 基本对应，但 bins 不能设置权重，variable range 可以设置权重。

- range weight：范围权重，使用 "^" 符号表示权重，权重必须是整型常量。每个范围的默认权重为 1，可以忽略不写。权重大表示需要覆盖的次数多；权重小表示需要覆盖的次数少；权重为 0 表示忽略，即该范围无须覆盖；权重带负号表示为非法组合覆盖，只有 cross 组合中多个元素的范围权重都带负数时才表示非法组合。

- cross 交叉组合数：单个变量由多个变量取值范围和范围权重组成，其数目为 $N_i = \sum W_i$，即各个变量取值范围的权重之和。cross 交叉组合数为 $N = N_0 * N_1 * \cdots * N_i$，即各个变量取值范围权重之和的乘积。当变量个数较多，且每个变量取值范围权重之和较大时，cross 交叉组合数将会很大。故特别约定，每个取值范围的权重范围为 $[-1024:1024]$，cross 交叉组合数最大为 $2^{63} - 1$。这是一个非常大的数据，足够满足当前测试用例的需要。

- cross 交叉组合随机方式：在 cross 交叉组合数 N 内不重复随机，选取一种组合。当随机次数大于 N 时，再次在 N 内不重复随机，并且两次循环相关且不重复。

cross 交叉组合定义示例如下。

```
cover c1("tc001", CROSS) = {
    a : [1, 2, [3:10] ^ 3]
    b : [4, 5, 6]
    c : [7, 8, 9]
}
```

交叉组合 c1 包含 3 个变量 a、b、c，每个变量有 3 个取值范围，其中变量 a 的第三个取值范围权重为 3，这样 cross 交叉组合数为：(1+1+3) * (1+1+1) * (1+1+1) = 45，即变量 a、b、c 的所有范围互相进行交叉组合，一共 45 种组合。

备注：由于 cross 交叉组合的数量是各个变量取值范围权重之和的乘积，这个组合数量可能会变得比较庞大。在实际使用过程中需要控制整体的组合数量。

▶▶ 5.3.2 comb 排列组合

在 cross 交叉组合中，多个变量的组合数由各个变量的范围和权重通过完全交叉得到。在实际的验证项目中，变量的某些范围并不需要进行组合。采用 comb 排列组合的形式可以实现这种需要。示例如下。

```
cover c2("tc002", COMB) = {
    a : [1, 2, [3:10] ^ 3]
    b : [4, 5, 6]
    c : [7, 8, 9]
}
```

排列组合 c2 和交叉组合 c1 形式上完全一致，但其组合形式由交叉组合变为上下对齐组合，其组合数为：max((1+1+3), (1+1+1), (1+1+1)) = 5。c2 的排列组合等价于 c2_1。

```
cover c2_1("tc002_1", COMB) = {
    a : [1, 2, [3:10] ^ 3]
    b : [4, 5, 6 ^ 3]
```

```
        c : [7, 8, 9 ^ 3]
    }
```

排列组合要求各个变量取值范围的权重之和相等，不够则增加最后范围的权重得到。

comb 排列组合数：单个 variable 变量由多个取值范围和权重组成，其数目为 $N_i = \sum W_i$，即各个取值范围的权重之和。comb 组合数为 $N = \max(N_0, N_1, \cdots, N_i)$，即各个变量取值范围权重之和的最大值。

comb 排列组合随机方式：在 comb 排列组合数 N 内不重复随机，选取一种组合。当随机次数大于 N 时，再次在 N 内不重复随机，并且两次循环相关且不重复。

在 System Verilog 语言中，使用 if-else 结构构建随机约束，示例如下。

```
class cndt_cstr;
    constraint a_cstr {
        (open_mode) -> data inside {[1:10]};
    }

    constraint b_cstr {
        if (open_mode)
            addr inside {[1:100]};
        else
            addr inside {[3:40]};
    }
endclass
```

以上随机约束，使用 comb 类型的 cover 变量，可以描述如下。

```
cover c1("c1", COMB) = {
    data : [ [1:10], 0, [11:0xFFFF_FFFF] ]
    addr : [ [1:100], [3:40] ^ 2 ]
}
```

示例中假设 data 变量的位宽为 32 位。comb 类型的 c1 变量定义了 3 种组合，其中一种组合要覆盖 data 的边界值 0。

比较两种随机约束方式，使用 cover 方式比使用 constraint 方式更简洁、更明确和具体。

▶▶ 5.3.3　sequence 顺序组合

正如前文提到，在 E 语言和 System Verilog 语言中还定义了第三种功能覆盖率，即序列功能覆盖率。这样来定义序列功能覆盖率：

定义 sequence 的一般形式如下。

```
value1 => value3 => value4 => value5

bit [4:1] v_a;

covergroup cg @(posedge clk);
    coverpoint v_a
    {
        bins sa = (4 => 5 => 6);
```

```
    }
  endgroup
```

在 E 语言和 System Verilog 语言中，sequence 的定义只针对单个变量，不支持多个变量来定义 sequence 覆盖率。如图 5-21 所示的场景，三个变量 X，Y，Z，其取值分别为 0~400。怎样才能定义如图 5-21 所示的序列（①→②→③）呢？

在 Eagle 语言中，定义 sequence 序列功能覆盖率的语法和定义 cross 组合功能覆盖率的语法基本一致，遵循相同的原则。下面的示例实现三个变量 X，Y，Z 组合而成的序列功能覆盖率。

```
cover s("tc003", SEQUENCE) = {
    x : [ [100:200], [200:300], [300:400]]
    y : [ [  0:100], [200:300], [300:400]]
    z : [ [100:200], [100:200], [300:400]]
}
```

与 cross 组合功能覆盖率定义不同的是，要求每个变量的随机范围个数要保持一致。

针对图 5-22 所示的序列功能覆盖率，X 变量只有一个随机范围，其序列功能覆盖率描述可以有其他形式。

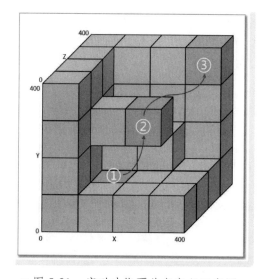

● 图 5-21　序列功能覆盖率定义示意图一

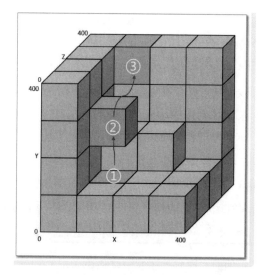

● 图 5-22　序列功能覆盖率定义示意图二

```
cover s1("tc003", SEQUENCE) = {
    X : [ [100:200] ]
    Y : [ [0:100], [200:300], [300:400]]
    Z : [ [100:200] ^ 2, [300:400]]
}
```

由于变量 X、Y、Z 的范围权重之和不相等，会自动将 X 变量的范围权重调整为 3，调整后的定义如下。

```
cover s1_1("tc003_1", SEQUENCE) = {
    X : [ [100:200] ^ 3 ]
    Y : [ [0:100], [200:300], [300:400]]
    Z : [ [100:200] ^ 2, [300:400]]
}
```

sequence 顺序组合长度由单个变量的多个取值范围和权重组成，其长度为 $N_i = \sum W_j$，即各个取值范围的权重之和。sequence 顺序组合长度 $N = \max(N_0, N_1, \cdots, N_i)$，即各个变量权重之和的最大值。

sequence 顺序组合随机方式：在长度 N 内，按 $0, 1, \cdots, N-1$ 的顺序进行随机。

▶▶ 5.3.4 复杂 cross 交叉组合定义

常用的 cross 交叉组合是多个变量的多个域的"完全"交叉组合，比如：

```
cover c1("tc001", CROSS) = {
    a : [1, 2, 3]
    b : [4, 5, 6]
    c : [7, 8, 9]
}
```

c1 定义了 3×3×3＝27 种组合。如果需要剔除其中的某些组合，比如组合 {1, 4, 7}，{2, 5, 8}，该如何定义呢？

定义一个 comb 类型的 cover 对象 c2，包含组合 {1, 4, 7}，{2, 5, 8}。c1 调用 drop( )函数，将这两种组合剔除掉。这样，c1 的组合数变为 27－2＝25。

```
cover c2("tc002", COMB) = {
    a : [1, 2]
    b : [4, 5]
    c : [7, 8]
}
c1.drop(c2)
```

同样，cross 类型的 cover 对象还可以剔除 cross 类型的 cover 对象定义的交叉组合。

```
cover c3("tc003", CROSS) = {
    a : [1, 2, 3]
    b : [4, 5, 6]
    c : [7, 8, 9]
}
cover c4("tc004", CROSS) {
    a : [1, 2]
    b : [4, 5]
    c : [7, 8]
}
c3.drop(c4)
```

c4 定义了 8 种组合：{1, 4, 7}，{1, 4, 8}，{1, 5, 7}，{1, 5, 8}，{2, 4, 7}，{2, 4, 8}，

$\{2, 5, 7\}$，$\{2, 5, 8\}$。调用 drop( ) 函数后，c3 的组合数变为 $27-8=19$。

还可以使用如下形式剔除相关的组合：

```
cover c5("tc005", CROSS) = {
    a : [1, 2, 3]
    b : [4, 5, 6]
    c : [7, 8, 9]
}
cover c6("tc006", COMB) = {
    a : [1]
    b : [4, 5]
}
c5.drop(c6)
```

c5 定义了 27 种组合，c6 只针对变量 a、b 定义了两种组合 $\{1, 4\}$ 和 $\{1, 5\}$。c6 剔除 c5 之后，其组合为：$27-2\times3=21$，实际剔除了 6 种组合：$\{1, 4, 7\}$，$\{1, 4, 8\}$，$\{1, 4, 9\}$，$\{1, 5, 7\}$，$\{1, 5, 8\}$，$\{1, 5, 9\}$。

drop( ) 函数的入参只能是 comb 类型和 cross 类型的 cover 对象，不能是 sequence 类型的 cover 对象。drop( ) 函数原型如表 5-10 所示。

表 5-10　drop( ) 函数原型

函数原型	bool drop(cover c)
参数	c，comb 类型或 cross 类型的 cover 对象
返回值	bool，成功时返回 true，失败时返回 false。要剔除不存在的组合时返回 false

示例 1	cover c1("c1", CROSS) = {
	　a : [1, 2, 3]
	　b : [4, 5, 6]
	　c : [7, 8, 9]
	}
	int size = c1.size( )　// size = 27
	
	cover c2("c2", COMB) = {
	　a : [1, 2]
	　b : [5, 5]
	　c : [8, 8]
	}
	size = c2.size( )　　// size = 2
	
	c1.drop(c2)　　// 从 c1 中剔除了两种组合 $\{1, 5, 8\}$ 和 $\{2, 5, 8\}$
	size = c1.size( )　// size = 27-2 = 25

示例 2	cover c1("c1", CROSS) = {
	　a : [1, 2, 3]
	　b : [4, 5, 6]
	　c : [7, 8, 9]
	}

（续）

示例 2	`int size = c1.size()   // size = 27`
	
	`cover c3("c3", CROSS) = {`
	`    a : [1, 3]`
	`    b : [5, 6]`
	`    c : [8]`
	`}`
	`size = c3.size()   // size = 4`
	
	`c1.drop(c3)      // 从 c1 中剔除了 4 种组合{1, 5, 8}、{1, 6, 8}、{3, 5, 8}和{3, 6, 8}`
	`size = c1.size()   // size = 27-4 = 23`

示例 3	`cover c1("c1", CROSS) = {`
	`    a : [1, 2, 3]`
	`    b : [4, 5, 6]`
	`    c : [7, 8, 9]`
	`}`
	`int size = c1.size()   // size = 27`
	
	`cover c4("c4", CROSS) = {`
	`    a : [1, 4]`
	`    b : [5, 6]`
	`    c : [8]`
	`}`
	`size = c4.size()   // size = 4`
	
	`c1.drop(c4)      // 从 c4 中的组合 {4, 5, 8}、{4, 6, 8} 在 c1 中不存在，无法剔除，返回 false`
	`size = c1.size()   // size = 27，维持不变`

下面以三维交叉组合为例说明 drop() 函数的执行效果。其中，c1 是一个大小为 4×4×4 = 64 的 cross 类型的组合。

1）示例 1：如图 5-23 所示，c2 是大小为 3×2×3 = 18 的 cross 类型的组合，由于 c1 中变量 a 没有

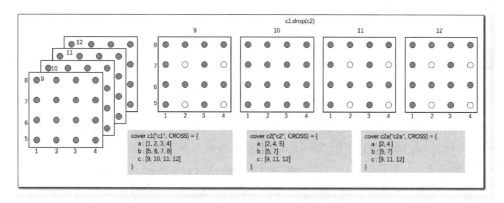

• 图 5-23　drop() 函数示例 1

5 的取值，因此 c1 相对于 c2 等效于 c2a，其有效组合数为 $2 \times 2 \times 3 = 12$，c1.drop(c2) 的执行结果是从 c1 中剔除了这 12 种组合。

2）示例 2：如图 5-24 所示，c3 是大小为 $3 \times 3 = 9$ 的 cross 类型的组合，缺省了变量 b，表示选择变量 b 的所有组合。相对于 c1，其等价组合为 c3a，其组合数为 $3 \times 4 \times 3 = 36$，由于 c1 中变量 a 没有 5 的取值，其有效组合数为 $2 \times 4 \times 3 = 24$，c1.drop(c3) 的执行结果是从 c1 中剔除这 24 种组合。这种方式可以剔除一列或一行。

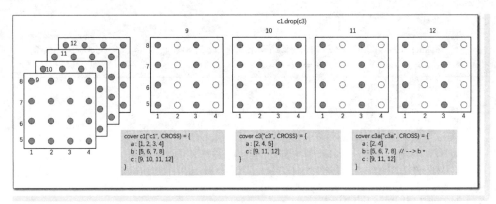

● 图 5-24 drop( ) 函数示例 2

3）示例 3：如图 5-25 所示，c4 是大小为 3 的 comb 类型的组合，其中 {5, 7, 12} 组合 c1 中不存在的组合，这样 c1.drop(c4) 的执行结果是从 c1 中剔除了 2 种组合 {2, 5, 9} 和 {4, 7, 11}。

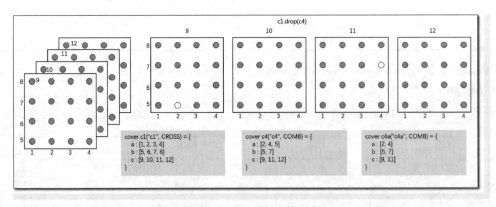

● 图 5-25 drop( ) 函数示例 3

4）示例 4：如图 5-26 所示，c5 是大小为 3 的 comb 类型的组合，由于 c1 中变量 a 没有 5 的取值，其有效组合数为 2。由于缺少变量 b 的组合，表示选取变量 b 的所有组合（4 种取值），等价于 c5a（不是合法的准确定义，只是示意），其组合数为 $2 \times 4 = 8$。故 c1.drop(c5) 会剔除 8 种组合。

5）示例 5：如图 5-27 所示，c6 是大小为 2 的 comb 类型的组合，但由于缺少变量 a 和 c 的组合，表示选取变量 a 的所有组合（4 种取值）和 c 的所有组合（4 种取值），等价于 c6a（不是合法的准确定义，只是示意），其组合数为 $4 \times 2 \times 4 = 32$，故 c1.drop(c6) 会剔除 32 种组合。

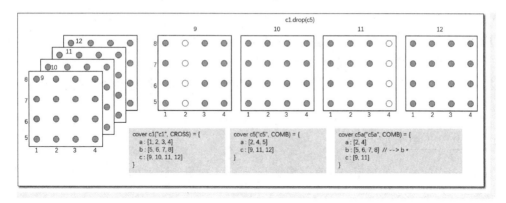

● 图 5-26 drop( ) 函数示例 4

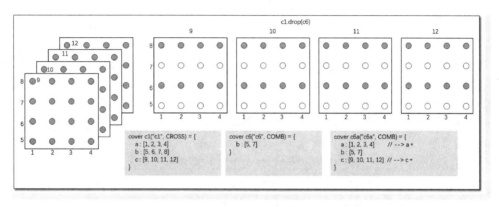

● 图 5-27 drop( ) 函数示例 5

在示例 2 ~ 示例 5 中，c3、c5、c6 相对于 c1，缺省了部分变量的定义，这样表示需要将缺省的变量取值进行"完全"交叉组合，再和定义的待剔除的 cross 进行交叉组合，和 comb 进行排列组合。示例 4 中的 c5a、示例 5 中的 c6a 在被 c1 剔除时，是先交叉组合，再排列组合。

▶▶ 5.3.5 trans 跳变序列

从序列的视角来看，cross、comb 类型的 cover 变量调用 random( ) 函数产生的是组合的一个随机序列，sequence 类型的 cover 变量调用 random( ) 函数产生的是组合的一个固定序列。针对 cross、comb 类型的 cover 变量，可以产生组合的一个固定序列，该序列可以确保所有组合两两之间都会互相跳变，包括组合自身的跳变，且跳变不会重复。采用 trans( ) 函数来产生这样的固定序列。由于 sequence 类型的 cover 变量定义的序列是固定的，故不能调用 trans( ) 函数。

研究表明，如果 cross、comb 的 size 为 n，则该跳变序列的大小为 $n^2 + 1$。比如，当 $n = 4$ 时，产生的固定序列为：

```
2-2-3-3-4-4-3-2-1-1-3-1-4-1-2-4-2
```

该固定序列中，两两之间都有一次跳变且只有一次跳变，每个自身也会发生一次跳变且只有一次跳变。该序列的长度为17，是满足条件的最短序列。

在芯片验证中，遇到模式切换、状态迁移、指令序列等场景需要验证各种跳变时，使用 trans( ) 函数可以方便遍历各种跳变场景。

▶▶ 5.3.6　变量关联约束

在 cover 的定义中，一个变量的取值范围的上下限可以由另一个变量的随机取值来控制，这种约束称为变量关联约束，示例如下。

```
cover c("coverName", CROSS) = {
    a : [ [1: c+d-3] ^ 3 ]
    b : [ [1:100] ]
    c : [ [1:100] ]
    d : [ [1:100] ]

    keep a + 2 * b >= 2 * c
    keep b == c + 5
}
```

根据变量的关联关系，可以将变量分为如下两类。

（1）独立变量

独立变量指一个变量的取值范围由固定的常量来定义，不受其他变量的取值控制；同时该变量的取值也不去控制其他变量的取值范围，这种变量称为独立变量。比如上述示例中的 d 变量，其取值范围上下限 [1:00] 都是常量，且不和任何其他变量产生联系。

独立变量的约束只有一种方式，即常量范围约束，使用中括号范围的形式表示变量取值的上下限，且上下限都是常量。

（2）关联变量

关联变量指一个变量的取值范围受其他变量的取值来控制，或者一个变量的取值会去控制其他变量的取值范围，即一个变量的取值和其他变量的取值发生了某种约束关系，这种变量称为关联变量。上述示例中的 a、b、c 变量都是关联变量。

关联变量的约束有两种形式。

- 范围关联约束。使用中括号范围的形式表示变量取值的上下限，且上下限至少有一个变量表达式。比如变量 a 的范围关联约束为 [1: c+d-3]，下限是常量，上限是变量表达式 c+d-3，表示变量 a 的取值范围受变量 c 和 d 的取值控制。
- 不等式关联约束。使用 keep 语句定义的不等式约束（等式是不等式的特例），不等式两边是变量表达式。支持的不等式符号有如下5种：>，<，>=，<=，==。不支持! =，可以使用>和<符号分两组 cover 来变通实现! =不等式。

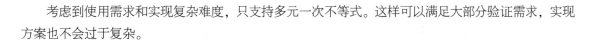

考虑到使用需求和实现复杂难度，只支持多元一次不等式。这样可以满足大部分验证需求，实现方案也不会过于复杂。

▶▶ 5.3.7　cover 数据结构定义

根据以上分析，cover 数据结构定义示例如下。

```
parameter CROSS = 0
parameter COMB = 1
parameter SEQUENCE = 2
cover c("coverName", CROSS) = {
    a : [ [1 : c+d-3] ^ 3 ]
    b : [ [1:100] ]
    c : [ [1:100] ]
    d : [ [1:100] ]

    keep c_a : a + 2 * b >= 2 * c
    keep b == c + 5
    keep c_a : a + 2 * b >= 2 * c + d
}
```

- name 属性。为了便于 cover 数据的合并和管理，每个 cover 都有一个名称 name。名称相同，且定义完全相同的 cover 才能合并。
- type 属性。type 属性定义功能覆盖率的组合方式，包括 cross 交叉组合、comb 排列组合和 sequence 顺序组合。0 表示 cross 交叉组合，1 表示 comb 排列组合，2 表示 sequence 顺序组合。

keep 约束语句可以有一个名称，比如示例代码中的 c_a。名称和不等式约束使用冒号 "：" 分开。通过名称可以覆盖同名称的表达式约束。

▶▶ 5.3.8　cover 数据结构实现定向测试和随机测试

在 E 语言和 System Verilog 语言中，为实现功能覆盖率，需要通过定向测试和随机测试来实现。为实现随机测试，定义了大量的、复杂的 constraint 随机约束语法，编程门槛高，工作量巨大，且无法完全命中功能覆盖率的随机约束。

Eagle 语言直接使用 cover 功能覆盖率作为随机约束，根据功能覆盖率的定义直接产生相应的随机激励，省去了随机约束语法。用于产生随机激励的功能覆盖率称为 A 类功能覆盖率。

在 cover 数据结构中，固定值和范围值分别对应定向测试和随机测试。

```
cover c1("c1", CROSS) = {
    a : [[0:63], [64:127], [128:191], [192:255]]
    b : [0, [1:84], [85:169], [170:255]]
}

int i
```

```
dict <string, int> dataDict
for int i [c1.size()]:
    dataDict = c1.random()          // a, b = [53, 0], [37, 38], [42, 97], [7, 237], …

int size = c1.size()                // size = 16
int hit = c1.hit()                  // hit = 16
float score = c1.score()            // score = 1.0
```

对于 cover 组合覆盖率变量 c1，调用 random( ) 函数，返回变量 a 和 b 的组合随机数，经过 16 次调用，则会覆盖所有的 16 种情况，覆盖率可以到达 100%。

附言：

在和验证工程师交流中，有人对这种直接命中功能覆盖率的方法表示了担忧：担心没有定义的功能覆盖率就不会覆盖到。希望通过随机覆盖那些未知的、可能的盲点。

这种担忧是基于现有的实现方法，功能覆盖率和随机约束分开定义，功能覆盖率有可能定义不全，但随机约束可以放开。

Eagle 语言采用了新的方法，A 类功能覆盖率就是随机约束，随机约束就是 A 类功能覆盖率，放开随机约束就可以在更大范围内随机，就是扩大功能覆盖率的定义。完全放开随机约束，就是功能覆盖率全集，未知的、可能的盲点都在这个全集中。因此，使用 Eagle 语言提供的 cover 方法，只需要将功能覆盖率的定义扩大到足够的范围，上述担心的情况就不存在。

上述示例中的功能覆盖率 c1，其覆盖范围为 16，如果要实现完全随机，可以扩大覆盖范围，从 16 扩到全范围 65536，有两种实现方式。

```
cover c2("c2", CROSS) = {
    a : [ [0:255, 256]]
    b : [ [0:255, 256]]
}
int size = c2.size()        // size = 65536
cover c3("c3", CROSS) = {
    a : [ [0:255] ^ 256]
    b : [ [0:255] ^ 256]
}
int size = c3.size()        // size = 65536
```

c2 的定义可以在 65 536 种情况中实现随机遍历。c3 的定义可以在 65 536 种情况中实现均匀分布随机，不能保证遍历。

▶▶ 5.3.9 feedby( ) 函数

cover 数据结构产生的随机值，调用 feedby( ) 函数可以批量传给 bit、byte、packet 类对象的同名域或成员变量。这些类对象也可以调用 feedby( ) 函数，将域或成员变量反向传递给 cover 对象的同名域或成员变量，用于功能覆盖率数据收集。示例代码如下。

```
cover c("c", CROSS) = {
    a : [ 1, 2, 3 ]
    b : [ 4, 5, 6 ]
    c : [ 7, 8, 9 ]
    f : [ 3, 5, 7 ]
}
c.random()              // a=1, b=5, c=7, f=3
bit b = {
    a : 6 = 2
    b : 12 = 5
    c : 5
    d : 9 = 12
}
b.feedby(c)             // 等价于如下 3 条语句
b.a = c.a
b.b = c.b
b.c = c.c

byte B = {
    a : 6 = 2
    b : 12 = 5
    c : 5
    d : 9 = 12
}
B.feedby(c)             // 等价于如下 3 条语句
B.a = c.a
B.b = c.b
B.c = c.c

class pkt of packet:
    bit a(12)
    bit b(12)
    byte c(2)
    int d
    uint e
pkt p
p.feedby(c)             // 等价于如下 3 条语句
p.a = c.a
p.b = c.b
p.c = c.c
```

示例中，cover 类型对象 c 随机产生了四个数据 a=1，b=5，c=7，f=3。bit、byte、pkt 类型的对象
b、B、p 分别调用 feedby( ) 函数，将 c 对象的 a、b、c 的值（变量 f 没有对应的目标变量，赋值时忽
略），分别赋值给对应对象的同名域变量 a、b、c。使用 feedby( ) 函数，可以一次性将多个同名域变
量进行赋值，当变量个数比较多的情况下，这可以大幅减少编码工作量。

在反方向，bit、byte、pkt 类型对象的多个域变量的值，可以一次性赋值给 cover 类型对象 c。示例代码如下。

```
cover c("c", CROSS) = {
    a : [ 1, 2, 3 ]
    b : [ 4, 5, 6 ]
    c : [ 7, 8, 9 ]
}
bit b = {
    a : 6 = 2
    b : 12 = 5
    d : 9 = 12
}
if c.feedby(b) :
    c.collect()

byte B = {
    a : 6 = 2
    b : 12 = 5
    c : 5
    d : 9 = 12
}
if c.feedby(B):
    c.collect()

class pkt of packet:
    bit a(12)
    bit b(12)
    byte c(2)
    int d
    uint e
pkt p
if c.feedby(p):
    c.collect()
```

cover 类型对象 c 用于收集功能覆盖率，为确保数据收集的完整性，其三个变量 a、b、c 必须同时收集数据。示例中，bit 类型变量 b 只有 a、b 变量，少了 c 变量，调用 feedby( ) 函数赋值失败，不做任何操作，返回 false。

▶▶ 5.3.10　cover 数据操作函数

（1）size( )

size( ) 函数用于计算功能覆盖率定义的大小。每个 cover item 定义的覆盖范围数量 $N_i = \sum W_j$，i 为 cover item 个数，j 为 item range 随机范围个数，W 为每个 item range 随机范围的权重。size( ) 函数原型如表 5-11 所示。

表 5-11 size( ) 函数原型

函数原型	int size( )
参数	无
返回值	int 类型

示例	cover c1("c1", CROSS) = {
	　a : [1, 2, 3]
	　b : [4, 5, 6]
	　c : [7, 8, 9]
	}
	int size = c1.size( )　　　　// size = 27
	
	cover c2 (" c2", COMB) = {
	　a : [1, 2, 3]
	　b : [4, 5, 6, 7, 8]
	　c : [7, 8, 9]
	}
	int size = c2.size( )　　　　// size = 5

cross 类型的 cover 的大小（即组合数）为：size = $N_1 \cdot N_2 \cdot N_3 \cdots$。

comb、sequence 类型的 cover 的大小（即序列长度）为：size = $\max(N_1, N_2, N_3, \cdots)$。

（2）seed( )

seed( ) 函数用于设置组合覆盖率的随机数种子。系统会为组合覆盖率分配默认的随机数种子，用户无须设置随机数种子。seed( ) 函数原型如表 5-12 所示。

表 5-12 seed( ) 函数原型

函数原型	seed（int seed）
参数	seed，int 类型，随机数种子
返回值	无

示例	cover c1("c1", CROSS) = {
	　a : [1, 2, 3]
	　b : [4, 5, 6]
	　c : [7, 8, 9]
	}
	c1.seed(2023)

（3）noRepeat( )

noRepeat( ) 函数用于设置随机模式，支持随机不重复模式和随机正态分布模式。不设置时，默认为随机均匀分布模式。noRepeat( ) 函数原型如表 5-13 所示。

表 5-13 noRepeat( ) 函数原型

函数原型	noRepeat(bool randomType)
参数	randomType, bool 类型，true：随机不重复模式；false：随机正态分布模式
返回值	无

示例	cover c1("c1", CROSS) = {
	  a : [1:100]
	  b : [4, 5, 6]
	  c : [7, 8, 9]
	}
	c1.noRepeat (true)　　// 设置后，a 变量在 [1:100] 内随机时，取值不会重复

（4）update( )

update( )函数用于更新交叉组合元素或顺序组合元素。重名的元素会被更新，不存在该元素则添加。update( )函数原型如表 5-14 所示。

表 5-14 update( ) 函数原型

函数原型	update(cover crs)
参数	crs，待更新的组合元素
返回值	无

示例	cover c1("c1", CROSS) = {
	  a : [1, 2, 3]
	  b : [4, 5, 6]
	  c : [7, 8, 9]
	}
	c2("c2", CROSS) = {
	  c : [2, 5, 8]
	  d : [3, 5, 7]
	}
	c1.update (c2)
	
	// 执行结果
	c1 = {
	  a : [1, 2, 3]
	  b : [4, 5, 6]
	  c : [2, 5, 8]
	  d : [3, 5, 7]
	}

原来组合中不存在 "d" 元素，则该元素丢弃。

（5）random( )

random( )函数根据 cover 的定义产生相应的随机数。cross 类型的 cover 变量，随机数为交叉组合；

comb 类型的 cover 变量，随机数为排列组合；sequence 类型的 cover 变量，随机数为顺序组合。random( ) 函数原型如表 5-15 所示。

表 5-15　random( ) 函数原型

函数原型	bool random( )
参数	无
返回值	bool

示例	cover c1("c1", CROSS) = {
	　a : [1, 2, 3]
	　b : [4, 5, 6]
	　c : [7, 8, 9]
	}
	c1.random( )
	
	cover c2("c2", COMB) = {
	　a : [1, 2, 3]
	　b : [4, 5, 6]
	　c : [7, 8, 9]
	}
	c2.random( )
	
	cover c3("c3", SEQUENCE) = {
	　a : [1, 2, 3]
	　b : [4, 5, 6]
	　c : [7, 8, 9]
	}
	c3.random( )

（6）collect( )

collect( )函数用于 cover 组合的覆盖率数据收集。功能覆盖率的定义，一方面可以用于产生随机元数据，另一方面可以用于收集任何其他非激励数据。仅用于数据收集的功能覆盖率称为 B 类功能覆盖率。collect( )函数原型如表 5-16 所示。

表 5-16　collect( ) 函数原型

函数原型	collect(dict<string, int> dDict)
参数	dDict，覆盖率数据字典
返回值	无

示例	cover c1("c1", CROSS) = {
	　a : [1, 2, 3]
	　b : [4, 5, 6]
	　c : [7, 8, 9]
	}
	c1.collect (["a": 2, "b": 6, "c": 7])

（7）hit( )

hit( )函数用于查看 cover 组合覆盖率被命中的次数。hit( )函数原型如表 5-17 所示。

表 5-17   hit( )函数原型

函数原型	int hit( )
参数	无
返回值	int 类型

示例	cover c1("c1", CROSS) = {
	  a : [1, 2, 3]
	  b : [4, 5, 6]
	  c : [7, 8, 9]
	}
	int hits = c1.hit( )

（8）score( )

score( )函数用于计算功能覆盖率命中百分比，功能覆盖率的结果为命中次数和大小的比值，使用小数表示。score( )函数原型如表 5-18 所示。

表 5-18   score( )函数原型

函数原型	float score( )
参数	无
返回值	float 类型

示例	cover c1("c1", CROSS) = {
	  a : [1, 2, 3]
	  b : [4, 5, 6]
	  c : [7, 8, 9]
	}
	float score = c1.score( )

sequence 类型的功能覆盖率，其命中百分比只会是 0% 或者 100%。

第6章

▶▶▶▶▶▶

多线程编程

支持多线程编程是 Eagle 语言的重要特色。和其他编程语言的不同在于：尽可能多地提供可用的、线程安全的资源，方便用户实现多线程间的安全通信。用户不需要把精力放在创建线程、分配资源、处理线程安全、通信效率等烦琐的细节上。基于 Eagle 语言开发的 PVM 验证平台是多线程程序，其中提供的 tube 管道通信资源就是专门为线程间进行安全通信的公共模块，用户可以根据需要选择使用。

6.1 设计背景

在芯片验证项目中，仿真效率一直是瓶颈，现有的方案无法实现多核并行仿真，主要的困难在于无法将大的仿真任务切分成小的仿真任务，并执行在不同的 CPU 核上。PVM 验证平台架构首先将验证平台代码从整个仿真任务中切分出来，再将验证平台的多个验证组件切分为多个小任务，分别运行在不同的线程上，将任务分配到不同的 CPU 核上运行，实现多核并行仿真。

在编程实践中，一旦涉及多线程编程，编程人员需要处理很多共享资源的同步、防死锁等一系列问题，往往编程难度会增加一个数量级。

PVM 验证平台本身就是多线程程序架构，其中的验证组件（VC）已实现了线程间的同步和数据交换，验证人员没有编写多线程程序的压力。

本章介绍的多线程编程技术，验证人员并不一定会用到。我们把 PVM 用到的多线程编程技术公开出来，帮助用户轻松实现多线程程序设计。

6.2 生产者-消费者模型

线程间进行数据交换，其交换行为可以采用生产者-消费者模型来描述。线程是生产者，也可以是消费者；一个线程可以既是生产者，也是消费者；可以有多个生产者，也可以有多个消费者。数据就是生产者和消费者用于交换的商品。

在现实生活中,生产者-消费者模型有多种多样的形态,线程间的交互同样有多种形态。生产者-消费者模型中的关系如图 6-1 所示。

- 一对一关系。
- 一对多关系。
- 多对一关系。
- 多对多关系。

上述关系从数据/商品流向可以分为如下几种。

- 单向。
- 双向。
- 单双混合。
- 环向。

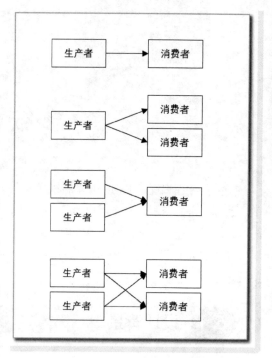

单向是最简单的数据流动方式,是单一数据的流动。比如,我在街道上溜达,收到一份健身的广告,如果我对这份广告没有任何反馈,这就是最简单的数据交换。

双向数据流动中必然存在至少 2 项数据。收到健身广告,如果我感兴趣,填写了我的相关信息,这就是双向数据流动。

单双混合数据流动指的是,针对同一对生产者和消费者,有些情况只需数据单向流动,有些情况需要数据双向流动。比如,我们在接收快递时,快递员一

● 图 6-1　生产者-消费者模型

般将快递放到我们的家门口就可以了。但对贵重物品或重要的文件,快递员需要我们签收才行。这就是单双混合方式。

还有一种数据流向是环向流动,比如:签订一份合同,需要合同双方盖章签字,我方先盖章签字,将合同邮寄到你方,你方盖章签字后再邮递回来,这是环向流动方式。

生产者生成商品的速度,以及消费者消费商品的速度不同,比如会导致一方处于等待状态。一个新的手机品牌,由于产能不足,消费者的需求无法满足,消费者只能处于等待状态。牛奶的产能过剩,库存增加,生产者只能降低产能。

同样,两个线程中的一方作为数据生产者,一方作为数据的消费者,由于各自的处理速度有差异,也会导致出现一方空闲等待、一方繁忙的情况。一般是速度快的一方会处于等待状态或空闲状态。

一旦出现等待状态,就会存在唤醒的问题,唤醒本身实质也是一个数据交换的问题。如果处于空闲状态,则存在如何再次发起数据交换的问题。

综上所述,以下三大因素影响线程之间的数据交互。

- 关系模型。
- 数据流向。

- 数据生产-消费速度差。

我们在设计多线程程序设计时，首要考虑的是可靠性问题，不能出现死锁；其次考虑的是数据交换的效率，尽量适配彼此的响应速度。

芯片仿真验证平台是高性能计算平台，任务切分、切分后的线程数据交互场景多种多样，需要有一种可靠的数据交换机制，在可靠性能得到保证的情况下，线程间的数据交互效率、有效性、及时性是设计的主要目标。

为了解决线程间数据交换的问题，我们将场景进行分类，针对每类场景提供一个 tube 管道来进行通信，不用考虑共享资源的获取、同步等一系列编程问题，只须根据使用场景选择不同类型的 tube 管道，直接使用相应的函数即可完成可靠、高效的通信。

6.3 tube 通信管道

在以往的多线程编程实现中，编程语言、编程人员将关注点聚焦在共享资源的获取和使用上。但多线程编程真正的目的是实现两个线程间的数据交换，Eagle 语言多线程设计的理念是将关注点从共享资源转移到数据交换上。

在 Eagle 语言中，两个线程通过 tube 管道来交换数据。根据各种不同的使用场景，我们设计了各种类型的管道 tube。管道有如下几个特征：数据流向、管道形状/端口、管道容量、线程行为。

在 PVM 验证平台中，为了实现多核并行验证，需要使用多线程技术，让各种验证组件执行在不同的线程上。线程间的通信使用 tube 管道来完成。每种验证组件根据其特定的功能需求，都绑定了特定的通信管道。也就是说，通信管道不会单独存在，而是被绑定在特定的验证组件上。一种类型的 VC 可以绑定一个或多个 tube 管道，也可以没有 tube 管道。

考虑到更多的编程场景，我们将 tube 管道也开放给用户，用户可以单独使用 tube 管道构建自己的多线程程序。每种 tube 管道都经过精心设计，适应各种特定的用途，并能保证线程间的交互数据安全、可靠、高效。

基本的管道类型有如下几种。

- 井管道 wtube（well-tube）：用于数据包序号 SN（Serial Number）分配，序号从 1 开始递增。
- 主管道 mtube（master-tube）：可以主动存放多个数据的单向管道。
- 从管道 stube（slave-tube）：接收方可以反馈信息的双向管道。
- 主双向带广播管道 mdtube（master-dual-broadcast-tube）：带广播功能的主双向通信管道。
- 从双向带广播管道 sdtube（slave-dual-broadcast-tube）：带广播功能的从双向通信管道。
- 读写管道 rwtube（read-write-tube）：驱动软件读写寄存器的通信管道。
- 环回管道 utube（u-turn-tube）：数据处理代理通信管道。
- 多队列记分牌管道 mscb（multi-queue-scoreboard）：双向多队列记分牌，用于预期结果数据和结果数据的缓存。
- 带序列号的多队列记分牌管道 snscb（sn-multi-queue-scoreboard）：按数据包序号存储的双向多

队列记分牌通信管道。

线程在访问管道时，其行为模式有两种。

（1）等待 TUBEMODE::WAIT

表示在没有获得资源访问权限（资源被其他线程占用）时，一直等待直到获得访问权限。这是第一种等待类型，这种等待状态由操作系统来唤醒。

当获得资源访问权限后，如果没有空间写数据或者没有需要的数据（数据为空），则继续等待直到写入空间释放，或空间中有需要的数据。这是第二种等待状态，由其他线程触发条件变量来唤醒。如果能完成相应的读写操作，则正常返回。

（2）不等待 TUBEMODE::NO_WAIT

表示在没有获得资源访问权限（资源被其他线程占用）时，直接返回。当获得资源访问权限后，如果没有空间写数据或者没有需要的数据，直接返回。如果能完成相应的读写操作，则正常返回。

6.4 函数多线程执行

使用 run 启动一个线程，执行一个函数，函数可以带参数。函数如果是死循环函数，则线程会一直执行。函数退出，线程也就退出。

```
func1(int i):
    while true:
        blank

func2(int i):
    blank
run func1(100)    // 启动单独的线程执行函数,不阻塞后续代码
func2(200)
```

函数 func1()由 run 命令启动单独的线程来执行，不会阻塞后续代码的执行，即 func2()函数无须等待 func1()函数执行完才执行。如果函数线程需要和其他函数线程通信，可以例化 tube 管道，通过 tube 管道来进行通信。

6.5 对象多线程执行

针对一个复杂的场景，可以执行一个类对象。类对象中默认有 3 个函数：onPreProcess()、onProcess()和 onPostProcess()。run 命令会启动一个独立的线程，依次执行这三个函数。注意：这 3 个函数不能带参数。如果需要参数，可以使用类的成员变量来传递参数。

```
class myClass:
    int i
    onPreProcess():
```

```
        blank

    onProcess():
        blank

    onPostProcess():
        blank

myClass obj
obj.i = 20
run obj
func1(100)
func2(200)
```

对象 obj 由 run 命令来启动单独的线程来执行，其成员变量 i 可以作为输入参数使用，在执行 run 命令之前赋值。run 命令之后立即执行 func1( ) 函数和 func2( ) 函数，无须等待 obj 对象的 3 个函数执行完成。

和函数线程一样，如果对象线程需要和其他函数线程、对象线程通信，可以例化 tube 管道，通过 tube 管道来进行通信。

6.6 线程安全变量

在多线程环境，线程间需要通信和同步。线程安全变量可以方便用户操作，而无须关心加锁、等待等复杂的操作。atomicInt 变量是线程安全的变量，可以在线程间直接使用。

atomicInt 类变量是线程安全的 int 型变量，可以用于线程间交互整型数据，其成员函数如表 6-1 所示。

表 6-1   atomicInt 类成员函数

函　　数	说　　明	示　　例
reset( )	清零	atomicInt a a.reset( )
set(int v)	设置值	a.set(3)
get( )	获取值	int i = a.get( )
add( )	加 1 操作	a.add( )
add(int v)	加法操作	a.add(2)
sub( )	减 1 操作	a.sub( )
sub(int v)	减法操作	a.sub(5)
=	赋值操作	a = 30

库及库开发

Eagle 语言发布版本中包含了一些基本库。

- 系统库：包括系统函数、随机类 randint、math 数学库、time 时间库、算法库等。
- 目录和文件库：用于文件目录的创建和查询，以及文本文件和二进制文件的读写操作。
- 正则表达式库：用于字符串处理。
- sqlite3 数据库：用于数据库程序的开发。

根据业务需要，基本库会不断增加，用户也可以开发自己需要的业务处理库。

7.1 系统库

Eagle 系统库包括一些基本的系统函数、math 数学库、time 时间库和算法库。

▶▶ 7.1.1 randint 类

在［min，max］闭区间内产生一个随机数，其中 min、max 是 64 位 int 整数，分别默认为 -2^{63} 和 $2^{63}-1$，即最小 64 位整数和最大 64 位整数。为了确保随机数能够重复，需要一个随机数种子 seed，默认随机数种子为 0。

randint 类接口定义如下。

```
class randint:
    initial():
        blank

    initial(int min, int max):
        blank

    initial(int seed, int min, int max):
        blank

    int seed(int seed):
```

```
        blank

    int random():
        blank

randint rd(2023, -25, 100)
int data
for int i [10]:
    data = rd.random()
    info(f"The random data is %d: %d", i, data)
```

上述示例代码使用随机数种子 2023 产生 10 个 [-25∶100] 之间的随机数, 包括-25 和 100。

▶▶ 7.1.2　系统函数

系统函数包括 Eagle 语言入口函数、版本或路径查询函数、程序退出函数、随机函数、延迟函数、数据类型转换函数、位操作函数、比较运算函数等全局函数。

（1）EagleMain( )

EagleMain( ) 是 Eagle 语言程序运行的入口函数。函数原型如表 7-1 所示。

表 7-1　EagleMain( ) 函数原型

函数原型	int EagleMain(list\<string> args)
参数	args, 字符串参数列表
返回值	int 类型, 入口函数的退出码
示例	package example int EagleMain(list\<string> args): 　　info("Hello Eagle!") 　　info("运行可执行程序时输入的参数列表:", args) return 5 在运行可执行程序时输入: ./bin/example_debug 123 hello version1.0　　（也可不带参数） 打印输出信息: Hello Eagle! 运行可执行程序时输入的参数列表: [　　./bin/expmple_debug, 　　123, 　　hello, 　　version1.0] 查询退出码: echo $?　　//打印: 5

（2）version( )

version( ) 函数用于获取主版本号。函数原型如表 7-2 所示。

表 7-2　version( ) 函数原型

函数原型	string version( )
参数	无
返回值	string 类型，主版本号
示例	string str str = version( )

（3）dversion( )

dversion( )函数用于获取详细版本号。函数原型如表 7-3 所示。

表 7-3　dversion( ) 函数原型

函数原型	string dversion( )
参数	无
返回值	string 类型，详细版本号
示例	string str str = dversion( )

（4）getCurPath( )

getCurPath( )函数用于获取可执行程序所在的绝对路径。函数原型如表 7-4 所示。

表 7-4　getCurPath( ) 函数原型

函数原型	string getCurPath( )
参数	无
返回值	string 类型，可执行程序的绝对路径
示例	string str str = getCurPath( )

（5）yield( )

yield( )函数用于使当前线程临时让出 CPU。线程调用该方法时，主动让出 CPU，并且不参与 CPU 的本次调度，从而让其他线程有机会运行，在后续的调度周期里再参与 CPU 调度。yield( )的实现依赖于操作系统 CPU 调度策略，在不同的操作系统或者同一个操作系统的不同调度策略下，表现也可能是不同的。yield( )函数原型如表 7-5 所示。

表 7-5　yield( ) 函数原型

函数原型	yield( )
参数	无
返回值	无

（续）

| 示例 | ```
package example_yield
func1( ) :
    while( true ) :
        info( "1231234567890" )
        yield( )
func2( ) :
    while( 1 ) :
        info( "------------------" )
int EagleMain( list<string> args ) :
    run func1( )
    run func2( )
    sleep( 5 )
    return 0
``` |

（6） exit( )

exit( )函数用于退出程序，可设置退出码。函数原型如表 7-6 所示。

表 7-6　exit( )函数原型

函数原型	exit(int ExitCode)
参数	ExitCode，int 类型，退出码
返回值	无
| 示例 | ```
int i = random( )
if i<=1 :
    info( "Random value i<=1" )
elif i>=10 :
    info( "Random value i>=10" )
else :
    exit( 5 )   // Linux 下使用 echo $? 命令查看退出码为 5
``` |

（7） abort( )

abort( )函数用于直接退出程序。函数原型如表 7-7 所示。

表 7-7　abort( )函数原型

函数原型	abort( )
参数	无
返回值	无
| 示例 | ```
int i = random( )
if i<=1 :
    info( "Random value i<=1" )
elif i>=10 :
    info( "Random value i>=10" )
else :
    abort( )        // 无退出码
``` |
```

（8）assure（）

assure（）函数用于设置断言，断言成功时无提示，断言失败时报错且程序退出。函数原型如表 7-8 所示。

表 7-8　assure（）函数原型

函数原型	assure（bool expression）
参数	expression，bool 类型，需要断言的 bool 变量、字面值或者表达式
返回值	无
示例	int a = 5 int b = 4 assure（a>b）　//断言成功，对程序没有任何影响

（9）expect（）

expect（）函数用于设置预期，预期成功时无提示，也不影响程序正常运行，预期条件不满足时报错。函数原型如表 7-9 所示。

表 7-9　expect（）函数原型

函数原型	expect（bool expression）
参数	expression，bool 类型，需要预期的变量、字面值或者表达式
返回值	无
示例	int i expect（i>0）　//预期失败，运行过程中有相应的错误提示

（10）seed（）

seed（）函数用于设置随机种子。函数原型如表 7-10 所示。

表 7-10　seed（）函数原型

函数原型	seed（int number）
参数	number，int 类型，任意整数
返回值	无
示例	seed（-100）

（11）random（）

random（）函数用于获取随机数。函数原型如表 7-11 所示。

表 7-11　random（）函数原型

函数原型	int random（）
参数	无
返回值	int 类型，随机数
示例	int r = random（）

（12）sleep( )

sleep( )函数用于秒级延迟。函数原型如表 7-12 所示。

表 7-12　sleep( )函数原型

函数原型	sleep(int second)
参数	second，int 类型，延迟的秒数，单位为秒
返回值	无
示例	sleep(1)

（13）msleep( )

msleep( )函数用于毫秒级延迟。函数原型如表 7-13 所示。

表 7-13　msleep( )函数原型

函数原型	msleep(int millisecond)
参数	millisecond，int 类型，延迟的毫秒数，单位为毫秒
返回值	无
示例	msleep(100)

（14）usleep( )

usleep( )函数用于微秒级延迟。函数原型如表 7-14 所示。

表 7-14　usleep( )函数原型

函数原型	usleep(int microsecond)
参数	microsecond，int 类型，延迟的微秒数，单位为微秒
返回值	无
示例	usleep(100)

（15）toint( )

toint( )函数用于将数据转化为 int 类型。函数原型如表 7-15 所示。

表 7-15　toint( )函数原型

函数原型	int toint(string source) int toint(bit source) int toint(byte source)
参数	source，源数据，可以是 string、bit、byte 类型
返回值	int 类型，转换成的 int 数据

（续）

示例	string s = "123" int i = toint(s)　　　　// i = 123 bit b = 100　　　　　　// i = 100 i = toint(b) byte B(2, 4) = [0x0000_0001, 0x08070605] i = toint(B)　　　　　// i = 1

（16）touint( )

touint( )函数用于将数据转化为 uint 类型。函数原型如表 7-16 所示。

表 7-16　touint( )函数原型

函数原型	uint touint(string source) uint touint(bit source) uint touint(byte source)
参数	source，源数据，可以是 string、bit、byte 类型
返回值	uint 类型，转换成的 uint 数据
示例	string s = "123" uint u = touint(s)　　　// u = 123 bit b = 100　　　　　// u = 100 u = touint(b) byte B(2, 4) = [0x0000_0001, 0x08070605] u = touint(B)　　　　// u = 1

（17）tofloat( )

tofloat( )函数用于将数据转化为 float 类型。函数原型如表 7-17 所示。

表 7-17　tofloat( )函数原型

函数原型	float tofloat(string source) float tofloat(bit source) float tofloat(byte source)
参数	source，源数据，可以是 string、bit、byte 类型
返回值	float 类型，转换成的 float 数据
示例	string s = "123" float f = tofloat(s)　　　// f = 123.000000 bit b = 100　　　　　// f = 100.000000 f = tofloat(b) byte B(2, 4) = [0x04030201, 0x08070605] f = tofloat(B)　　　　// f = 578437695752307200.000000

（18）tobool( )

tobool( )函数用于将数据转化为 bool 类型。函数原型如表 7-18 所示。

表 7-18 tobool( ) 函数原型

函数原型	bool tobool(string source) bool tobool(bit source) bool tobool(byte source)
参数	source，源数据，可以是 string、bit、byte 类型
返回值	bool 类型，转换成的 bool 数据

示例	string s = "123"
	bool o = tobool(s) // o = true
	bit b = 100 // o = true
	o = tobool(b)
	byte B = 1
	o = tobool(B) // o = true

（19） tostring( )

tostring( )函数用于将数据转化为 string 类型。函数原型如表 7-19 所示。

表 7-19 tostring( ) 函数原型

函数原型	string tostring(int source) string tostring(uint source) string tostring(float source) string tostring(bool source) string tostring(string source)
参数	source，源数据，可以是 int、uint、float、bool、string 类型
返回值	string 类型，转换成的 string 数据

示例	int i = 100
	string s = tostring(i) // s = "100"
	bool b = true
	s = tostring(b) // s = "true"
	uint u = 5
	s = tostring(u) // s = "5"
	float f = 12.55
	s = tostring(f) // s="12.550000"

（20） tobit( )

tobit( )函数用于将数据转化为 bit 类型。函数原型如表 7-20 所示。

表 7-20 tobit( ) 函数原型

函数原型	bit tobit(int source) bit tobit(uint source) bit tobit(float source) bit tobit(bool source) bit tobit(string source) bit tobit(byte source)

（续）

参数	source，源数据，可以是 int、uint、float、bool、string、byte 类型
返回值	bit 类型，转换成的 bit 数据

示例	int i = 0x64
	bit b = tobit(i)　　// b = 0b0000_0000_0000_0000_0000_0000_0110_0100
	uint u = 5
	b = tobit(u)　　// b = 0b0000_0000_0000_0000_0000_0000_0000_0101
	float f = 2.54
	b = tobit(f)　　//b = 0b1000_0101_0001_1110_1011_1000_0101_0010
	　　　　　　　　// 复制 float，取低 32bit
	bool o = true
	b = tobit(o)　　// b = 0b0000_0000_0000_0000_0000_0000_0000_0001
	string s = "abc"
	b = tobit(s)　　// b = 0b0000_0000_0110_0011_0110_0010_0110_0001
	byte B(2, 2) = [0x0201, 0x0403]
	b = tobit(B)　　//b = 0b0000_0100_0000_0011_0000_0010_0000_0001
	　　　　　　　　// B 按字节依次赋值

（21）tobyte( )

tobyte( ) 函数用于将数据转化为 byte 类型。函数原型如表 7-21 所示。

表 7-21　tobyte( ) 函数原型

函数原型	byte tobyte(int source) byte tobyte(uint source) byte tobyte(float source) byte tobyte(bool source) byte tobyte(string source) byte tobyte(bit source)
参数	source，源数据，可以是 int、uint、float、bool、string、bit 类型
返回值	byte 类型，转换成的 byte 数据，其大小（size）随 source 改变
示例	int i = 0x64 byte B = tobyte(i)　　// B = 0x0000_0000_0000_0064, size 为 8 bool o = true B = tobyte(o)　　// B = 1, size 为 1 uint u = 5 B = tobyte(u)　　// B = 5, size 为 8 float f = 2.54 B = tobyte(f)　　// float 的内存复制, B = 0x4004_51eb_851e_b852, size 为 8 string s = "abc" B = tobyte(s)　　// B = 0x63_6261, size 为 3 bit b = 0x65 B = tobyte(b)　　// B = 0x0000_0065, size 为 4

▶▶ 7.1.3　math 数学库

math 数学库用于数学计算，本节介绍常用的数学函数。

（1）fabs( )

fabs( )函数用于计算绝对值。函数原型如表 7-22 所示。

表 7-22　fabs( )函数原型

函数原型	float fabs(float inFloat)
参数	inFloat，输入浮点数
返回值	绝对值输出结果
示例	float result = fabs(-2.3)　　// result = 2.3

（2）integer( )

integer( )函数用于返回浮点数的整数部分。函数原型如表 7-23 所示。

表 7-23　integer( )函数原型

函数原型	int integer(float inFloat)
参数	inFloat，输入浮点数
返回值	输出结果
示例	int result = integer(-2.3)　　// result = -2

（3）fraction( )

fraction( )函数用于返回浮点数的小数部分。函数原型如表 7-24 所示。

表 7-24　fraction( )函数原型

函数原型	float fraction(float inFloat)
参数	inFloat，输入浮点数
返回值	输出结果
示例	float result = fraction(-2.3)　　// result = -0.3

（4）exponent( )

exponent( )函数用于返回浮点数的指数部分。函数原型如表 7-25 所示。

表 7-25　exponent( )函数原型

函数原型	int exponent(float inFloat)
参数	inFloat，输入浮点数
返回值	输出结果
示例	int result = exponent(5.345)　　// result = 3

（5）mant( )

mant( )函数用于返回浮点数的尾数部分。函数原型如表 7-26 所示。

表 7-26　mant( )函数原型

函数原型	float mant(float inFloat)
参数	inFloat，输入浮点数
返回值	输出结果
示例	float result = mant(5.345)　　// result = 0.668125

（6）ceil( )

ceil( )函数用于计算"天花板"值，即大于等于输入浮点数的最小整数值。函数原型如表 7-27 所示。

表 7-27　ceil( )函数原型

函数原型	int ceil(float inFloat)
参数	inFloat，输入浮点数
返回值	int 类型，计算结果
示例	int result = ceil(2.2)　　　//result = 3 result = ceil(2)　　　　//result = 2 result = ceil(−2.2)　　　//result = −2

（7）floor( )

floor( )函数用于计算"地板"值，即小于等于输入浮点数的最大整数值。函数原型如表 7-28 所示。

表 7-28　floor( )函数原型

函数原型	int floor(float inFloat)
参数	inFloat，输入浮点数
返回值	int 类型，计算结果
示例	int result = floor(2.2)　　　//result = 2 result = floor(2)　　　　//result = 2 result = floor(−2.2)　　　//result = −3

（8）pow( )

pow( )函数用于计算幂值。函数原型如表 7-29 所示。

表 7-29　pow( )函数原型

函数原型	float pow(float base, float exp) int pow(int base, int exp)
参数	base，底数 exp，指数

（续）

返回值	float、int 类型，计算结果
示例	float result = pow(2, 3) //result = 8

（9）fmod( )

fmod( )函数用于计算浮点数的余数值。函数原型如表 7-30 所示。

表 7-30   fmod( )函数原型

函数原型	float fmod(float dividend, float divisor)
参数	dividend，被除浮点数 divisor，除数
返回值	float 类型，计算结果
示例	float result = fmod(2.5, 3.7) //result = 2.5

（10）exp( )

exp( )函数用于计算自然常数 e 的幂值。函数原型如表 7-31 所示。

表 7-31   exp( )函数原型

函数原型	float exp(float inFloat)
参数	inFloat，输入浮点数
返回值	float 类型，计算结果
示例	float result = exp(2) //result = 7.38906

（11）sqrt( )

sqrt( )函数用于计算平方根值。函数原型如表 7-32 所示。

表 7-32   sqrt( )函数原型

函数原型	int sqrt(float inFloat)
参数	inFloat，输入浮点数
返回值	float 类型，计算结果
示例	float result = sqrt(2.1) //result = 1.44914

（12）log( )

log( )函数用于计算以自然常数为底的对数值。函数原型如表 7-33 所示。

表 7-33   log( )函数原型

函数原型	float log(float inFloat)
参数	inFloat，输入浮点数
返回值	float 类型，计算结果
示例	float result = log(2) //result = 0.693147

（13）log10( )

log10( )函数用于计算以 10 为底的对数值。函数原型如表 7-34 所示。

表 7-34　log10( )函数原型

函数原型	float log10(float inFloat)
参数	inFloat，输入浮点数
返回值	float 类型，计算结果
示例	float result = log10(2)　　//result = 0.30103

（14）sin( )

sin( )函数用于计算弧度角浮点输入值的正弦值。函数原型如表 7-35 所示。

表 7-35　sin( )函数原型

函数原型	float sin(float inFloat)
参数	inFloat，输入浮点数
返回值	float 类型，计算结果
示例	float result = sin(1.56)　　//result = 0.999942

（15）cos( )

cos( )函数用于计算弧度角浮点输入值的余弦值。函数原型如表 7-36 所示。

表 7-36　cos( )函数原型

函数原型	float cos(float inFloat)
参数	inFloat，输入浮点数
返回值	float 类型，计算结果
示例	float result = cos(1.3)　　//result = 0.267499

（16）sinh( )

sinh( )函数用于计算弧度角浮点输入值的双曲正弦值。函数原型如表 7-37 所示。

表 7-37　sinh( )函数原型

函数原型	float sinh(float inFloat)
参数	inFloat，输入浮点数
返回值	float 类型，计算结果
示例	float result = sinh(0.6)　　//result == 0.636654

（17）cosh( )

cosh( )函数用于计算弧度角浮点输入值的双曲余弦值。函数原型如表 7-38 所示。

表 7-38　cosh( )函数原型

函数原型	float cosh(float inFloat)
参数	inFloat，输入浮点数
返回值	float 类型，计算结果
示例	float result = cosh(0.5)　　//result = 1.12763

（18）tanh( )

tanh( )函数用于计算弧度角浮点输入值的双曲正切值。函数原型如表 7-39 所示。

表 7-39　tanh( )函数原型

函数原型	float tanh(float inFloat)
参数	inFloat，输入浮点数
返回值	float 类型，计算结果
示例	float result = tanh(0.7)　　//result = 0.604368

（19）asin( )

asin( )函数用于计算弧度角浮点输入值的反正弦值。函数原型如表 7-40 所示。

表 7-40　asin( )函数原型

函数原型	float asin(float inFloat)
参数	inFloat，输入浮点数
返回值	float 类型，计算结果
示例	float result = asin(0.8)　　//result = 0.927295

（20）acos( )

acos( )函数用于计算弧度角浮点输入值的反余弦值。函数原型如表 7-41 所示。

表 7-41　acos( )函数原型

函数原型	float acos(float inFloat)
参数	inFloat，输入浮点数
返回值	float 类型，计算结果
示例	float result = acos(0.9)　　// result = 0.451027

（21）atan( )

atan( )函数用于计算弧度角浮点输入值的反正切值。函数原型如表 7-42 所示。

表 7-42　atan( )函数原型

函数原型	float atan(float inFloat)
参数	inFloat，输入浮点数

（续）

返回值	float 类型，计算结果
示例	float result = atan(2)　　//result = 1.10715

（22）atan2( )

atan2( )函数用于计算弧度角浮点输入值的反正切值。函数原型如表 7-43 所示。

表 7-43　atan2( )函数原型

函数原型	float atan2(float dividend, float divisor)
参数	dividend，被除浮点数 divisor，除数
返回值	float 类型，计算结果
示例	float result = atan2(7.0, 8.0)　//result = 0.71883

（23）min( )

min( )函数用于选取最小值。函数原型如表 7-44 所示。

表 7-44　min( )函数原型

函数原型	int min(int a, int b) uint min(uint a, uint b) float min(float a, float b)
参数	a, b, 输入值
返回值	返回最小值
示例	float result = min(7.0, 8.0)　//result = 7.0

（24）max( )

max( )函数用于选取最大值。函数原型如表 7-45 所示。

表 7-45　max( )函数原型

函数原型	int max(int a, int b) uint max(uint a, uint b) float max(float a, float b)
参数	a, b, 输入值
返回值	返回最大值
示例	float result = max(7.0, 8.0)　//result = 8.0

7.1.4　time 库

time 库用于系统时间的获取、计算和显示。其中 egltm 类用于管理日期和时间，定义如下。

```
class egltm :
int mSecond      /* 秒,范围从 0 到 59 */
int mMinute      /* 分,范围从 0 到 59 */
int mHour        /* 小时,范围从 0 到 23 */
int mDay         /* 一月中的第几天,范围从 1 到 31*/
int mMonth       /* 月份,范围从 1 到 12 */
int mYear        /* 自 0 起的年数*/
int mWday        /* 一周中的第几天,范围从 0 到 6 */
int mYday        /* 一年中的第几天,范围从 0 到 365 */
int mIsdst       /* 夏令时 */
```

处理日期和时间的全局函数介绍如下。

（1）asctime（）

asctime（）函数用于将类型为 egltm 的输入参数的日期和时间转换为字符串。函数原型如表 7-46 所示。

表 7-46　asctime（）函数原型

函数原型	string asctime(egltm tm)
参数	tm，egltm 类型的时间对象
返回值	string 类型，转换成的 string 数据
示例	egltm tm(10, 10, 2, 25, 12, 2022, 6, 0, 0) string result = asctime(tm) // result ="Sat Dec 25 02:10:10 2022"

（2）mktime（）

mktime（）函数用于把类型为 egltm 的输入值转换为一个依据本地时区的时间戳值。函数原型如表 7-47 所示。

表 7-47　mktime（）函数原型

函数原型	int mktime(egltm tm)
参数	tm，egltm 类型的时间对象
返回值	int 类型，返回时间戳值
示例	egltm tm(10, 10, 2, 25, 12, 2022, 6, 0, 0) int result = mktime(tm) // result = 1671905410

（3）gmtime（）

gmtime（）函数用于把时间戳值转换成 egltm 类型对象，便于显示为格林尼治标准时间。函数原型如表 7-48 所示。

表 7-48   gmtime( ) 函数原型

函数原型	egltm gmtime(int time)
参数	time，整数类型的时间戳
返回值	返回类型为 egltm 对象的实例

示例	egltm tm(10, 10, 2, 25, 12, 2022, 6, 0, 0)
	int time = mktime(tm)
	egltm result = gmtime(time+24 * 3600+100)
	//result.mYear = 2022 result.mMonth = 12
	//result.mDay =25 result.mHour = 18
	//result.mMinute = 11 result.mSecond = 50

（4）localtime( )

localtime( ) 函数用于把时间戳值被分解为 egltm 对象类型数据，并用本地时区表示。函数原型如表 7-49 所示。

表 7-49   localtime( ) 函数原型

函数原型	egltm localtime(int time)
参数	time，整数类型的时间戳
返回值	返回类型为 egltm 对象实例

示例	egltm tm(10, 10, 2, 25, 12, 2022, 6, 0, 0)
	int time = mktime(tm)
	egltm result = localtime(time)
	//result.mYear = 2022 result.mMonth = 12
	//result.mDay = 25 result.mHour = 2
	//result.mMinute = 10 result.mSecond = 10

（5）strftime( )

strftime( ) 函数根据定义的格式化规则，格式化 egltm 对象实例表示的时间，并返回字符串。函数原型如表 7-50 所示。

表 7-50   strftime( ) 函数原型

函数原型	string strftime(string format, egltm tm)
参数	format，格式化规则，如 "%Y-%m-%d %H:%M:%S" tm，egltm 类型的时间对象
返回值	字符串
示例	egltm tm(10, 10, 2, 25, 12, 2022, 6, 0, 0) int time = mktime(tm) egltm ts = gmtime(time+24 * 3600+100) string result=strftime("%Y-%m-%d %H:%M:%S", ts) // result = 2022-12-25 18:11:50

（6）ctime（）

ctime（）函数返回一个表示基于输入时间戳的字符串。函数原型如表 7-51 所示。

表 7-51　ctime（）函数原型

函数原型	string ctime（int time）
参数	time，整数类型的时间戳
返回值	返回一个表示基于输入时间戳的字符串
示例	egltm tm（10, 10, 2, 25, 12, 2022, 6, 0, 0） int time = mktime（tm） string result = ctime（time） // result ="Sun Dec 25 02:10:10 2022"

（7）difftime（）

difftime（）函数用于返回两个参数之间相差的秒数。函数原型如表 7-52 所示。

表 7-52　difftime（）函数原型

函数原型	float difftime（int t1, int t2）
参数	t1，整数类型的时间戳 t2，整数类型的时间戳
返回值	参数 t1 和参数 t2 之间相差的秒数
示例	egltm tm（10, 10, 2, 25, 12, 2022, 6, 0, 0） int time = mktime（tm） float result =difftime（time + 10, time） // result = 10.0

（8）stime（）

stime（）函数用于返回秒级的当前时间戳。函数原型如表 7-53 所示。

表 7-53　stime（）函数原型

函数原型	int stime（）
参数	无
返回值	返回秒级的当前时间戳
示例	int result = stime（）

（9）mstime（）

mstime（）函数用于返回毫秒级的当前时间戳。函数原型如表 7-54 所示。

表 7-54　mstime（）函数原型

函数原型	int mstime（）
参数	无
返回值	返回毫秒级的当前时间戳
示例	int result = mstime（）

（10）ustime( )

ustime( )函数用于返回微秒级的当前时间戳。函数原型如表 7-55 所示。

表 7-55　ustime( )函数原型

函数原型	int ustime( )
参数	无
返回值	返回微秒级的当前时间戳
示例	int result = ustime( )

（11）nstime( )

nstime( )函数用于返回纳秒级的当前时间戳。函数原型如表 7-56 所示。

表 7-56　nstime( )函数原型

函数原型	int nstime( )
参数	无
返回值	返回纳秒级的当前时间戳
示例	int result = nstime( )

▶▶ 7.1.5　算法库

在 algorithm.def 文件中，定义了通信领域需要使用的部分算法类和实现函数。以下类都是 final、static 类型，是不可继承的静态类。

（1）crc 算法类

crc 算法类包括 crc8、crc32 算法。计算 crc8 的成员函数 crc8( )函数原型如表 7-57 所示。crc8 使用的生成多项式为 $x^8 + x^2 + x + 1$，异或模板为 0b1000_0111。

表 7-57　crc8( )函数原型

函数原型	int crc8(byte inData)
	int crc8(byte inData, int polyValue)
参数	inData，byte 类型，待计算 crc 的输入数据
	polyValue，int 类型，多项式，默认为 0x07
返回值	计算结果
示例	byte inData(1024)
	int result = crc8(inData)

计算 crc32 的成员函数 crc32( )函数原型如表 7-58 所示。crc32 使用的生成多项式为 $x^{32} + x^{26} + x^{23} + x^{22} + x^{16} + x^{12} + x^{11} + x^{10} + x^8 + x^7 + x^5 + x^4 + x^2 + x + 1$。

表 7-58　crc32( ) 函数原型

函数原型	int crc32(byte inData) int crc32(byte inData, int polyValue)
参数	inData，byte 类型，待计算 crc 的输入数据 polyValue，int 类型，多项式，默认为 0xEDB8_8320
返回值	计算结果
示例	byte inData(1024) int result = crc32(inData)

（2） reedsolomon 算法类

reedsolomon 算法类采用 Reed-Solomon 纠错码（RS 码），利用范特蒙矩阵或者柯西矩阵的特性来实现纠错码的功能。reedsolomon 算法类中的 encode( ) 成员函数原型如表 7-59 所示。

表 7-59　encode( ) 函数原型

函数原型	int encode(byte inData, out byte outData)
参数	inData，byte 类型，输入数据 outData，byte 类型，输出数据
返回值	成功返回 0
示例	byte inData(1024) byte outData int result = encode(inData, outData)

decode( ) 成员函数原型如表 7-60 所示。

表 7-60　decode( ) 函数原型

函数原型	int decode(byte inData, out byte outData)
参数	inData，byte 类型，输入数据 outData，byte 类型，输出数据
返回值	成功返回 0
示例	byte inData(1024) byte outData int result = decode(inData, outData)

（3） bip 算法类

bip 算法类采用 BIP-N（Bit Interleaved Parity N code，比特间插奇偶校验 N 位码），N 表示经过比特奇偶校验后共产生 N 个校验值。bip 算法类中的 bip8( ) 成员函数原型如表 7-61 所示。

表 7-61　bip8( ) 函数原型

函数原型	int bip8(byte inData)
参数	inData，byte 类型，输入数据

（续）

返回值	int 类型，计算结果
示例	byte inData(1024) int result = bip8(inData)

（4）hec 算法类

GPON（Gigabit Passive Optical Network，吉比特无源光网络）协议中的 HEC 用以对 GEM 帧纠错，由两部分组成：第一部分是删减的 BCH（63，12，2）码（12bit），第二部分是 1bit 的奇偶校验。GPON 协议中采用删减的 BCH（63，12，2），其生成多项式为 $x^{12}+x^{10}+x^8+x^5+x^4+x^3+1$。由于 GEM 帧头为 40bit（27bit 有效数据+12bit BCH 校验位+1bit 奇偶校验位），因此 HEC 的 BCH 的算法应用在 GEM 帧头前 39 位上，记为 BCH（39，12，2）。

hec 算法类中的 code() 成员函数原型如表 7-62 所示。

表 7-62　code() 函数原型

函数原型	int code(byte inData, out byte outData)
参数	inData，byte 类型，输入数据 outData，byte 类型，输出数据
返回值	成功返回 0
示例	byte inData(1024) byte outData int result = code(inData, outData)

check() 成员函数原型如表 7-63 所示。

表 7-63　check() 函数原型

函数原型	bool check(byte inData)
参数	inData，byte 类型，输入数据
返回值	成功时返回 true
示例	byte inData(1024) bool result = check(inData)

（5）scrambling 算法类

GPON 协议中采用循环位移寄存器和生成多项式 x^7+x^6+1 实现加扰解扰，加扰解扰采用同一套位移算法。

scrambling 算法类中的 code() 成员函数原型如表 7-64 所示。

表 7-64　code() 函数原型

函数原型	int code(byte inData, out byte outData)
参数	inData，byte 类型，输入数据 outData，byte 类型，输出数据

（续）

返回值	成功时返回 0
示例	byte inData(1024) byte outData int result = code(inData, outData)

（6）aes128 算法类

高级加密标准（Advanced Encryption Standard，AES）为最常见的对称加密算法。对称加密算法也就是加密和解密用相同的密钥。

aes128 算法类中的 ecbEncode( )成员函数原型如表 7-65 所示。

表 7-65　ecbEncode( )函数原型

函数原型	int ecbEncode(byte keyData, byte inData, out byte outData)
参数	keyData，byte 类型，密钥 key 数据 inData，byte 类型，输入数据 outData，byte 类型，输出数据
返回值	成功时返回 0
示例	byte keyData(4) byte inData(16) byte outData(16) int result = ecbEncode(keyData, inData, outData)

ecbDecode( )成员函数原型如表 7-66 所示。

表 7-66　ecbDecode( )函数原型

函数原型	int ecbDecode(byte keyData, byte inData, out byte outData)
参数	keyData，byte 类型，密钥 key 数据 inData，byte 类型，输入数据 outData，byte 类型，输出数据
返回值	成功时返回 0
示例	byte keyData(4) byte inData(16) byte outData(16) int result = ecbDecode(keyData, inData, outData)

cbcEncode( )成员函数原型如表 7-67 所示。

表 7-67　cbcEncode( )函数原型

函数原型	int cbcEncode(byte keyData, byte ivData, byte inData, out byte outData)
参数	keyData，byte 类型，密钥 key 数据 ivData，byte 类型，初始向量 iv 数据 inData，byte 类型，输入数据 outData，byte 类型，输出数据

（续）

返回值	成功时返回 0
示例	byte keyData(4) byte ivData(16) byte inData(16) byte outData(16) int result = cbcEncode(keyData, ivData, inData, outData)

cbcDecode( )成员函数原型如表 7-68 所示。

表 7-68　cbcDecode( ) 函数原型

函数原型	int cbcDecode(byte keyData, byte ivData, byte inData, out byte outData)
参数	keyData，byte 类型，密钥 key 数据 ivData，byte 类型，初始向量 iv 数据 inData，byte 类型，输入数据 outData，byte 类型，输出数据
返回值	成功时返回 0
示例	byte keyData(4) byte ivData(16) byte inData(16) byte outData(16) int result = cbcDecode(keyData, ivData, inData, outData)

ctrEncode( )成员函数原型如表 7-69 所示。

表 7-69　ctrEncode( ) 函数原型

函数原型	int ctrEncode(byte keyData, byte ivData, byte inData, out byte outData)
参数	keyData，byte 类型，密钥 key 数据 ivData，byte 类型，初始向量 iv 数据 inData，byte 类型，输入数据 outData，byte 类型，输出数据
返回值	成功时返回 0
示例	byte keyData(4) byte ivData(16) byte inData(16) byte outData(16) int result = ctrEncode(keyData, ivData, inData, outData)

ctrDecode( )成员函数原型如表 7-70 所示。

表 7-70 ctrDecode( ) 函数原型

函数原型	int ctrDecode(byte keyData, int intraFrame, int interFrame, byte inData, out byte outData)
参数	keyData，byte 类型，密钥 key 数据 intraFrame，int 类型 interFrame，int 类型 inData，byte 类型，输入数据 outData，byte 类型，输出数据
返回值	成功时返回 0
示例	byte keyData(4) int intraFrame int interFrame byte inData(16) byte outData(16) int result = ctrDecode(keyData, intraFrame, interFrame, inData, outData)

7.2 目录和文件库

为方便用户创建目录、文件，并对文本文件和二进制文件进行读写操作，Eagle 语言提供了 dir 类和 file 类，结合正则表达，用户可以像编写脚本一样对目录和文件进行操作。

7.2.1 dir 类

dir 类的主要功能包括目录或文件的创建、存在判定、复制、目录信息遍历、文件基本信息获取等。

（1）mkdir( )

mkdir( )函数用于创建一个新目录，创建成功时返回 true，创建失败时返回 false。创建失败的原因可能是目录已存在，或没有创建权限等。函数原型如表 7-71 所示。

表 7-71 mkdir( ) 函数原型

函数原型	bool mkdir(string dirName)
参数	dirName，string 类型，目录名
返回值	bool 类型
示例	dir path string dirName = "/tmp/a/b" bool flag = path.mkdir(dirName)

（2）cwd( )

cwd( )函数用于获取当前目录路径，返回的路径为绝对路径。函数原型如表 7-72 所示。

表 7-72　cwd( ) 函数原型

函数原型	string cwd( )
参数	无
返回值	string 类型，当前绝对路径名
示例	dir path string curDdir = path.cwd( ) // dirName = "/tmp/a"

（3）mkfile( )

mkfile( )函数用于在当前目录或指定目录下创建一个新文件，创建成功时返回 true，创建失败时返回 false。创建失败的原因可能是目录不存在，或没有创建权限等。函数原型如表 7-73 所示。

表 7-73　mkfile( ) 函数原型

函数原型	bool mkfile(string fileName)
参数	fileName，string 类型，文件名（可以带路径）
返回值	bool 类型
示例	dir path string file1 = "fs.txt" string file2 = "/tmp/a/fs.txt" bool flag = path.mkfile(file1) flag = path.mkfile(file2)

（4）info( )

info( )函数用于获取文件的基本信息，比如文件的行数和大小。函数原型如表 7-74 所示。

表 7-74　info( ) 函数原型

函数原型	bool info(string fileName, out fileInfo information)
参数	fileName，string 类型，文件名（可以带路径） information，fileInfo 类型，输出的文件信息
返回值	bool 类型
示例	dir path string fileName= "/tmp/fs.txt" fileInfo information path.info(fileName, information)

（5）exist( )

exist( )函数用于查询目录或文件是否存在。函数原型如表 7-75 所示。

表 7-75   exist( ) 函数原型

函数原型	bool exist(string fileName)
参数	fileName, string 类型, 目录名或文件名 (可以带路径)
返回值	bool 类型
示例	dir path string file1 = "fs.txt" string file2 = "/tmp/a/fs.txt" bool flag = path.exist(file1) flag = path.exist(file2)

(6) dirs( )

dirs( ) 函数用于获取指定目录下的目录列表。函数原型如表 7-76 所示。

表 7-76   dirs( ) 函数原型

函数原型	bool dirs(string dirName, out list<string> dirList) bool dirs(string dirName, int levels, out list<string> dirList)
参数	dirName, string 类型, 目录名 levels, int 类型, 目录层数; 不指定时返回所有层数的目录名 dirList, 输出的目录名列表, 目录名都是绝对路径
返回值	bool 类型

示例	/tmp
	  |---- a
	    |---- a1
	    |---- a11
	       |---- a12
	    |---- a2
	
	dir path
	list<string> result
	
	path.dirs("/tmp/a", result)
	// result == ["/tmp/a/a1", "/tmp/a/a1/a11", "/tmp/a/a1/a12", "/tmp/a/a2"]
	
	path.dirs("/tmp/a", 1, result)
	// result == ["/tmp/a/a1", "/tmp/a/a2"]

(7) files( )

files( ) 函数用于获取指定目录下的文件列表, 不包括子目录下的文件。函数原型如表 7-77 所示。

表 7-77   files( ) 函数原型

函数原型	bool files(string dirName, out list<string> fileList)
参数	dirName, string 类型, 目录名 levels, int 类型, 目录层数; 不指定时返回所有层数的目录名

（续）

fileList	输出的文件列表
返回值	bool 类型

示例	/tmp
	　　|---- a
	　　　　|---- f1.txt
	　　　　| ---- f2.so
	　　　　| ---- a1
	　　　　　　| ---- f11.txt
	　　　　　　| ---- f12.so
	　　　　　　| ---- a11
	　　　　　　| ---- a12
	　　　　| ---- a2
	
	dir path
	list\<string\> result
	path.files("/tmp/a", result)
	// result == ["/tmp/a/f1.txt", "/tmp/a/f2.so"]
	path.dirs("/tmp/a/a1", result)
	// result == ["/tmp/a/a1/f11.txt", "/tmp/a/a1/f12.so"]

（8）cpdir()

cpdir()函数用于将指定目录下的所有子目录和所有文件复制到新的目录下，已存在的目录和文件不覆盖。目录名可以是相对路径和绝对路径。如果是相对路径，使用当前路径组合成绝对路径。函数原型如表 7-78 所示。

表 7-78　cpdir()函数原型

函数原型	bool cpdir(string sDir, string dDir)
参数	sDir, string 类型，源目录名；目录名可以是相对路径和绝对路径 dDir, string 类型，目的目录名；目的目录名若不存在则创建 fileList，输出的文件列表
返回值	bool 类型
示例	/tmp 　　|---- a 　　　　|---- f1.txt 　　　　|---- f2.so 　　　　|---- a1 　　　　　　|---- f11.txt 　　　　　　|---- f12.so 　　　　　　|---- a11 　　　　　　|---- a12 　　　　|---- a2

（续）

示例	dir path
	path.cpdir("/tmp", "/tmp1")
	
	/tmp1
	   |---- a
	      |---- f1.txt
	      |---- f2.so
	      |---- a1
	         |---- f11.txt
	         |---- f12.so
	         |---- a11
	         |---- a12
	      |---- a2
	
	path.dirs("/tmp/a/a1", result)
	// result == ["/tmp/a/a1/f11.txt", "/tmp/a/a1/f12.so"]

（9）cpfile()

cpfile()函数用于将指定的文件复制到指定的目录下。函数原型如表 7-79 所示。

表 7-79　cpfile() 函数原型

函数原型	bool cpfile(string fileName, string dDir)
参数	fileName，string 类型，源文件名，可以带相对路径和绝对路径 dDir，string 类型，目的目录名；目的目录名不存在则创建
返回值	bool 类型
示例	dir path string fileName = "/tmp/fs.txt" string dDir = "/tmp/a" bool result = path.cpfile(fileName, dDir)

▶▶ 7.2.2　file 类

file 类的主要功能包括对文本文件、二进制文件的读写操作。

file 类对文本文件操作以行为单位进行操作，涉及文件打开、文件行索引、文件行读、文件行追加、文件行删除以及文件行插入等功能。

打开的文件无须显式关闭文件，file 对象在释放时自动关闭文件。

1. 文本文件的操作

（1）open()

open()函数用于打开一个文本文件。函数原型如表 7-80 所示。

表 7-80　open( ) 函数原型

函数原型	bool open(string fileName)
参数	fileName，string 类型，源文件名，可以带相对路径和绝对路径
返回值	bool 类型。成功时返回 true；失败时返回 false，失败原因可能是文件不存在或权限不足等
示例	file fh string fileName = "/tmp/fs.txt" bool result = fh.open(fileName)

（2）lines( )

lines( )函数用于获取文件行数。函数原型如表 7-81 所示。

表 7-81　lines( ) 函数原型

函数原型	int lines( )
参数	无
返回值	int 类型，文本文件的行数
示例	file fh string fileName = "/tmp/fs.txt" bool result = fh.open(fileName) int lines = fh.lines( )

（3）index( )

index( )函数用于获取当前文件行的索引。函数原型如表 7-82 所示。readline( )函数和 readlines( )函数依赖当前的行索引。

表 7-82　index( ) 函数原型

函数原型	int index( ) int index(int newPos)
参数	newPos，将行索引移动到新的索引上，当 newPos 大于文本文件的函数时，行索引移动到文件的末尾
返回值	int 类型，当前所在的行数
示例	file fh string fileName = "/tmp/fs.txt" bool result = fh.open(fileName) int index = fh.index( ) index = fh.index(30)

（4）readline( )

readline( )函数用于从当前位置 pos 读取文本文件的一行，pos 会自动加 1。函数原型如表 7-83 所示。

表 7-83   readline( ) 函数原型

函数原型	string readline( )
参数	无
返回值	string 类型，读取的一行文本
示例	file fh string line = fh.readline( )

（5）readlines( )

readlines( )函数用于从当前位置 pos 读取文本文件的 number 行，当行数不够时，只读取剩余的行，pos 会自动增加。函数原型如表 7-84 所示。

表 7-84   readlines( ) 函数原型

函数原型	list<string> readlines(int number)
参数	number，需要读取的行数
返回值	list<string>类型，读取的多行文本
示例	file fh list<string> lines = fh.readlines(5)

（6）append( )

append( )函数用于在文件的末尾添加一行或多行文本，函数原型如表 7-85 所示。

表 7-85   append( ) 函数原型

函数原型	bool append(list<string> lines)
参数	lines，list<string>类型，添加的多行文本
返回值	bool 类型
示例	file fh list<string> lines = ["a","b","c"] bool result = fh.append(lines)

（7）erase( )

erase( )函数用于删除指定的一行或多行文本。函数原型如表 7-86 所示。

表 7-86   erase( ) 函数原型

函数原型	int erase(int index) int erase(int index, int number)
参数	index，指定的行 number，需要删除的总行数，总行数不够时，删除到文件末尾
返回值	int 类型，实际删除的行数；指定的行不存在时，返回为 0

（续）

示例	file fh int lines = fh.erase(5)　　　// 删除第 5 行 lines = fh.erase(5, 3)　　　// 删除第 5、6、7 行，共 3 行

（8）update( )

update( )函数用于更新指定的行文本。函数原型如表 7-87 所示。

表 7-87　update( )函数原型

函数原型	bool update(int index, string line) bool update(int index, list<string> lines)
参数	index，指定的行 line，更新的行文本 lines，更新的多行文本，除了第一行，其他行属于插入的文本行
返回值	bool 类型，index 不存在时，返回 false
示例	file fh fh.update(5, "new line")　　　// 修改第 5 行的内容 list<string> lines = ["a", "b", "c"] fh.update(5, lines)　　　// 修改第 5 行，插入了 2 行

（9）insert( )

insert( )函数用于在指定的行之前插入文本行。函数原型如表 7-88 所示。

表 7-88　insert( )函数原型

函数原型	bool insert(int index, string line) bool insert(int index, list<string> lines)
参数	index，指定的行 line，插入的单行文本 lines，插入的多行文本
返回值	bool 类型，index 不存在时，返回 false
示例	file fh fh.insert(5, "new line")　　　// 在第 5 行前插入 1 行文本 list<string> lines = ["a", "b", "c"] fh.insert(5, lines)　　　// 在第 5 行前插入 3 行文本

2. 二进制文件的操作

在 file 类中实现对二进制文件的字节数据操作，涉及文件打开、文件字节数据读、文件字节数据追加、文件字节数据删除以及文件字节数据插入等功能。

（1）bopen( )

bopen( )函数用于打开一个二进制文件。函数原型如表 7-89 所示。

表 7-89　bopen( ) 函数原型

函数原型	bool bopen(string fileName)
参数	fileName，string 类型，源文件名，可以带相对路径和绝对路径
返回值	bool 类型。成功时返回 true；失败时返回 false，失败原因可能是文件不存在或权限不足等
示例	file fh string fileName = "/tmp/fs.dat" bool result = fh.bopen(fileName)

（2）size( )

size( ) 函数用于获取二进制文件的行数。函数原型如表 7-90 所示。

表 7-90　size( ) 函数原型

函数原型	int size( )
参数	无
返回值	int 类型，二进制文件的大小，单位为字节
示例	file fh string fileName = "/tmp/fs.dat" bool result = fh.bopen(fileName) int size = fh.size( )

（3）pos( )

pos( ) 函数用于获取二进制文件的位置索引。read( ) 函数依赖当前的位置索引。函数原型如表 7-91 所示。

表 7-91　pos( ) 函数原型

函数原型	int pos( ) int pos(int newPos)
参数	newPos，将行索引移动到新的索引上，当 newPos 大于文本文件的函数时，行索引移动到文件的末尾
返回值	int 类型，当前所在的行数
示例	file fh string fileName = "/tmp/fs.dat" bool result = fh.bopen(fileName) int index = fh.pos( ) index = fh.pos(30)

（4）read( )

read( ) 函数用于从当前位置 pos 读取二进制文件的一个或多个字节，pos 会自动增加。函数原型如表 7-92 所示。

表 7-92 read( ) 函数原型

函数原型	byte read( ) byte read(int number)
参数	number，读取的字节数
返回值	byte 类型

示例	file fh
	byte B1 = fh.read( ) // 读取 1 个字节
	B1 = fh.read(8) // 读取 8 个字节

（5）append( )

append( )函数用于在二进制文件的末尾添加一个或多个字节数据。函数原型如表 7-93 所示。

表 7-93 append( ) 函数原型

函数原型	bool append(byte B)
参数	B，byte 类型，添加的字节数据
返回值	bool 类型，返回 true
示例	file fh byte B(2) = 0xFFEE bool result = fh.append(B)

（6）berase( )

berase( )函数用于删除指定的一个或多个字节数据。函数原型如表 7-94 所示。

表 7-94 berase( ) 函数原型

函数原型	int berase(int index) int berase(int index, int number)
参数	index，指定的位置 number，需要删除的总字节数，总字节数不够时，删除到文件末尾
返回值	int 类型，实际删除的字节数；指定的字节不存在时，返回为 0

示例	file fh
	int number = fh.berase(5) // 删除第 5 个字节
	number = fh.berase(5, 3) // 从第 5 字节开始,删除 3 个字节

（7）update( )

update( )函数用于将指定的字节修改为一个或多个字节数据。函数原型如表 7-95 所示。

表 7-95 update( ) 函数原型

函数原型	bool update(int index, byte B)
参数	index，指定的字节位置 B，更新的字节

（续）

返回值	bool 类型，index 不存在时，返回 false
示例	file fh byte B1(1) = 0xFF byte B2(4) = 0x11FF fh.update(5, B1)　　　// 修改第 5 个字节 fh.update(5, B2)　　　// 将第 5 个字节修改为 4 个字节数据

（8）insert( )

insert( )函数用于在指定的字节前插入一个或多个字节数据。函数原型如表 7-96 所示。

表 7-96　insert( )函数原型

函数原型	bool insert(int index, byte B)
参数	index，指定的行 B，插入的字节数据
返回值	bool 类型，index 不存在时，返回 false
示例	file fh byte B1(1) = 0xFF byte B2(4) = 0x11FF fh.insert(5, B1)　　　// 在第 5 字节前插入 1 个字节数据 fh.insert(5, B2)　　　// 在第 5 字节前插入 4 个字节数据

7.3　正则表达式

正则表达式是一种文本模式的表达式，它是强大、便捷、高效的文本处理工具。其采用通用模式表示法，赋予使用者描述和分析文本的能力。

▶▶ 7.3.1　正则表达式语法

完整的正则表达式由两种字符构成：一种是特殊字符，称为元字符，另一种是普通文本字符。正则表达式的元字符提供了强大的描述能力。常用的元字符如下。

1）.：匹配除"\n"之外的任何单个字符，若要匹配包括"\n"在内的任意字符，须使用诸如"[\s\S]"之类的模式。

2）^：匹配输入字符串的开始位置，不匹配任何字符，要匹配"^"字符本身，须使用"\^"。

3）$：匹配输入字符串结尾的位置，不匹配任何字符，要匹配"$"字符本身，须使用"\$"。

4）*：零次或多次匹配前面的字符或子表达式，"*"等效于"{0,}"，如"\^*b"可以匹配"b""^b""^^b"等。

5) +：一次或多次匹配前面的字符或子表达式，等效于"{1,}"，如"a+b"可以匹配"ab""aab""aaab"等。

6) ?：零次或一次匹配前面的字符或子表达式，等效于"{0,1}"，如"a[cd]?"可以匹配"a""ac""ad"。当此字符紧随任何其他限定符"＊""+""?""{n}""{n,}""{n,m}"之后时，匹配模式是"非贪心的"。"非贪心的"模式匹配搜索到的、尽可能短的字符串，而默认的"贪心的"模式匹配搜索到的、尽可能长的字符串。如，在字符串"oooo"中，"o+?"只匹配单个"o"，而"o+"匹配所有"o"。

7) |：将两个匹配条件进行逻辑"或"（or）运算，如正则表达式"（him|her）"匹配"it belongs to him"和"it belongs to her"，但是不能匹配"it belongs to them."。

8) \：将下一个字符标记为特殊字符、文本、反向引用或八进制转义符，如，"n"匹配字符"n"，"\n"匹配换行符，序列"\\"匹配"\"，"\("匹配"（"。

9) \w：匹配任意一个字母、数字或下画线，即 A~Z、a~z、0~9_中任意一个。

10) \W：匹配任意不是字母、数字、下画线的字符。

11) \s：匹配任意的空白符，包括空格、制表符、换页符等，与"[\f\n\r\t\v]"等效。

12) \S：匹配任意不是空白符的字符，与"[^\f\n\r\t\v]"等效。

13) \d：匹配数字 0~9 中的任意一个，等效于"[0-9]"。

14) \D：匹配任意非数字的字符，等效于"[^0-9]"。

15) \b：匹配一个字边界，即字与空格间的位置，不匹配任何字符，如，"er\b"匹配"never"中的"er"，但不匹配"verb"中的"er"。

16) \B：非字边界匹配，"er\B"匹配"verb"中的"er"，但不匹配"never"中的"er"。

17) \f：匹配一个换页符，等价于"\x0c"和"\cL"。

18) \n：匹配一个换行符，等价于"\x0a"和"\cJ"。

19) \r：匹配一个回车符，等价于"\x0d"和"\cM"。

20) \t：匹配一个制表符，等价于"\x09"和"\cI"。

21) \v：匹配一个垂直制表符，等价于"\x0b"和"\cK"。

22) \cx：匹配"x"指示的控制字符，如，\cM 匹配 Control-M 或回车符，"x"的值必须在 A~Z 或 a~z 之间，如果不是这样，则假定 c 就是"c"字符本身。

23) {n}：n 是非负整数，正好匹配 n 次，如："o{2}"与"Bob"中的"o"不匹配，但与"food"中的两个"o"匹配。

24) {n,}：n 是非负整数，至少匹配 n 次，如："o{2,}"不匹配"Bob"中的"o"，而匹配"fooooood"中的所有"o"，"o{1,}"等效于"o+"，"o{0,}"等效于"o＊"。

25) {n,m}：n 和 m 是非负整数，其中 $n \leq m$，匹配至少 n 次，至多 m 次，如："o{1,3}"匹配"foooooood"中的前 3 个 o，"o{0,1}"等效于"o?"。注意，不能将空格插入逗号和数字之间。如："ba{1,3}"可以匹配"ba""baa"或"baaa"。

26) x|y：匹配"x"或"y"，如："z|food"匹配"z"或"food"；"（z|f)ood"匹配"zood"或

"food"。

27）［xyz］：字符集，匹配包含的任意一个字符，如："［abc］"匹配"plain"中的"a"。

28）［^xyz］：反向字符集，匹配未包含的任何字符，即匹配除了"xyz"以外的任意字符，如："［^abc］"匹配"plain"中的"p""l""i""n"。

29）［a-z］：字符范围，匹配指定范围内的任何字符，如："［a-z］"匹配 a~z 范围内的任何小写字母。

30）［^a-z］：反向范围字符，匹配不在指定范围内的任何字符，如："［^a-z］"匹配任何不在 a~z 范围内的任何字符。

31）（ ）：将"（"和"）"之间的表达式定义为"组"（group），并且将匹配这个表达式的字符保存到一个临时区域，一个正则表达式中最多可以保存 9 个组，它们可以用"\1"到"\9"的符号来引用。

32）（pattern）：匹配 pattern 并捕获该匹配的子表达式，可以使用 $0… $9 属性从结果"匹配"集合中检索捕获的匹配。

33）（?:pattern）：匹配 pattern 但不捕获该匹配的子表达式，即它是一个非捕获匹配，不存储供以后使用的匹配，这对于用"or"字符"（｜）"组合模式部件的情况很有用。如："industr（?:y｜ies）"是比"industry｜industries"更简略的表达式。

34）（? =pattern）：非获取匹配，正向肯定预查，在任何匹配 pattern 的字符串开始处匹配查找字符串，该匹配不需要获取供以后使用。如："Windows（? =95｜98｜NT｜2000）"能匹配"Windows2000"中的"Windows"，但不能匹配"Windows3.1"中的"Windows"。预查不消耗字符，也就是说，在一次匹配发生后，在最后一次匹配之后立即开始下一次匹配的搜索，而不是从包含预查的字符之后开始。

35）（?!pattern）：非获取匹配，正向否定预查，在任何不匹配 pattern 的字符串开始处匹配查找字符串，该匹配不需要获取供以后使用。如"Windows（?!95｜98｜NT｜2000）"能匹配"Windows3.1"中的"Windows"，但不能匹配"Windows2000"中的"Windows"。

要匹配某些特殊字符，须在此特殊字符前面加上"\"，如要匹配字符"^""$""（）""［］""｛｝""."".""?""+""*""｜"，须使用"\^""\$""\（""\）""\［""\］""\｛""\｝""\.""\?""\+""*""\｜"。

▶▶ 7.3.2　regexp 类

正则表达式类 regexp 的主要功能有匹配（match）、查找（search）和替换（replace），由相应的函数实现。

（1）match（）

match（）函数使用指定的正则表达式字符串 pattern 匹配输入字符串，返回匹配的字符串列表。函数原型如表 7-97 所示。

表 7-97　match( ) 函数原型

函数原型	list<string> match(string str, string pattern)
参数	str，待匹配的字符串 pattern，正则表达式字符串
返回值	list<string>类型，匹配返回的字符串列表。无匹配时返回空列表
示例	regexp r string str = "Hi, Eagle!" string pattern = "(Hi),(.*)!$" list<string> result = r.match(str, pattern) int size = result.size()　// size = 3

（2）search( )

search( ) 函数使用指定的正则表达式字符串 pattern，从输入字符串找出匹配的字符串列表。函数原型如表 7-98 所示。

表 7-98　search( ) 函数原型

函数原型	list<string> search(string str, string pattern)
参数	str，待查找的字符串 pattern，正则表达式字符串
返回值	list<string>类型，匹配返回的字符串列表。无匹配时返回空列表
示例	string str = "Hi, Eagle!" string pattern ="Hi|Eagle" list<string> result = r.search(str, pattern) int size = result .size()　// size == 2

（3）replace( )

replace( ) 函数使用指定的正则表达式字符串 pattern，从输入字符串找出匹配的字符串，使用新字符串进行替换。函数原型如表 7-99 所示。

表 7-99　replace( ) 函数原型

函数原型	string replace(string str, string pattern, string newStr)
参数	str，原始字符串 pattern，正则表达式字符串 newStr，替换的新字符串
返回值	string 类型，替换后的结果字符串。无匹配时返回原始字符串
示例	string str = "Hi, Eagle!" string pattern = "Hi" string rstr= "perfect" string result = r.replace(str, pattern, rstr) // result = "perfect, Eagle!"

7.4　sqlite3 数据库

Eagle 语言支持访问文件数据库 sqlite3，程序包名为"eglsqlite3"，包括以下三个类。

- eglSQLite3DB 类：用于数据库的一般操作。
- eglSQLite3Statement 类：用于 SQL 语句的预编译和参数绑定，以提升查询操作的效率和安全性。
- eglSQLite3Query 类：用于数据库的查询结果处理。

▶▶ 7.4.1　eglSQLite3DB 类

eglSQLite3DB 类用于创建数据库，并提供了一系列访问数据库的函数。

（1）open( )

open( )函数用于打开一个数据库文件，若数据库文件不存在，则创建。函数原型如表 7-100 所示。

表 7-100　open( ) 函数原型

函数原型	open(string dbFile)
参数	dbFile，数据库文件名
返回值	无
示例	eglSQLite3DB db db.open("sql.db")

（2）close( )

close( )函数用于关闭一个打开的数据库文件。函数原型如表 7-101 所示。

表 7-101　close( ) 函数原型

函数原型	close( )
参数	无
返回值	无
示例	eglSQLite3DB db db.open("sql.db") db.close( )

（3）tableExist( )

tableExist( )函数用于查询一个数据库表是否存在。函数原型如表 7-102 所示。

表 7-102　tableExist( ) 函数原型

函数原型	bool tableExist(string tableName)
参数	tableName，数据库表名称
返回值	bool 类型，成功标志
示例	db.tableExist("tb1")

（4）execDML( )

execDML( )函数用于执行数据库的 DML 语句。函数原型如表 7-103 所示。

表 7-103　execDML( ) 函数原型

函数原型	int execDML(string SQL)
参数	SQL，SQL 语句
返回值	int 类型
示例	string sqlCmd = '" CREATE TABLE IF NOT EXISTS "tb1" (　　　　"id" INTEGER NOT NULL, 　　　　"name" text(50) , 　　　　"age" INTEGER, 　　　　"school" TEXT(100) , 　　　　PRIMARY KEY ("id")) ;'" db.execDML(sqlCmd)

（5）execScalar( )

execScalar( )函数用于执行数据库的 Scalar SQL 语句，用于统计或计算。函数原型如表 7-104 所示。

表 7-104　execScalar( ) 函数原型

函数原型	int execScalar(string SQL)
参数	SQL，Scalar SQL 语句
返回值	int 类型，返回查询的结果
示例	string sqlCmd = " select count(*) from main.tb1" int result = db.execScalar(sqlCmd)

（6）execQuery( )

execQuery( )函数用于执行查询指令。函数原型如表 7-105 所示。

表 7-105　execQuery( ) 函数原型

函数原型	eglSQLite3Query execQuery(string SQL)
参数	SQL，SQL 语句
返回值	eglSQLite3Query 类型，查询的结果
示例	string sqlCmd = " select id, name, age, from main.tb1 where age>20 limit 3" eglSQLite3Query q = db. execQuery(sqlCmd)

（7）compileStatement（ ）

compileStatement（ ）函数用于预编译 SQL 查询语句。函数原型如表 7-106 所示。

表 7-106　compileStatement（ ）函数原型

函数原型	eglSQLite3Statement compileStatement（string SQL）
参数	SQL，SQL 语句
返回值	eglSQLite3Statement 类型，预编译结果
示例	string sqlCmd = "select id，name，age，from main.tb1 where age>? and id>? limit 3" eglSQLite3Statement stmt = db.compileStatement（sqlCmd）

▶▶ 7.4.2　eglSQLite3Statement 类

eglSQLite3Statement 类用于 SQL 查询语句的预编译和参数绑定，其提供的主要函数如下。

（1）bindPara（ ）

bindPara（ ）函数用于绑定查询参数。函数原型如表 7-107 所示。

表 7-107　bindPara（ ）函数原型

函数原型	bindPara（int paraIndex，int paraValue） bindPara（int paraIndex，float paraValue） bindPara（int paraIndex，string paraValue） bindPara（int paraIndex，byte paraValue）
参数	paraIndex，参数的索引号 paraValue，int、float、string、byte 类型，参数值
返回值	无
示例	eglSQLite3Statement stmt stmt.bindPara（1，20）

（2）execQuery（ ）

execQuery（ ）函数用于执行已经预编译的查询指令。函数原型如表 7-108 所示。

表 7-108　execQuery（ ）函数原型

函数原型	eglSQLite3Query execQuery（ ）
参数	无
返回值	eglSQLite3Query 类型，查询的结果
示例	eglSQLite3Statement stmt eglSQLite3Query q = stmt. execQuery（ ）

▶▶ 7.4.3　eglSQLite3Query 类

eglSQLite3Query 类用于查询结果的处理，提供了如下函数。

（1）eof( )

eof( )函数用于判断是不是最后一行查询结果。函数原型如表 7-109 所示。

表 7-109　eof( )函数原型

函数原型	bool eof( )
参数	无
返回值	bool 类型
示例	eglSQLite3Query q q.eof( )

（2）nextRow( )

nextRow( )函数用于转到下一行查询结果。函数原型如表 7-110 所示。

表 7-110　nextRow( )函数原型

函数原型	nextRow( )
参数	无
返回值	无
示例	q.nextRow( )

（3）fieldNum( )

fieldNum( )函数用于获取一条查询结果的域的数量。函数原型如表 7-111 所示。

表 7-111　fieldNum( )函数原型

函数原型	int fieldNum( )
参数	无
返回值	int 类型，返回数量
示例	q.fieldNum( )

（4）fieldIndex( )

fieldIndex( )函数用于根据域名称返回域的索引号。函数原型如表 7-112 所示。

表 7-112　fieldIndex( )函数原型

函数原型	int fieldIndex(string fieldName)
参数	fieldName，域名称
返回值	int 类型，返回的域索引号
示例	int index = q.filedIndex("age")

（5）fieldName( )

fieldName( )函数用于根据域索引号返回域名称。函数原型如表 7-113 所示。

表 7-113　fieldName( ) 函数原型

函数原型	string fieldName(int fieldIndex)
参数	fieldIndex，域索引号
返回值	string 类型，返回的域名称
示例	string str = q.filedName(2)

（6）getIntField( )

getIntField( )函数用于根据域索引号返回域的值。函数原型如表 7-114 所示。

表 7-114　getIntField( ) 函数原型

函数原型	int getIntField(int fieldIndex)
参数	fieldIndex，域索引号
返回值	int 类型，返回的域的值
示例	int value = q.getIntField(2)

（7）getFloatField( )

getFloatField( )函数用于根据域索引号返回域的值。函数原型如表 7-115 所示。

表 7-115　getFloatField( ) 函数原型

函数原型	float getFloatField(int fieldIndex)
参数	fieldIndex，域索引号
返回值	float 类型，返回的域的值
示例	float value = q.getFloatField(2)

（8）getStringField( )

getStringField( )函数用于根据域索引号返回域的值。函数原型如表 7-116 所示。

表 7-116　getStringField( ) 函数原型

函数原型	string getStringField(int fieldIndex)
参数	fieldIndex，域索引号
返回值	string 类型，返回的域的值
示例	string value = q.getStringField(2)

（9）getByteField( )

getByteField( )函数用于根据域索引号返回域的值。函数原型如表 7-117 所示。

表 7-117　getByteField( ) 函数原型

函数原型	byte getByteField(int fieldIndex)
参数	fieldIndex，域索引号
返回值	byte 类型，返回的域的值
示例	byte value = q.getByteField(2)

▶▶ 7.4.4　数据库使用示例

使用 eglsqlite3 程序包中的三个类，可以方便实现数据库的各项功能，示例代码如下。

```
package dbDemo
use eglsqlite3
use eaglestd

class worksDB:
    eglsQLite3DB db
    initial():
        createTable()
    release():
        db.close()

    createTable():
        db.open("sql.db")
        db.execDML("' CREATE TABLE IF NOT EXISTS "table1" (
            "id" INTEGER NOT NULL,
            "name" text(50),
            "age" INTEGER,
            "salary" real
            PRIMARY KEY ("id")
            );'")
        assure(db.tableExist("table1"))

        list<string> sqlCmd = [
            "' INSERT INTO "table1" ("id", "name", "age", "salary") VALUES (1, "Gu jialun", 23,
25);'",
            "' INSERT INTO "table1" ("id", "name", "age", "salary") VALUES (2, "Tamura Mio",
27, 26);'",
            "' INSERT INTO "table1" ("id", "name", "age", "salary") VALUES (3, "Mario Martin",
30, 35);'",
            "' INSERT INTO "table1" ("id", "name", "age", "salary") VALUES (4, "Zhou Yuning",
32, 45);'",
            "' INSERT INTO "table1" ("id", "name", "age", "salary") VALUES (5, "Nathan Mcdo-
nald", 32, 45);'"
            ]

        foreach string cmd in sqlCmd:
            db.execDML(cmd)
```

```
    queryTable1():
        eglSQLite3Query query = db.execQuery("select id, name, age, salary, from table1
limit 3")
        int num = query.FieldNum()
        int index = query.fieldIndex("name")
        string str = query.fieldName(index)

        int count = db.execScalar("select count(* ) from main.maintb")
        int LastID = db.lastRowId()
        db.setBusyTimeout(5000)
    queryTable2():
        int id
        int age
        float salary
        string name
        eglSQLite3Statement stmt
        stmt = db.compileStatement("select id, name, age, salary, from table1 where age>? and
id>? limit 3"
        stmt.bindPara(1,30)
        stmt.bindPara(2,3)
        query = stmt.execQuery()

        while ! query.eof():
            id = query.getIntField(query.fieldIndex("id"))
            age = query.getIntField(query.fieldIndex("age"))
            salary = query.getfloatField(query.fieldIndex("salary"))
            name = query.getStringField(query.fieldIndex("name"))
            query.nextRow()
workDB myDB
myDB.queryTable1()
myDB.queryTable2()
```

示例中，createTable( )函数调用 execDML( )函数创建数据库表 table1，并往表中插入 5 条记录。queryTable1( )函数调用 execQuery( )函数查询数据记录，并使用 execScalar( )函数对其中的记录进行统计。queryTable2( )函数采用预编译技术，使用 eglSQLite3Statement 类的 execQuery( )函数提升查询性能。

7.5 库开发工程

用户可以根据需要扩展 Eagle 语言的库，本节介绍 Eagle 语言的编程接口，以及库开发的方法。

▶▶ 7.5.1 编程接口

（1）def 接口

用户编译好的 C/C++程序，通过封装一层 Eagle 语言的 def 文件，即可实现 API 程序的扩展。

def 是 definition 的缩写，.def 文件为 Eagle 语言接口定义文件，是使用 Eagle 语言语法定义的接口文件，类似 C/C++语言的头文件。

通过定义.def 文件，可以实现 Eagle 程序和 C/C++程序互相调用，包括在 Eagle 代码中例化 C++对象，使用 C/C++的全局变量、函数；也可以在 C/C++中例化 Eagle 对象，使用其全局变量和函数，做到"无缝"编程。

要实现这些资源的互享，只须在.def 文件中进行声明和定义（在各种语言中进行实现）。

使用 C/C++接口扩展功能的一般步骤如下。

1）使用 Eagle 语法编写.def 文件，定义全局变量、函数和类。

2）使用 eagle 编译器将.def 文件转换为 C/C++的.h 头文件。生成的.h 头文件不能进行任何人为修改。

3）使用 C/C++实现.h 头文件定义的函数和类。

4）使用 eagle 编译器将 C/C++代码编译成.so 动态库。

库开发步骤如图 7-1 所示。

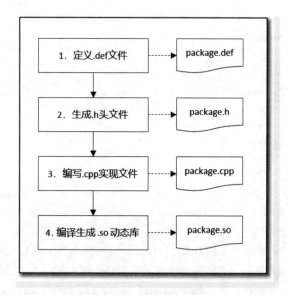

● 图 7-1　库开发步骤示意图

（2）API 接口

为方便用户在 C/C++代码中使用 Eagle 语言的基本数据结构、验证专用数据结构及部分操作函数，Eagle 语言提供了相应的 API 接口。

▶▶ 7.5.2　编译工程类型

可能存在多种类型的输入文件，比如 Eagle 源文件、C/C++源文件、.so 动态库。编译输出也可能是动态库或可执行程序。根据多种组合情况，有如下 7 种编译工程类型。

表 7-118　编译工程类型

序　号	类　型	输　出
1	编译的同时执行 Eagle 源文件	可执行程序
2	Eagle 源文件	Eagle 库/可执行程序
3	C/C++代码	Eagle 库
4	Eagle 源代码 + C/C++代码	Eagle 库/可执行程序
5	C/C++代码 + .so 动态库（.h 头文件）	Eagle 库
6	Eagle 源代码 + .so 动态库（.h 头文件）	Eagle 库/可执行程序
7	Eagle 源代码 + C/C++代码 + .so 动态库（.h 头文件）	Eagle 库/可执行程序

　　动态库是输出给其他程序使用的 package 程序包，包含.so 动态库、.def 程序包定义文件和.h 头文件。使用.def 定义文件，可以编写 Eagle 代码，使用.h 头文件可以编写 C/C++代码。

　　Eagle 可执行程序是指在源代码中存在 EagleMain( )主函数的程序，编译后会生成可执行程序。如果没有 EagleMain( )主函数，编译后生成为动态库。

　　库开发需要建立工程目录，执行"eagle init projName"命令可以产生如下工程目录。

```
projName                  工程根目录
    |---- make.prjcfg      makefile 配置文件
    |---- bin              执行程序
    |---- build            编译临时目录
    |---- eagle            Eagle 源代码目录
    |---- packages         程序包目录
    |---- src              资源目录
    |---- testcase         测试用例目录
    |---- verilog          Verilog 代码目录
```

基于上述工程目录，下面分别介绍各种类型库的开发过程。

▶▶ 7.5.3　库开发：Eagle 源文件

　　将 Eagle 源文件编译成 Eagle 动态库，输出包括.so 动态库、.def 定义文件和.h 头文件。过程如下。

　　1）为动态库准备 projName.def 定义文件，包括定义全局变量、全局函数和类，存放在 eagle 目录下。

　　2）在 projName 工程目录下执行"eagle parse ."命令，生成对应的 projName.h 头文件，存放在 src 目录下。

　　3）使用 Eagle 语言，实现.def 定义文件中的功能，将 Eagle 源文件存放在 eagle 目录下。

　　4）在 projName 工程目录下执行"eagle build ."命令，生成 projName.so 动态库，输出到 bin 目录下。

▶▶ 7.5.4　库开发：C/C++源文件

　　将 C/C++源文件编译成 Eagle 动态库，输出包括.so 动态库、.def 定义文件和.h 头文件。过程如下。

1）为动态库准备 projName.def 定义文件，包括定义全局变量、全局函数和类，存放在 eagle 目录下。

2）在 projName 工程目录下执行 "eagle parse ." 命令，生成对应的 projName.h 头文件，存放在 src 目录下。

3）使用 C/C++ 语言，实现.h 头文件中的功能，将 C/C++ 源文件存放在 src 目录下。

4）在 projName 工程目录下执行 "eagle build ." 命令，生成 projName.so 动态库，输出到 bin 目录下。

▶▶ 7.5.5　库开发：Eagle、C/C++ 源文件

Eagle 库可以由 Eagle 和 C/C++ 混合编程得到，实现过程如下。

1）为动态库准备 projName.def 定义文件，包括定义全局变量、全局函数和类，存放在 eagle 目录下。

2）在 projName 工程目录下执行 "eagle parse ." 命令，生成对应的 projName.h 头文件，存放在 src 目录下。

3）在 eagle 目录下编写 Eagle 代码实现.def 定义文件中定义的函数和类。

4）在 src 目录下编写 C/C++ 代码实现.h 头文件中定义的函数和类。

5）在 projName 工程目录下执行 "eagle build ." 命令，生成 projName.so 动态库，输出到 bin 目录下。

▶▶ 7.5.6　库开发：Eagle 源文件、动态库

Eagle 库还可以依赖其他已有的动态库来进行开发，编程语言使用 Eagle。开发过程如下。

1）将已有.so 动态库和对应.def 文件（C/C++ 动态库则为.h 文件）放至 packages 目录下。若为 C/C++ 动态库，则需要配置 make.prjcfg 文件，设置动态库文件的名称及路径，示例如下。

```
[centos]
    [project: demo]
    [parameters]
        [mode: debug]
        [version: 0.01]
    [include]                    //设置.h文件路径
        [./packages]
    [libpath]                    //设置.so动态库文件路径
        [./packages]
    [library]
        [cmodel]                 //设置库文件名称
```

2）为动态库准备 projName.def 定义文件，包括定义全局变量、全局函数和类，存放在 eagle 目录下。

3）在 projName 工程目录下执行 "eagle parse ." 命令，生成对应的 projName.h 头文件，存放在

src 目录下。

4）在 eagle 目录下编写 Eagle 代码实现.def 定义文件中定义的函数和类。

5）在 projName 工程目录下执行"eagle build ."命令，生成 projName.so 动态库，输出到 bin 目录下。

▶▶ 7.5.7　库开发：C/C++源文件、动态库

Eagle 库还可以依赖其他已有的动态库来进行开发，编程语言使用 C/C++。开发过程如下。

1）将已有.so 动态库和对应.def 文件（C/C++动态库则为.h 文件）放至 packages 目录下。若为 C/C++动态库，则需要配置 make.prjcfg 文件，设置动态库文件的名称及路径，示例如下。

```
[centos]
    [project: demo]
    [parameters]
        [mode: debug]
        [version: 0.01]
    [include]                    //设置.h 文件路径
        [./packages]
    [libpath]                    //设置.so 动态库文件路径
        [./packages]
    [library]
        [cmodel]                 //设置库文件名称
```

2）为动态库准备 projName.def 定义文件，包括定义全局变量、全局函数和类，存放在 eagle 目录下。

3）在 projName 工程目录下执行"eagle parse ."命令，生成对应的 projName.h 头文件，存放在 src 目录下。

4）在 src 目录下编写 C/C++代码实现.h 头文件中定义的函数和类。

5）在 projName 工程目录下执行"eagle build ."命令，生成 projName.so 动态库，输出到 bin 目录下。

▶▶ 7.5.8　库开发：Eagle、C/C++源文件、动态库

Eagle 库还可以依赖其他已有的动态库来进行开发，编程语言使用 Eagle 和 C/C++。开发过程如下。

1）将已有.so 动态库和对应.def 文件（C/C++动态库则为.h 文件）放至 packages 目录下。若为 C/C++动态库，则需要配置 make.prjcfg 文件，设置动态库文件的名称及路径，示例如下。

```
[centos]
    [project: demo]
    [parameters]
        [mode: debug]
        [version: 0.01]
    [include]                        //设置.h 文件路径
        [./packages]
```

```
[libpath]                          //设置.so 动态库文件路径
   [./packages]
[library]
   [cmodel]                        //设置库文件名称
```

2）为动态库准备 projName.def 定义文件，包括定义全局变量、全局函数和类，存放在 eagle 目录下。

3）在 projName 工程目录下执行"eagle parse ."命令，生成对应的 projName.h 头文件，存放在 src 目录下。

4）在 eagle 目录下编写 Eagle 代码实现.def 定义文件中定义的函数和类。

5）在 src 目录下编写 C/C++代码实现.h 头文件中定义的函数和类。

6）在 projName 工程目录下执行"eagle build ."命令，生成 projName.so 动态库，输出到 bin 目录下。

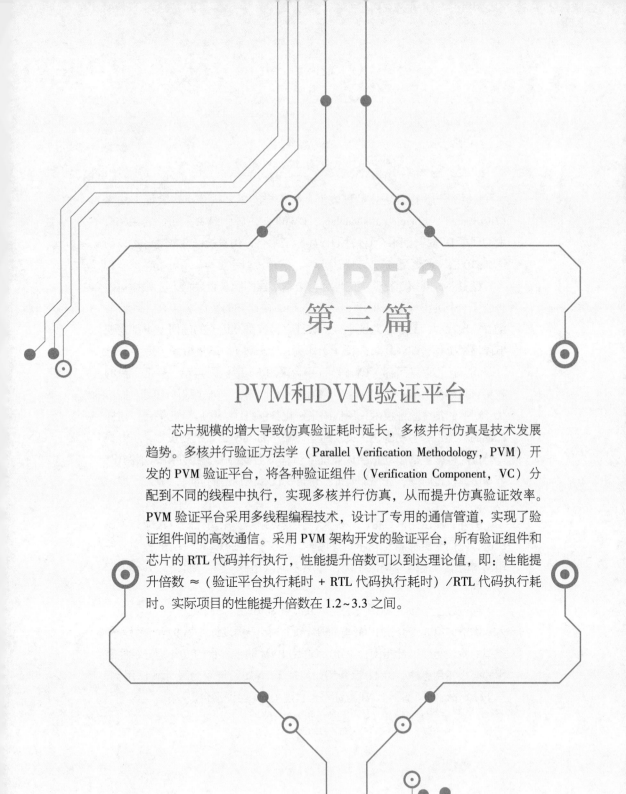

第三篇

PVM和DVM验证平台

芯片规模的增大导致仿真验证耗时延长，多核并行仿真是技术发展趋势。多核并行验证方法学（Parallel Verification Methodology，PVM）开发的 PVM 验证平台，将各种验证组件（Verification Component，VC）分配到不同的线程中执行，实现多核并行仿真，从而提升仿真验证效率。PVM 验证平台采用多线程编程技术，设计了专用的通信管道，实现了验证组件间的高效通信。采用 PVM 架构开发的验证平台，所有验证组件和芯片的 RTL 代码并行执行，性能提升倍数可以到达理论值，即：性能提升倍数 ≈（验证平台执行耗时 + RTL 代码执行耗时）/RTL 代码执行耗时。实际项目的性能提升倍数在 1.2~3.3 之间。

为了进一步提升仿真验证效率，我们提出了多机分布式验证方法学（Distributed Verification Methodology，DVM），并基于 PVM 验证平台架构开发实现了 DVM 验证平台。使用 DVM 验证平台，仿真验证性能提升可以到达 2~10 倍，甚至更高。

随着芯片规模、复杂度的增大，仿真工程的规模也会增大，编译耗时也成了一个突出问题。采用 System Verilog 设计和验证统一语言，既编写 RTL 实现代码，又编写验证平台，验证平台或测试用例的任何变更都需要编译整个工程，编译耗时很长（十几到几十分钟）。增量编译可以节省一些时间，但不总是可靠。PVM 验证平台采用 Eagle 代码实现，验证平台的变更只须编译 Eagle 代码，不需要编译 RTL 代码，节省了编译时间。

现有的传统验证技术采用代码来例化验证组件、构建验证平台，这样构建的验证平台容易固化，灵活性差。采用 factory 工厂机制技术，可以根据验证组件配置清单动态生成验证平台，不需要的验证组件可以不例化，节省仿真执行时间，在增加验证平台重用性和灵活性的同时，节省了编译时间。

另外，测试用例数量比较庞大，且变更频繁。采用代码方式编写测试用例，任何变更都需要编译所有代码，耗时长。在 PVM 验证平台中，采用文本配置方式编写测试用例，实现了测试用例"零"编译，节省了编译时间。

通过以上"零"编译技术，可以节省 80% 的编译时间。

本篇的第 8 章介绍 PVM 验证平台的并行架构设计，第 9 章介绍各种类型的验证组件设计指南，第 10 章介绍 PVM 验证平台的提升验证组件重用的高级使用方法，第 11 章介绍如何基于 PVM 验证平台设计测试用例，第 12 章介绍如何基于 PVM 验证平台构建 DVM 验证平台。

第8章

▶▶▶▶▶▶

PVM验证平台并行架构设计

PVM 验证平台架构是全新的、多线程验证平台架构。本章从芯片验证需求出发，逐步构建出平台架构，定义各种验证组件以及组件之间的通信方式。

8.1 验证平台设计需求

在讨论验证平台架构设计前，先讨论一下芯片验证需求。验证需求决定了验证平台架构。不同类型的芯片对验证平台有不同的需求，这就要求验证平台架构能适应这些需求，并具备一定的通用性。

▶▶ 8.1.1 数字芯片常用类型

市面上存在各种类型的芯片，常见的类型如下。

1）处理器类：CPU、GPU、NPU、DPU 等。这类芯片主要处理特定的计算，依赖存储和外设，其核心 Core 通过本地高速总线和存储器、外部设备进行互连，传递数据，本质也是数据通信，只是通信的协议和方式具有一定的特殊性。

2）SoC 类：处理器子系统、各种硬件加速器通过本地高速总线（比如 AMBA）集成在一起组成的系统，同时通过各种高速接口（GMII/RGMII/SGMII/XGMII/PCIe/USB/HDMI/MIPI 等）和低速接口（GPIO/UART/I^{2}C/SPI/I^{2}S 等）与外部设备进行通信。SoC 芯片需要软件驱动才可以运行。

3）流媒体类：音视频、图形图像处理芯片，需要处理各种音视频协议。流媒体芯片往往也是 SoC 芯片。

4）通信类：有接入网芯片、传送网芯片、路由器芯片、交换网芯片、无线网芯片。这类芯片主要支持 TCP/IP、OTN 等通信协议。

5）控制类：MCU 是其中的代表，MCU 是小规模的 SoC 芯片，用于信号采集和控制，对外接口以低速接口为主。

芯片的业务一般会进行分层，典型的如 TCP/IP 通信协议七层模型。又如总线接口 PCIe 协议的三层模型。验证平台为了验证芯片的业务，自然也会进行分层，一般分为如下 3 个层次。

- L3 层：数据业务层，主要对业务数据进行计算和处理。
- L2 层：数据链路层，主要实现业务数据的产生和通信。
- L1 层：物理信号层，实现业务数据和芯片硬件接口信号时序转换。

▶▶ 8.1.2 验证平台功能需求

验证工作是一个系统工程，除了能够实现芯片的验证外，还需要在提升芯片的验证质量和验证效率、缩短验证周期方面提供一系列技术手段、工程方法和管理措施。

验证平台的功能需求的发展经历了一个从简到繁的过程，其演变过程如下。

1）激励产生功能：最早是信号时序波形、vector 测试向量产生功能，后来是能产生读写数据、复杂激励数据包、复杂随机激励数据包。

2）施加激励功能：从构造简单的信号时序激励，发展到业务数据包转换。施加信号时序激励，需要专门的总线功能模型（Bus Function Model，BFM）来实现业务数据包到信号时序的转换。

3）结果分析功能：早期只需要对收到的信号时序进行分析，是否满足设计需求。后来要求对收到的结果数据包和预期的数据包进行比较，判断结果是否为正确。

4）参考模型功能：早期的芯片验证结果比较采用手工方式，不需要参考模型。为了能够实现结果数据的自动比较，需要编写参考模型，对激励数据进行处理，得到预期的结果数据，供结果分析模块比较使用。有了参考模型，验证平台的自动化得到了大幅提升。

5）随机激励功能：为了提升验证的生产力，通过随机算法来批量产生激励，可以大幅提升激励数据的产生效率。

6）功能覆盖率定义和收集功能：用于衡量验证工作的完成率和目标达成情况。随机激励虽然提升了激励数据的产生效率，但因为没有目标，随机的方向不明。随机激励方法在出现之初并没有得到广泛应用。当功能覆盖率定义方法被发明之后，随机测试方法才得到广泛应用。当前由于功能覆盖率定义语法的不健全，功能覆盖率定义耗时耗力，其发挥的作用依然有限。

7）软件读写控制功能：芯片需要在软件的协同下才能工作。芯片驱动软件的开发，调测工作量比芯片验证工作量更大，涉及的人更多，持续的时间更长。在芯片验证的早期，芯片驱动软件能协同工作，为驱动软件的开发周期缩短带来极大的帮助。

8）故障注入功能：对发送的数据、驱动的信号施加异常激励，以观察 DUV 的行为和输出，用于评判芯片设计的可靠性、健壮性。

以上就是验证平台的主要功能诉求，更具体的需求在后面的章节陆续展开分析。

▶▶ 8.1.3 工程类需求

验证工作首先是一个系统工程，需要在芯片质量、成本（人力成本/时间成本）间进行综合管理。质量是第一位的，需要有明确有效的质量评估手段。同时要严格控制投入的人力成本和时间成本。概括起来，工程类需求包括如下几种。

- 质量评估方法学需求：需要完整的功能覆盖率定义、数据收集、数据分析方法学。

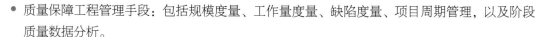

- 质量保障工程管理手段：包括规模度量、工作量度量、缺陷度量、项目周期管理，以及阶段质量数据分析。
- 效率需求：包括验证平台的开发效率和仿真执行效率。效率 = 芯片规模／工作量。验证平台的开发效率取决于使用的编程语言、工具和验证人员的经验和熟练程度。

不同领域的芯片，其特性和功能各不相同，同一类芯片，其规格和特性也不尽相同，每颗芯片都有独特的验证需求，也就是说，不会有一个万能的验证平台可以满足所有芯片的验证需求。

但这并不意味着不能设计出一个统一的验证平台架构来满足各类芯片的功能验证需求。通过实践发现，一个好的验证平台架构具备如下特征。

（1）自动化程度高

早期的芯片仿真，由于技术手段有限，一般采用 Verilog 语言构造数据激励，或通过外部工具产生激励数据，通过文本文件来传递数据，结果数据也需要人工进行分析。这些过程不连贯，自动化程度很低，工作效率低下。为了改善这种状况，构建自动化的验证平台自然成为各方努力的方向。自动化说起来容易，做起来却并非易事。经过各种努力之后，在某个项目中实现了验证平台的自动化，效率得到了很大的提升。但很快发现，在新的项目中，特别是业务有比较大的差异的项目，已经实现自动化的验证平台却不那么好用了。这对验证平台提出了新的要求：重用性。

（2）重用度高

将过去开发过的验证平台拿来直接使用，效率自然高。根据可重用的水平，重用度也可以划分为多个等级。

可重用性分级有 R0～R3 共 4 个等级（R：Reusable，表示可重用性），具体如下。

- R0 级：不具可重用性，无参考模板，需要重头编写。
- R1 级：有参考模板，小部分可重用，按模板进行改写。
- R2 级：大部分可重用，部分功能需要修改、重写或新增。
- R3 级：完全重用，拿来即可使用。

既然可重用的目标提出来了，那么如何实现验证平台的可重用性？一个完整的、自动化的验证平台是复杂的，由多种模块组成。经过长期的芯片验证实践，人们总结出了几种通用的验证组件：激励产生模块、参考模型、记分牌（Scoreboard）、总线功能模型（BFM）等。后面的章节中，笔者会根据自身的从业经验，对验证组件进行详细的划分。

验证平台的重用，直接的评价来源于各种验证组件的重用度，毕竟验证平台是一个大的系统，相关的因素较多且复杂，难以用一个单纯的指标来衡量其可重用性。因此，以后谈到验证平台的重用度时，往往会考察各个验证组件的重用度，有的组件重用度达到了 R3 级，有的只达到 R1 级，有的甚至为 R0 级。验证组件的可重用度也可以作为任务分配的重要依据。

一个验证组件是否能很好地被重用，还依赖这个组件是否能和其他组件一起协调、高效地工作。这就需要有一个良好的验证平台架构，定义各种验证组件的功能划分和对外接口。

（3）验证平台架构统一

验证平台架构规定了验证组件的组成，定义了各种验证组件的接口、拓扑结构和组合关系。验证平台要能支持各种测试用例的执行，为验证组件的协同工作提供支撑。

一个统一的验证平台架构是验证组件重用的基础。验证平台架构是一个验证系统的"骨架"，验证组件是验证系统的内容。

（4）执行效率高

有了统一的验证平台架构，验证组件也实现了最大程度的重用。验证平台开发效率得到极大提升，验证平台的功能也逐渐强大，自动化程度也非常高。

另外一个严重问题又出现在人们面前，这样的验证平台执行效率可能会非常低。现实的情况是，有经验的验证工程师搭建的验证平台执行效率高；经验欠缺的验证工程师搭建的验证平台，验证组件的协同处理不好的话，执行效率异常低下。

验证平台设计是一个从简到繁的过程，其中的两个主要驱动因素是芯片业务的需求越来越多、越来越复杂，验证难度越来越大；芯片的成本越来越高，对验证的需求越来越多。

验证技术的发展还满足不了当前的芯片验证需求，验证平台越来越复杂，执行效率越来越低。PVM 验证平台架构采用创新型技术，通过做减法，简化验证平台的设计。

8.2 PVM 验证平台设计

本节从传统验证平台架构分析开始，先构建一个基本的、支持多核并行仿真验证平台，根据验证功能需求增加新的验证组件，最后形成一个完整的芯片验证平台。

PVM 验证平台架构的主要设计内容如下。

- 支持多核并行。
- 验证组件设计。
- 验证组件之间的通信方式。
- 验证组件动态装配。

▶▶ 8.2.1 传统验证平台架构分析

传统芯片验证平台的基本架构如图 8-1 所示。图中包含 5 个处理模块。

1）DUV：即待验证设计。

2）激励模块（含 BFM 模块）。

3）参考模型。

4）记分牌。

5）接收模块（含 BFM 模块）。

激励模块产生数据包激励，发往参考模型计算预期结果，存入记分牌；通过 BFM 发往 DUV 处理。接收模块通过 BFM 收取 DUV 的处理结果，与记分牌里的预期结果进行比较，判断处理是否正确。

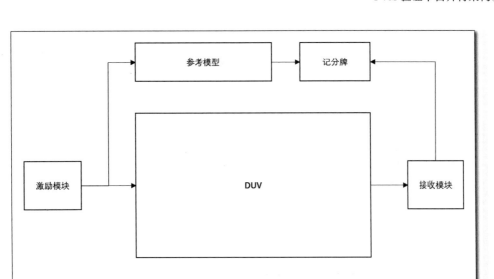

● 图 8-1　传统芯片验证平台基本架构

在传统的验证平台中，这 5 个模块串行执行，一个模块在运行时，其他模块处于等待状态，任何时刻只有一个模块在运行，如图 8-2 所示。图 8-2 中 1 代表 DUV，2、3、4、5 分别代表验证平台模块。

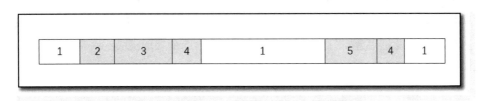

● 图 8-2　验证平台模块执行顺序示意图

当芯片规模不大、服务器性能高的情况下，串行执行效率虽然不高，但可以接受。在芯片规模越来越大，验证平台越来越复杂的情况下，串行执行的验证平台不能满足需要。人们自然会想到使用服务器的多核优势，通过对仿真任务的切分，实现多核并行仿真。

一种切分方式是根据 Verilog 代码的特点对设计进行自动化切分，不区分设计代码和验证代码，通过软件算法将仿真任务切分为多个子任务。

实践证明，这种自动化切分方法没有达到预期的效果。原因是验证代码和设计代码有差异，自动化切分工具无法有效切分验证代码。Verilog 可综合的设计代码是描述硬件的代码，其代码形式天生就有并行计算的特点，可以有效切分。而验证代码是软件代码，没有并行计算的特点，无法实现自动化有效切分，也就无法实现并行计算。

本书介绍一种人工的切分方法：根据仿真工程各个模块的特点，将验证代码和设计代码一分为二，再将验证代码切分为多个，如图 8-3 所示。

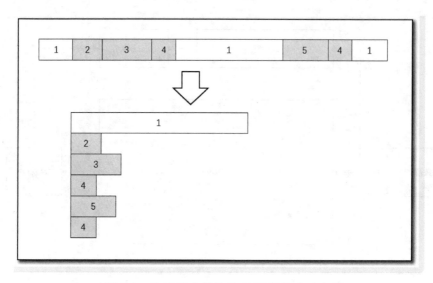

● 图 8-3　验证平台模块执行顺序切分示意图

基于这种切分方法, 我们提出了新的验证方法学: 多核并行验证方法学 (PVM)。

▶▶ 8.2.2　PVM 基础验证平台

本节从基础的验证平台设计开始, 逐步完善各种功能, 最后形成一个完整的 PVM 基础验证平台。

一个基本的 PVM 验证平台如图 8-4 所示。图中同样包含 5 个处理模块: 除 DUV 以外, 其他都称为验证组件 (VC)。

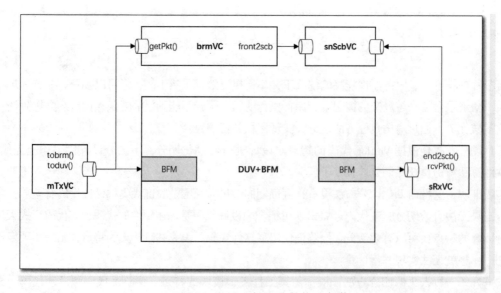

● 图 8-4　PVM 验证平台基础架构

- DUV：即待验证设计。
- 激励模块（含 BFM 模块）：主发送验证组件 mTxVC。
- 参考模型：行为级参考模型验证组件 brmVC。
- Socreboard：带序列号的多队列记分牌验证组件 snScbVC。
- 接收模块（含 BFM 模块）：从接收验证组件 sRxVC。

从形式上看，这样的验证平台和传统的验证平台基本一致，但实现方法和执行效果却有显著差别，具体如下所述。

- 每个验证组件对象都单独执行在不同的线程和 CPU 核上，都有各自的独立循环处理函数。
- 每个验证组件运行在不同线程上，彼此之间通过特定的、不同类型的通信管道 tube 来进行交换数据。图中的圆柱形代表一个 tube 通信管道，可以暂存数据。
- 由于验证组件不和 DUV 线程争夺 CPU 处理资源，仿真速度得到提升。提升的效率取决于验证平台在总耗时中所占的比例，效率提升倍数的理论值为：占比为 30%，效率提升 1.43 倍；占比为 50%，效率提升 2 倍；占比为 70%，效率提升 3.33 倍。考虑到验证组件之间的通信耗时，实际效率提升倍数略低于理论值。

为便于验证组件间互相通信，为每个验证组件都分配了一个唯一的 vcID，即验证组件编号，通过 vcID 编号就能访问对应的验证组件。

该验证平台包括以下 6 个部分。

（1）主发送验证组件（mTxVC）

一个主发送验证组件实现代码示例如下。

```
class cTxVC of mTxVC:
    int brmID = 100
    int srcID = 0
    byte txPacket
    byte txFeedback

    onProcess():
        while ready():
            txPacket[0:1] = getVCID()
            tobrm(brmID, txPacket, srcID)
            toduv(txPacket, txFeedback)
cTxVC oTx(1001)
```

cTxVC 类继承于系统提供的主发送验证组件类 mTxVC。在 onProcess( ) 函数中，先完成激励数据 txPacket 的产生（示例中省略了产生过程），再调用 tobrm( ) 函数将产生的激励数据包发送给参考模型，也就是把数据放到 BRM 验证组件的 tube 管道中。tobrm( ) 函数将数据放到 tube 管道后立即返回，无须等待 BRM 处理完数据后再返回。这和传统单线程仿真进程串行执行不同，BRM 验证组件处理数据、发送验证组件产生激励可以并行执行。

接着调用 toduv( ) 函数将激励数据 txPacket 发放给 DUV，也就是把激励数据放到主发送验证组件的 tube 管道中，供 BFM 来获取，同时可以从 BFM 中获得反馈数据 txFeedback（可选项，也可以不处理反馈数据）。

（2）行为级参考模型验证组件（brmVC）

行为级参考模型验证组件实现代码示例如下。

```
class cBrm of brmVC:
    int scbID = 200
    int rxPort = 2001
    int sn = 7
    byte txPacket(80)
    byte expPacket(80)
    int rc
    int srcID
    onProcess():
        while ready():
            rc = getPkt(srcID, txPacket)
            if rc == 0:
                expPacket = txPacket
                front2scb(scbID, rxPort, expPacket, sn)

cBrm oBrm(100)
```

参考模型调用 getPkt（ ）函数从其 tube 管道中获取激励数据，分析出预期结果 expPacket（示例中直接把输入激励数据作为预期结果），并调用 front2scb（ ）函数将预期结果 expPacket 存入记分牌中。

（3）发送（BFM）

在数据发送端，发送 BFM 调用 DPI 函数 txPkt（ ）从 mTxVC 验证组件的 tube 管道中获取激励数据包 txPacket，verilog 代码示例如下。

```
parameter pvmID = 1;
parameter txVCID = 1001;
byte txPacket [2047:0];
reg [7:0] status;
int length;        // 数据包实际长度
int rc;            // return code,返回码
rc = txPkt(pvmID, txVCID, txPacket, length, status);
```

- pvmID：验证平台编号，用于多个验证平台级联时使用。建议使用 parameter 参数进行配置，以方便验证平台的重用级联。
- txVCID：验证组件编号，表示从哪个验证组件获取激励数据。
- rc：DPI 函数调用的返回码，返回码详细定义参见：表 8-3 DPI 接口函数返回值列表。
- status：BFM 反馈的状态信息，可以根据实际需要定义和使用状态信息。

（4）接收 BFM

在数据接收端，接收 BFM 调用 rxPkt（ ）函数将接收到的数据封装成 rxPacket 发送给从接收验证组件 sRxVC，即放到 sRxVC 验证组件的 tube 管道中。verilog 代码示例如下。

```
parameter pvmID = 1;
parameter rxVCID = 2001;
```

```
byte rxPacket [2047:0];
int length = 20;
int rc;
int srcID = 0;
rc = rxPkt(pvmID, rxVCID, srcID, rxPacket, length);
```

- pvmID：验证平台编号，用于多个验证平台级联时使用。建议使用 parameter 参数进行配置，以方便验证平台的重用级联。
- rxVCID：验证组件编号，表示将接收的数据包发送到哪个从接收验证组件。
- srcID：数据源编号，方便区分数据来源。
- rxPacket：是接收到的结果数据包。
- length：数据包的实际长度。

（5）从接收验证组件（sRxVC）

从接收验证组件实现代码示例如下。

```
class cRx of sRxVC:
    int scbID = 200
    int rxPort
    int sn, srcID
    byte rxPacket
    onProcess():
        while ready():
            rcvPkt(srcID, rxPacket)
            end2scb(scbID, rxPort, rxPacket, sn)

cRx1 oRx(2001)
```

从接收验证组件调用 rcvPkt( )函数从其 tube 获取结果数据 rxPacket，调用 end2scb( )函数将结果数据包存入记分牌中。

（6）带序列号的多队列记分牌验证组件（snScbVC）

带序列号的多队列记分牌验证组件实现代码示例如下。

```
class cScb of snScbVC:
    onCompare(int queueId, int sn, byte inBrmData, byte inRxData):
        if inBrmData != inRxData:
            error("Error: the recieved data is not equal to the expected data!")

cScb oScb(200, [2001, 2002])
```

记分牌的 onCompare( )函数由用户实现，用于比较两侧的数据。

至此，一个完整的、带有 4 个验证组件、2 个 BFM 的多核并行验证平台就搭建完成了。

▶▶ 8.2.3 数据检测验证组件（monVC）

一个基础的验证平台，往往需要能够和其他验证平台进行级联。级联中的被测模块的输入数据来源可能是上一级模块的输出，这样该验证平台的发送验证组件就不再需要。

为了保证该验证平台的完整性，在已有 BFM 的基础上增加一个 MON（Monitor，数据检测器），专门用于从接口时序信号中收集数据发送给 BRM。对应的验证组件就是数据检测验证组件 monVC，如图 8-5 所示。

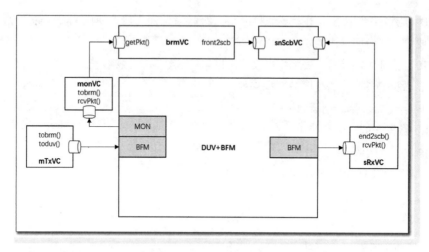

● 图 8-5　带 monVC 验证组件的平台架构

MON 将检测到的数据通过调用 rxPkt( ) 函数发送给 monVC。verilog 代码示例如下。

```
parameter pvmID = 1;
parameter monVCID = 4001;
byte rxPacket [255:0];
int length = 20;
int rc;
int srcID;
rc = rxPkt(pvmID, monVCID, srcID, rxPacket, length);
```

MON 通过 pvmID、monVCID 和 monVC 验证组件进行通信。

monVC 验证组件实现代码示例如下。

```
class cMon of monVC:
    int brmID = 100
    int srcID = 0
    byte txPacket
    int rc
    onProcess():
        while ready():
            rc = rcvPkt(srcID, txPacket)
            if rc == 0:
                tobrm(brmID, txPacket, srcID)
cMon oMon(4001)
```

monVC 验证组件调用 rcvPkt( ) 函数获取检测数据包，调用 tobrm( ) 函数将检测数据包传递给 BRM 处理。

有了 monVC 验证组件，当去掉 mTxVC 验证组件后，验证平台还可以保持完整性。

▶▶ 8.2.4　驱动验证组件（drvVC）

验证平台往往需要驱动软件的参与，驱动验证组件 drvVC（Driver VC）可以对 DUV 中的寄存器进行读写操作。带 drvVC 验证组件的验证平台如图 8-6 所示。

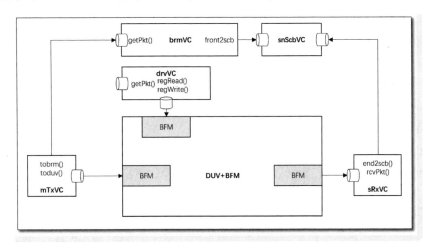

● 图 8-6　带 drvVC 验证组件的平台架构

drvVC 验证组件实现代码示例如下。

```
class cDrv of drvVC:
    int addr
    bit data = 0x55
    onProcess():
        while ready():
            regWrite(addr, data)
            regRead(addr, data)

cDrv oDrv(3001)
```

drvVC 验证组件使用 regRead( ) 函数和 regWrite( ) 函数对 DUV 的寄存器进行数据读写。

读写 BFM 调用 rwCmd( ) 函数获取读写命令，实现代码示例如下。

```
parameter pvmID = 1;
parameter drvVCID = 3001;
int rwType = 2;
longint addr = 1;
byte cmdData [255:0];
int length = 8;
```

```
int rc;
rc = rwCmd(pvmID, drvVCID, rwType, addr, cmdData, length);
```

1）pvmID：验证平台编号，用于多个验证平台级联时使用。建议使用 parameter 参数进行配置，以方便验证平台的重用级联。

2）drvVCID：验证组件编号，表示从哪个驱动验证组件获取读写指令。

3）rwType：读写类型，定义如下。

- 0：无读写操作。

- 1：read，读操作。

- 2：write，写操作。

- 3：writeDone，写完成操作。

4）addr：读写的地址。

5）cmdData：接收到的写数据。

6）length：写数据的实际长度。

drvVC 验证组件带有两个 tube 管道，一个是 rwtube，用于对 DUV 寄存器的读写操作。另一个管道是 mtube，drvVC 验证组件可以接收任何其他验证组件发来的数据包。

▶▶ 8.2.5 寄存器块（regBlock）

驱动程序涉及芯片寄存器的定义，一组寄存器组成一个寄存器块（regBlock）。寄存器可能被多个验证组件访问，也就是被其他线程调用，故寄存器块必须是线程安全的，寄存器块没有启动单独的线程。图 8-7 所示为带寄存器块的平台架构示意图。

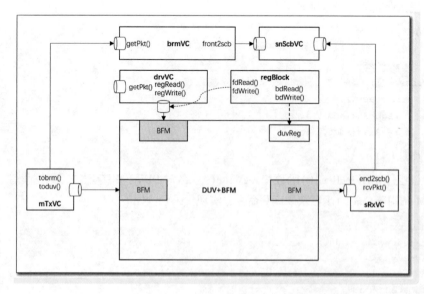

● 图 8-7 带寄存器块的平台架构

寄存器块需要借助 drvVC 验证组件的 rwTube 管道来实现前门读写。duvReg 是 DUV 内部的寄存器，和 regBlock 块有对应关系，寄存器块的后门读写就是直接读写 duvReg。

寄存器块使用示例如下。

```
class rba of regBlock:
    bit r1
    bit r2

rba rb1
int rd
// 按属性读写
rd = rb1.r1.read()
rb1.r1.write()

// 前门读写
rd = rb1.r1.fdRead()
rb1.r1.fdWrite()

// 后门读写
rd = rb1.r1.bdRead()
rb1.r1.bdWrite()
```

用户的寄存器块类继承于 regBlock。寄存器有不同的读写属性，按属性访问寄存器的读写函数为 read( )、write( )。前门读写函数为 fdRead( )、fdWrite( )。后门读写函数为 bdRead( )、bdWrite( )。

▶▶ 8.2.6 存储器验证组件（memVC）

DUV 外部可以挂接各种各样的设备，比如存储器。memVC 验证组件可以模拟存储器，如图 8-8 所示。

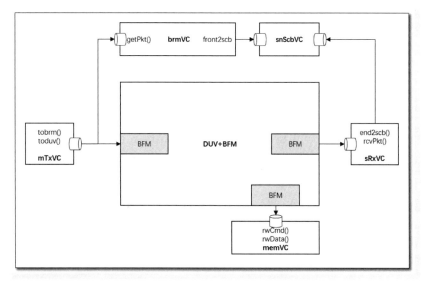

● 图 8-8 带 memVC 验证组件的平台架构

memVC 验证组件模拟一个外接存储器设备，BFM 通过 **regRead( )** 和 **regWrite( )** 函数对该设备进行读写。BFM 代码示例如下。

```
parameter pvmID = 1;
parameter memVCID = 5001;
longint addr;
byte data[7:0];
int length = 8;
int rc;
rc = regRead(pvmID, memVCID, addr, data, length);
rc = regWrite(pvmID, memVCID, addr, data, length);
```

regRead( ) 函数和 **regWrite( )** 函数通过 pvmID、memVCID 访问对应的 memVC 验证组件中的存储器。

memVC 验证组件实现代码示例如下。

```
class cMem of memVC:
    bit mem(32)
    int rwType
    int addr
    byte cmdData
    onProcess():
        while ready():
            rwCmd(rwType, addr, cmdData)
            if rwType == 1:            // read
                cmdData = 20
                rwData(cmdData)
            else if rwType == 2:       // write
                mem = cmdData

cMem oMem(5001)
```

memVC 验证组件使用 **rwCmd( )** 函数从 drvVC 验证组件获取写数据 **cmdData**，使用 **rwData( )** 函数返回读数据。

▶▶ 8.2.7　服务验证组件（svrVC）

为了减少 DUV 的仿真时间，可以将 DUV 中的部分成熟模块采用验证模型来代替：保持模块的外部时序接口不变，而将模块内部的数据处理功能移植到服务验证组件 svrVC（Server VC）中并行执行，从而提升仿真速度，如图 8-9 所示。

svrVC 验证组件用于数据处理服务，Verilog 代码通过 *svrReqOut( )* 函数把需要处理的数据传递给 svrVC 验证组件来处理，通过 *svrAckIn( )* 函数获取处理后的结果。verilog 代码示例如下。

```
parameter pvmID = 1;
parameter svrVCID = 5002;
byte reqPacket [127:0];
```

```
byte ackPacket [127:0];
int reqLength = 8;
int ackLenghh;
int rc;
rc = svrReqOut(pvmID, svrVCID, reqPacket, reqLength, 1);   // 1:表示高优先级
rc = svrAckIn(pvmID, svrVCID, ackPacket, ackLength);
```

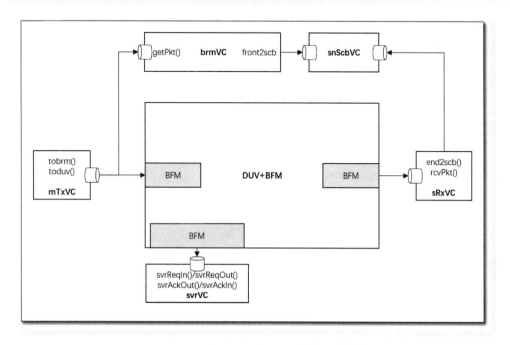

● 图 8-9 带 svrVC 验证组件的平台架构

svrVC 验证组件实现代码示例如下。

```
class cSvr of svrVC:
    byte reqPacket
    byte ackPacket
    int rc
    onProcess():
        while ready():
            rc = svrReqIn(reqPacket)
            if rc == 0:
                ackPacket = reqPacket
                svrAckOut(ackPacket, 1)        // 1:表示高优先级

cSvr oSvr(5002)
```

svrVC 验证组件使用 svrReqIn( ) 函数获取需要处理的数据，使用 svrAckOut( ) 函数返回处理结果。

在相反的方向，DUV 也可以为验证组件提供数据处理服务，处理过程是以上过程的逆过程，此处不再赘述。

8.3 PVM 验证平台整体架构

综合上述平台架构设计，一个完整的 PVM 验证平台整体架构如图 8-10 所示。

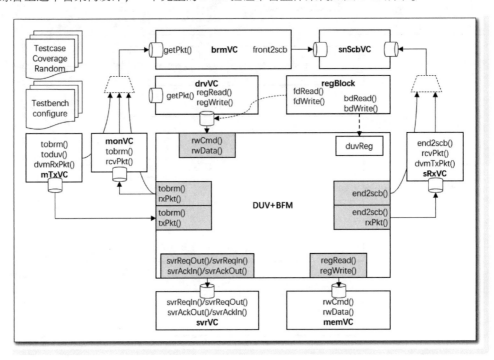

● 图 8-10　PVM 验证平台整体架构

图中深色部分为 BFM/MON，此处列出了可以调用的 DPI 函数。

在 PVM 验证平台整体架构图中，brmVC 验证组件的输入可以有三种选择：如果验证平台的发送验证组件不会被去使能（Disable），则可以将激励数据发送给 brmVC 验证组件。如果该发送验证组件可能会被去使能（Disable），则建议使用 MON 或 monVC 验证组件获取激励数据后再发送给 brmVC 验证组件。

同样，在数据接收端，记分牌的数据来源有两种选择：接收 BFM 在接收到数据时，如果不需要做数据分析处理，可以直接发送给记分牌。如果需要对结果数据进行处理，则需要 sRxVC 验证组件将数据处理结果发送给记分牌。

图中，mTxVC 验证组件中的 dvmRxPkt（）函数和 sRxVC 验证组件中的 dvmTxPkt（）函数，用于 DVM 环境下多个仿真进程间通过隧道（tunnel）进行数据通信，后面章节再详细介绍。

上述架构图中，只显示了部分验证组件，目前已有的验证组件类型如表 8-1 所示。（未来可能会开发出新的验证组件）

表 8-1　PVM 验证组件列表

序号	验证组件类型	管道类型	说　明
1	mTxVC	mdtube	主发送验证组件，内含主双向管道
2	sTxVC	sdtube	从发送验证组件，内含从双向管道
3	drvVC	mtube/rwtube	驱动验证组件，内含主单向管道和读写管道
4	brmVC	mtube	行为级参考模型验证组件，内含主单向管道
5	utilVC	mtube	多功能验证组件，内含主单向管道
6	mScbVC	mfifo * 2	多队列记分牌，内含双多队列 fifo 管道
7	snScbVC	snfifo * 2	带序列号的多队列记分牌，内含双多队列序号管道
8	monVC	mtube	数据检测验证组件，内含主单向管道
9	mRxVC	stube	主接收验证组件，内含从单向管道
10	sRxVC	mtube	从接收验证组件，内含主单向管道
11	mDevVC	stube	主设备验证组件，内含从单向管道
12	sDevVC	mtube	从设备验证组件，内含主单向管道
13	memVC	rwtube	存储器验证组件，内含读写管道
14	svrVC	utube	服务验证组件，内含 U 型环回管道
15	simduv	无	模拟 DUV 验证组件，用于验证平台调试，不含管道

simduv 不带 tube 管道，在没有 DUV 的情况下，可以模拟 DUV，用于验证组件的开发调试。

验证组件之间、验证组件和 DUV 之间完成数据交换的三要素。

- tube 管道：解决资源共享线程安全、同步效率、通信异常等问题。每个验证组件已绑定了专门的通信管道，用户不会感知 tube 管道的存在。tube 管道的详细设计参见：6.3 tube 通信管道。
- 接口函数：根据通信需求确定函数接口，函数内部实现由 tube 管道完成。本章重点介绍每种验证组件的接口函数。
- 数据包协议：遵循的通信协议，由用户自行扩展。在接口函数参数不能满足需求的情况下，需要用户在数据包中添加数据包头或数据包尾来实现相关的通信协议。

▶▶ 8.3.1　PVM 验证平台架构层次

按业务层次划分，PVM 验证平台架构从业务上可以抽象成三层架构，如图 8-11 所示。

物理信号层由 BFM/MON 组成，负责完成数据到信号时序、信号时序到数据的转换。数据链路层由收发验证组件组成，负责数据的调度和通信。数据业务层由测试用例、激励产生模块、参考模型、记分牌等验证组件组成，负责数据激励产生、处理、分析。

PVM 验证平台的实现架构如图 8-12 所示。

testcase 测试用例是验证平台架构的最高层，testcase 数量成百上千，pvm 平台要能适应这些众多测试用例的需求。

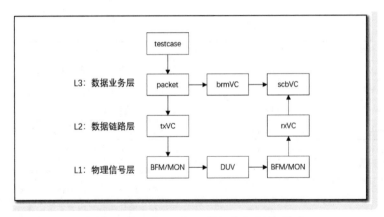

● 图 8-11　PVM 验证平台业务架构层次

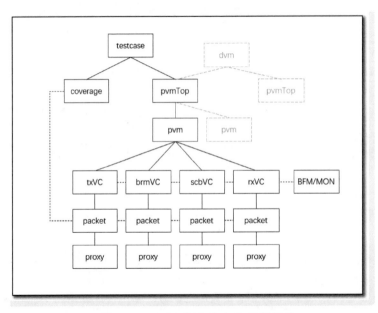

● 图 8-12　PVM 验证平台的实现架构

　　不同 testcase 的差别体现在两个方面，一是验证场景，即 coverage 功能覆盖率；二是验证场景的不同导致所需的 pvm 验证平台的不同。考虑到多个 pvm 验证平台级联的情况，使用一个 pvmTop 顶层管理器对多个 pvm 进行管理。dvm 可以启动多个 pvmTop，每个 pvmTop 分别执行在不同进程中，从而实现分布式仿真。

　　一个 pvm 由多种类型的多个验证组件组成，这些验证组件在多核中并行执行，验证组件和 BFM/MON 交换数据。每个验证组件下有对应的 packet 数据包类，用于激励和结果数据的产生、分析和功能覆盖率收集。测试用例的 coverage 为 packet 数据包提供随机激励和功能覆盖率目标。packet 可以设置 proxy 代理类，用于实现功能扩展。

　　验证工程师都有一种"愿望"，可以搭建一个"超级"平台，所有的测试用例都可以在这个"超级"平台上运行。实际上,我们无法搭建这样的"超级"平台。实践中,我们往往会这么操作:一种情况是,我们先满足一批测试用例的需求,搭建一个测试平台并完成测试。针对新的测试用例,再修改完善已有的测试平台,使其功能更强大。这样做导致的结果很可能是第一批测试用例无法再执行,或为了满足所有的测试用例执行需求,验证平台的复杂度会大幅增加,验证平台维护成本也随之增加。

第二种情况是,不追求一个验证平台同时满足多个测试用例的执行需求,为每个测试用例构建不同的验证平台。这样导致的结果是要维护非常多的验证平台,这也不是我们想要的结果。

为了解决上述问题,PVM 验证平台采用"组件化-零件化"的方式,将需要实现的各种功能分配给功能单一的组件、零件来完成,这些组件、零件实现简单,容易快速构建。PVM 验证平台架构可以通过配置方式,轻松将这些组件和零件集成起来。也就是说,testcase 测试用例可以根据需要将已有的组件和零件通过一组配置临时集成起来,构建满足自身需要的、特定的验证平台。

PVM 验证平台架构的松耦合、易集成的特点,可以很好地满足多样化的验证需求。

▶▶ 8.3.2　PVM 执行过程

PVM 验证平台是多线程程序,各个验证组件的多线程执行关系示意图如图 8-13 所示。

simThd 是仿真主线程,DUV、BFM/MON、svrFunc( ) 函数运行在主线程。每个验证组件运行在单独的子线程中。线程间通过 tube 管道进行数据交换。

PVM 执行包含如下 9 个阶段,其执行流程如图 8-14 所示。

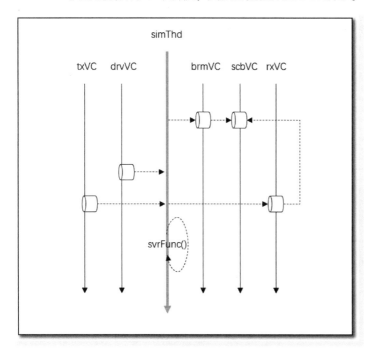

● 图 8-13　验证组件多线程执行关系示意图

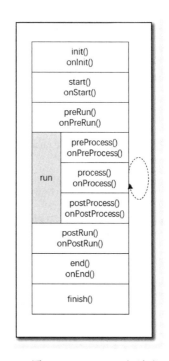

● 图 8-14　PVM 运行阶段
划分示意图

1）PVM 初始化阶段（init phase）：例化 PVM、VC 验证组件，加载 testcase（coverage），并将 coverage 配置信息分配给 VC 验证组件。该阶段由 $initPVM( ) 系统函数来启动。

2）PVM 启动阶段（start phase）：执行 PVM 的 start( )/onStart( ) 函数，启动 VC 线程。该启动阶段由 $startPVM( ) 系统函数调用发起。

说明：start( ) 函数是系统内部函数，系统会自动调用，用户不能调用该函数。onStart( ) 函数是用户可以重载实现的函数，用户可以在此函数中实现相关的业务逻辑。start( ) 函数会在退出前自动调用 onStart( ) 函数，故 onStart( ) 函数用户只须重载实现，而不需要调用。所有带 on 前缀的函数都遵循同样的规则。

3）VC 线程前置执行阶段（preRun phase）：VC 线程启动后立即执行 preRun( )/onPreRun( ) 函数。

4）VC 线程前置处理阶段（preProcess phase）：调用 preProcess( )/onPreProcess( ) 函数。

5）VC 线程处理阶段（process phase）：调用 process( )/onProcess( )，该函数用于实现验证组件的业务逻辑。在此阶段，可以使用 pause 暂停所有线程，使用 run 重新运行所有线程。VC 线程通常在用户的 onProcess( ) 中循环。

6）VC 线程后置处理阶段（postProcess phase）：调用 postProcess( )/onPostProcess( ) 函数，会自动退出本线程的执行。

说明：exitPVM( ) 用于退出 PVM。在此执行阶段，可以使用 restart 重新运行 VC 线程（包括所有的 VC 线程），使用 exitPVM( ) 退出所有 VC 线程，并退出进程。

7）VC 线程后置执行阶段（postRun phase）：VC 线程在退出执行前完成的操作，调用 postRun( )/onPostRun( )，在 postRun( ) 中调用 saveCovData( ) 保存本 VC 覆盖率数据到缓存。

8）结束阶段（end phase）：执行 end( )/onEnd( )，调用 saveCovFile( ) 保存 PVM 覆盖率数据到文件。

9）退出阶段（finish phase）：调用 exitPVM( ) 释放所有对象资源（包括 PVM、VC 资源）后退出仿真进程。

仿真主线程在所有阶段都会执行，验证组件在中间的 6 个阶段［步骤 2）~7）］执行。

▶▶ 8.3.3　PVM 启动

在 Verilog 代码中启动 PVM 的执行，参考代码如下。

```
`timescale 1ns/1ns
module tb();
    string tc;
    reg rst_n;
    reg clk;

    initial begin
```

```
        tc = "";
        $value $plusargs("tc=%s", tc);
        $initPVM(tc, clk);

        rst_n <= 1'b0;
        #20 rst_n <= 1'b1;

        $startPVM();
        $10000;
        $exitPVM();
        $finish();
    end
  endmodule

  simv +tc=testcase001
```

在 Verilog 代码中，按顺序执行如下步骤。

1）获取 testcase 名称：testcase 名称由仿真执行程序 simv 的选项+tc = testcase001 输入，其中 "testcase001" 就是 testcase 名称。使用 $value $plusargs( ) 系统函数获取 testcase 名称。

2）初始化 PVM：调用 $initPVM( )初始化 PVM，其中的第一个参数就是 testcase 名称，第二个参数传递验证平台的主时钟信号 clk。

3）启动 PVM：在 Testbench 测试平台完成复位后，即 rst_n 复位信号置为高后，调用 $startPVM( ) 系统函数启动 PVM。

4）PVM 执行：比如执行 10000ns。

5）退出 PVM：在调用 $finish( ) 系统函数前，调用系统函数 $exitPVM( ) 完成 PVM 平台的释放工作。

在实际的测试用例中，一般无法预知要执行多少仿真时间，也就无法知道什么时间调用 $exitPVM( )、$finish( ) 函数结束仿真。这样就不会有第 4）和第 5）这两个步骤。在 PVM 验证平台中，使用升降旗机制和看门狗机制来结束测试用例执行，后面有单独的章节进行介绍。

▶▶ 8.3.4 PVM 集成

在芯片仿真验证中，往往是先进行模块验证，再将多个模块集成在一起进行集成验证和系统验证。

PVM 验证平台通过级联方式支持验证平台的集成验证和系统验证，实现验证组件的重用，如图 8-15 所示。

图中，在一个环境里例化两个 PVM 验证平台，前一级 DUV 的输出直接输出给后一级 DUV，后一级 PVM 中的发送验证组件不再需要，可以不例化。

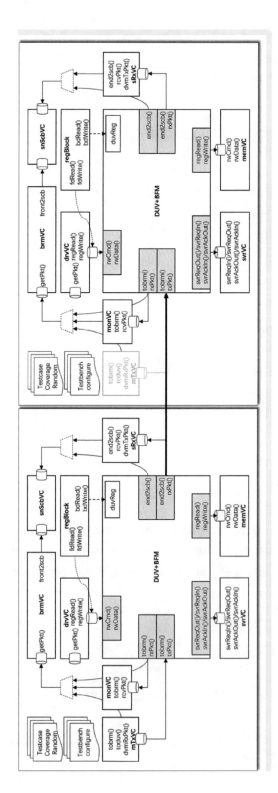

● 图8-15　PVM集成示意图

8.4 DPI 接口函数

DUV 通过 BFM/MON 和验证平台进行数据传递。BFM/MON Verilog 代码通过 DPI 函数和各种验证组件进行数据交互。PVM 平台提供了一系列 DPI 函数供 BFM/MON 使用，可以满足绝大多数场景的数据通信需求。

DPI（Direct Programming Interface，直接编程接口）是 System Verilog 语言支持的编程接口，是 C 语言编程接口，用于 Verilog、System Verilog 的功能扩展。在 PVM 中选择使用 DPI 而不使用 PLI/VPI 来实现数据通信，是因为 DPI 具有更高的性能。

▶▶ 8.4.1　DPI 接口函数总表

DPI 接口函数是接口 BFM/MON 和验证组件进行数据交互的接口函数，验证组件内有专用的 tube 管道用于存放数据，验证组件也有对应的函数进行数据收发。DPI 接口函数和验证组件函数的对应关系如表 8-2 所示。

表 8-2　DPI 接口函数清单

序号	验证组件	验证组件函数	DPI 接口函数
1	sTxVC	getTxStatus( )	int txStatus(int pvmID, int txVCID, int txStatus)
2	mTxVC/sTxVC	toduv( )/brd2duv( )/txEnd( )	int txPkt(int pvmID, int txVCID, byte txPacket, int length, int status)
3		toduv( )/brd2duv( )/txEnd( )	int txWaitPkt(int pvmID, int txVCID, byte txPacket, int length, int status)
4		toduv( )/brd2duv( )	int txDone(int pvmID, int txVCID)
5	mRxVC/sRxVC/monVC	rxStatus( )	int getRxStatus(int pvmID, int rxVCID, int rxStatus)
6		rcvPkt( )	int rxPkt(int pvmID, int rxVCID, int srcID, byte rxPacket, int length)
7	drvVC	getPkt( )	int todrv(int pvmID, int drvVCID, int srcID, byte rxPacket, int length)
8		regRead（　）/regWrite（　）/regWriteDone( )	int rwCmd(int pvmID, int drvVCID, int rwType, longint addr, byte rwData, int length)
9		regRead( )	int rwData(int pvmID, int drvVCID, rwData)
10		regWriteDone( )	int rwDone(int pvmID, int drvVCID)
11	brmVC	getPkt( )	int tobrm(int pvmID, int brmVCID, int srcID, byte rxPacket, int length)
12	utilVC	getPkt( )	int toutil(int pvmID, int brmVCID, int srcID, byte rxPacket, int length)

（续）

序号	验证组件	验证组件函数	DPI 接口函数
13	mScbVC	onCompare( )	int front2mscb(int pvmID, int scbID, int rxQID, byte exPacket, int length）
14		onCompare( )	int end2mscb(int pvmID, int scbID, int rxQID, byte rxPacket, int length）
15	snScbVC	onCompare( )	int front2scb(int pvmID, int scbID, int rxQID, byte expPacket, int length, int pktSn）
16		onCompare( )	int end2scb(int pvmID, int scbID, int rxQID, byte rxPacket, int length, int pktSn）
17	memVC	rwCmd( )/rwData( )	int regRead(int pvmID, int devVCID, longint addr, byte data, int length）
18		rwCmd( )	int regWrite(int pvmID, int devVCID, longint addr, byte data, int length）
19	svrVC	svrReqIn( )	int svrReqOut(int pvmID, int svrVCID, byte reqPacket, int length, bool Priority）
20		svrAckOut( )	int svrAckIn(int pvmID, int svrVCID, byte ackPacket, int length）
21		svrReqOut( )	int svrReqIn(int pvmID, int svrVCID, byte reqPacket, int length）
22		svrAckIn( )	int svrAckOut(int pvmID, int svrVCID, byte ackPacket, int length, bool Priority）
23	PVM	svrFunc( )	int svrReqFunc(int pvmID, int reqID, byte reqPacket, int reqLength, byte ackPacket, int ackLength）

由于验证组件是多线程程序，BFM/MON 在调用 DPI 接口函数获取数据或存放数据时，有可能不成功。DPI 接口函数的返回值（如表 8-3 所示）是验证组件的状态，包括如下 5 种类型的状态。

- 发送/驱动验证组件发送等待状态 TX_WAITING(−2)：发送验证组件在发送一个数据包后，等待激励 BFM 在发送完数据包后，调用 txDone( ) 函数反馈数据已发送完毕信号。驱动验证组件发送 writeDone 写指令，当驱动 BFM 完成写操作后，调用 rwDone( ) 函数反馈数据已写完毕信号。该状态仅用于 txPkt( )/txWaitPkt( )/rwCmd( ) 函数。
- 数据包已发送完 TX_END(−1)：发送验证组件在发送完数据包后，调用 txEnd( ) 函数表示无后续激励数据。BFM 调用 txPkt( )/txWaitPkt( ) 函数，返回−1。此时建议不再调用 txPkt( )/txWaitPkt( ) 函数，以节省仿真时间。
- 正常状态 NORMAL(0)：正常状态。
- 异常状态(1~6)：包括验证组件未准备好、管道空/满状态、缓存不够、长度指示错误等状态。当出现异常状态时，可以继续调用 DPI 函数。
- 错误状态(11~15)：包括验证组件类型不匹配、不存在或不处于工作状态。当出现错误状态时，建议不再调用相应的 DPI 接口函数，以节省仿真时间。

表 8-3　DPI 接口函数返回值列表

状　态　名	函数返回值	返回值说明	DPI 接口函数
TX_WAITING	−2	发送/驱动验证组件等待发送完毕信号反馈	txPkt( )/txWaitPkt( )/rwCmd( )
TX_END	−1	数据包已发送完	txPkt( )/txWaitPkt( )
NORMAL	0	准备好状态，或成功	
VC_NOT_READY	1	未准备好状态	
TUBE_EMPTY	2	管道空状态	
TUBE_FULL	3	管道满状态	
BUF_NOT_ENOUGH	4	缓存不够	
LENGTH_ERROR	5	length 大于缓存	
QUEUE_NOT_EXIST	6	Scoreboard 队列不存在	front2mscb( )/end2mscb( )/front2scb/end2scb( )
VC_NOT_MATCH	11	验证组件类型不匹配	
VC_NOT_EXIST	12	指定的验证组件不存在	
PVM_NOT_EXIST	13	指定的验证平台不存在	
VC_NOT_RUN	14	没有例化，不执行状态	
VC_EXIT	15	退出状态	

▶▶ 8.4.2　发送验证组件 DPI 接口函数

（1）txStatus( )

txStatus( )函数用于向从发送验证组件 sTxVC 发送 BFM 的状态。函数原型如表 8-4 所示。从发送验证组件调用 getTxStatus( )函数获取该状态。

表 8-4　txStatus( )函数原型

函数原型	int txStatus(int pvmID, int txVCID, int txStatus)
参数	pvmID，PVM 验证平台编号 txVCID，验证组件编号 txStatus，发送给验证组件的 BFM 状态信息，由用户自行定义
返回值	验证组件状态，可能的返回值如下。 ● 0：准备好状态，或成功 ● 1：未准备好状态 ● 11：验证组件类型不匹配 ● 12：指定的验证组件不存在 ● 13：指定的验证平台不存在 ● 14：没有例化，不执行状态 ● 15：退出状态

（续）

示例	parameter pvmID = 1;
	parameter txVCID = 1001;
	int txStatus;
	int rtn;
	rtn = txStatus(pvmID, txVCID, txStatus);

（2）txPkt( )

txPkt( )函数用于从发送验证组件获取激励数据包。函数原型如表 8-5 所示。

表 8-5　txPkt( ) 函数原型

函数原型	int txPkt(int pvmID, int txVCID, byte txPacket, int length, int status)
参数	pvmID，PVM 验证平台编号 txVCID，验证组件编号 txPacket，待发送的激励数据包 length，txPacket 数据包有效长度 status，BFM 状态信息
返回值	验证组件状态，可能的返回值如下。 • -2：验证组件等待发送完毕信号反馈 • -1：数据包已发送完。专用于 txPkt( )/txWaitPkt( )函数 • 0：准备好状态，或成功 • 1：未准备好状态 • 3：管道满状态 • 4：缓存不够 • 5：length 大于缓存 • 11：验证组件类型不匹配 • 12：指定的验证组件不存在 • 13：指定的验证平台不存在 • 14：没有例化，不执行状态 • 15：退出状态

示例	parameter pvmID = 1;
	parameter txVCID = 1001;
	byte txPacket[1023: 0];
	int length;
	int status;
	int rtn;
	rtn = txPkt(pvmID, txVCID, txPacket, length, status);
	// 当 rtn != 0 时，length = 0
	// 当 rtn == -1 或 rnt > 10 时，不再调用 txPkt( )函数

（3）txWaitPkt( )

txWaitPkt( )函数用于从发送验证组件获取激励数据包，当管道内没有数据时，若等待超时则返回空数据。函数原型如表 8-6 所示。

表 8-6　txWaitPkt( ) 函数原型

函数原型	int txWaitPkt(int pvmID, int txVCID, byte txPacket, int length, int status)
参数	pvmID，PVM 验证平台编号 txVCID，验证组件编号 txPacket，待发送的激励数据包 length，txPacket 数据包有效长度 status，BFM 状态信息
返回值	验证组件状态，可能的返回值如下。 ● -2：验证组件等待发送完毕信号反馈 ● -1：数据包已发送完。专用于 txPkt( )/txWaitPkt( ) 函数 ● 0：准备好状态，或成功 ● 1：未准备好状态 ● 3：管道满状态 ● 4：缓存不够 ● 5：length 大于缓存 ● 11：验证组件类型不匹配 ● 12：指定的验证组件不存在 ● 13：指定的验证平台不存在 ● 14：没有例化，不执行状态 ● 15：退出状态

示例	parameter pvmID = 1;
	parameter txVCID = 1001;
	byte txPacket[1023: 0];
	int length;
	int status;
	int rtn;
	rtn = txWaitPkt(pvmID, txVCID, txPacket, length, status);
	// 当 rtn != 0 时，length = 0
	// 当 rtn == -1 或 rnt > 10 时，不再调用 txPkt( ) 函数

（4）txDone( )

当 txPkt( )/txWaitPkt( ) 函数的返回值为-2 时，需要调用 txDone( ) 函数反馈数据已发送完毕信号。函数原型如表 8-7 所示。

表 8-7　txDone( ) 函数原型

函数原型	int txDone(int pvmID, int txVCID)
参数	pvmID，PVM 验证平台编号 txVCID，验证组件编号
返回值	验证组件状态，可能的返回值如下。 ● 0：准备好状态，或成功 ● 1：未准备好状态 ● 11：验证组件类型不匹配 ● 12：指定的验证组件不存在 ● 13：指定的验证平台不存在 ● 14：没有例化，不执行状态 ● 15：退出状态

（续）

示例	parameter pvmID = 1;
	parameter txVCID = 1001;
	int rtn;
	rtn = txDone(pvmID, txVCID);

▶▶ 8.4.3　接收验证组件 DPI 接口函数

（1）getRxStatus()

BFM/MON 通过 getRxStatus() 函数获取 mRxVC/mDevVC 验证组件的状态。函数原型如表 8-8 所示。

表 8-8　getRxStatus() 函数原型

函数原型	int getRxStatus(int pvmID, int rxVCID, int rxStatus)
参数	pvmID，PVM 验证平台编号 rxVCID，验证组件编号 rxStatus，验证组件状态信息，由用户自行定义
返回值	验证组件状态，可能的返回值如下。 • 0：准备好状态，或成功 • 1：未准备好状态 • 11：验证组件类型不匹配 • 12：指定的验证组件不存在 • 13：指定的验证平台不存在 • 14：没有例化，不执行状态 • 15：退出状态

示例	parameter pvmID = 1;
	parameter rxVCID = 2001;
	int rxStatus;
	int rtn;
	rtn = getRxStatus(pvmID, rxVCID, rxStatus);

（2）rxPkt()

BFM/MON 将接收到的数据通过 rxPkt() 函数发送给接收验证组件。函数原型如表 8-9 所示。

表 8-9　rxPkt() 函数原型

函数原型	int rxPkt(int pvmID, int rxVCID, int srcID, byte rxPacket, int length)
参数	pvmID，PVM 验证平台编号 rxVCID，验证组件编号 srcID，队列编号，用于对接收数据包进行分类 rxPacket，接收到的数据包 length，txPacket 数据包有效长度

（续）

返回值	验证组件状态，可能的返回值如下。 • 0：准备好状态，或成功 • 3：管道满状态 • 4：缓存不够 • 5：length 大于缓存 • 11：验证组件类型不匹配 • 12：指定的验证组件不存在 • 13：指定的验证平台不存在 • 14：没有例化，不执行状态 • 15：退出状态

示例	`parameter pvmID = 1;`
	`parameter rxVCID = 2001;`
	`int srcID = 0;`
	`byte rxPacket[1023：0];`
	`int length;`
	`int rtn;`
	`rtn = rxPkt(pvmID, rxVCID, srcID, rxPacket, length);`

▶▶ 8.4.4　驱动验证组件 DPI 接口函数

（1）todrv( )

BFM/MON 通过 todrv( )函数直接发数据给驱动验证组件 drvVC。函数原型如表 8-10 所示。

表 8-10　todrv( )函数原型

函数原型	`int todrv(int pvmID, int drvVCID, int srcID, byte rxPacket, int length)`
参数	pvmID，PVM 验证平台编号 drvVCID，验证组件编号 srcID，队列编号，用于对接收数据包进行分类 rxPacket，接收到的数据包 length，数据实际长度
返回值	验证组件状态，可能的返回值如下。 • 0：准备好状态，或成功 • 3：管道满状态 • 4：缓存不够 • 5：length 大于缓存 • 11：验证组件类型不匹配 • 12：指定的验证组件不存在 • 13：指定的验证平台不存在 • 14：没有例化，不执行状态 • 15：退出状态

（续）

示例	parameter pvmID = 1;
	parameter drvVCID = 4001;
	int srcID = 0;
	reg rxPacket[1023：0];
	int length;
	int rtn;
	rtn = todrv(pvmID, drvVCID, srcID, rxPacket, length);

（2）rwCmd( )

驱动 BFM 通过 rwCmd( )函数获取读写指令。函数原型如表 8-11 所示。

表 8-11　rwCmd( )函数原型

函数原型	int rwCmd(int pvmID, int drvVCID, int rwType, longint addr, byte rwData, int length)
参数	pvmID，PVM 验证平台编号 drvVCID，验证组件编号 rwType，读写类型。0：无读写操作；1：read 读操作；2：write 写操作；3：writeDone 写完成操作，在进行写操作时，等待反馈写完成信号后才返回。其他读写类型由用户进行自定义 addr，读写地址 rwData，写数据。当 rwType 为 write/writeDone 时才有效 length，写数据实际长度。当 rwType 为读时，length 为 0
返回值	验证组件状态，可能的返回值如下。 • -2：驱动验证组件等待发送完毕信号反馈 • 0：准备好状态，或成功 • 2：管道空状态 • 4：缓存不够 • 5：length 大于缓存 • 11：验证组件类型不匹配 • 12：指定的验证组件不存在 • 13：指定的验证平台不存在 • 14：没有例化，不执行状态 • 15：退出状态

示例	parameter pvmID = 1;
	parameter drvVCID = 4001;
	int rwType;
	longint addr;
	byte rwData[1023：0];
	int length;
	int rtn;
	rtn = rwCmd(pvmID, drvVCID, rwType, addr, rwData, length);

（3）rwData( )

驱动 BFM 通过 rwData( )函数返回读取的数据。函数原型如表 8-12 所示。

表 8-12　rwData( ) 函数原型

函数原型	int rwData(int pvmID, int drvVCID, byte rwData, int length)
参数	pvmID，PVM 验证平台编号 drvVCID，验证组件编号 rwData，读写返回的数据 length，数据实际长度
返回值	验证组件状态，可能的返回值如下。 • 0：准备好状态，或成功 • 4：缓存不够 • 5：length 大于缓存 • 11：验证组件类型不匹配 • 12：指定的验证组件不存在 • 13：指定的验证平台不存在 • 14：没有例化，不执行状态 • 15：退出状态

示例	parameter pvmID = 1;
	parameter drvVCID = 4001;
	byte rwData[1023：0];
	int length;
	int rtn;
	rtn = rwData(pvmID, drvVCID, rwData, length);

（4）rwDone( )

drvVC 验证组件写数据时，如果需要等待写完成 writeDone，BFM 需要调用 rwDone( ) 函数告知 drvVC 验证组件已完成写操作。函数原型如表 8-13 所示。

表 8-13　rwDone( ) 函数原型

函数原型	int rwDone(int pvmID, int drvVCID)
参数	pvmID，PVM 验证平台编号 drvVCID，验证组件编号；当验证组件处于非活跃状态时，函数直接返回
返回值	验证组件状态，可能的返回值如下。 • 0：准备好状态，或成功 • 11：验证组件类型不匹配 • 12：指定的验证组件不存在 • 13：指定的验证平台不存在 • 14：没有例化，不执行状态 • 15：退出状态

示例	parameter pvmID = 1;
	parameter drvVCID = 4001;
	rwDone(pvmID, drvVCID);

▶▶ 8.4.5　行为级参考模型验证组件 DPI 接口函数

BFM／MON 通过 tobrm( ) 函数直接发数据给行为级参考模型验证组件 brmVC。函数原型如表 8-14 所示。

表 8-14　tobrm( ) 函数原型

函数原型	int tobrm(int pvmID, int brmVCID, int srcID, byte rxPacket, int length)
参数	pvmID，PVM 验证平台编号 brmVCID，验证组件编号 srcID，队列编号，用于对接收数据包进行分类 rxPacket，接收到的数据包 length，数据实际长度
返回值	验证组件状态，可能的返回值如下。 ● 0：准备好状态，或成功 ● 3：管道满状态 ● 4：缓存不够 ● 5：length 大于缓存 ● 11：验证组件类型不匹配 ● 12：指定的验证组件不存在 ● 13：指定的验证平台不存在 ● 14：没有例化，不执行状态 ● 15：退出状态
示例	parameter pvmID = 1； parameter brmVCID = 1001； int srcID = 0； reg rxPacket[1023：0]； int length； int rtn； rtn = tobrm(pvmID, brmVCID, srcID, rxPacket, length)；

▶▶ 8.4.6　多功能验证组件 DPI 接口函数

BFM/MON 通过 toutil( )函数直接发数据给多功能验证组件 utilVC。函数原型如表 8-15 所示。

表 8-15　toutil( ) 函数原型

函数原型	toutil(int pvmID, int utilVCID, int srcID, byte rxPacket, int length)
参数	pvmID，PVM 验证平台编号 utilVCID，验证组件编号 srcID，队列编号，用于对接收数据包进行分类 rxPacket，接收到的数据包 length，数据实际长度
返回值	验证组件状态，可能的返回值如下。 ● 0：准备好状态，或成功 ● 3：管道满状态 ● 4：缓存不够 ● 5：length 大于缓存 ● 11：验证组件类型不匹配 ● 12：指定的验证组件不存在 ● 13：指定的验证平台不存在 ● 14：没有例化，不执行状态 ● 15：退出状态

（续）

示例	parameter pvmID = 1;
	 parameter utilVCID = 1001;
	 int srcID = 0;
	 byte rxPacket[1023：0];
	 int length;
	 int rtn;
	 rtn = toutil(pvmID, utilVCID, srcID, rxPacket, length);

▶▶ 8.4.7 记分牌验证组件 DPI 接口函数

（1）front2mscb( )

front2mscb( )函数用于在多队列记分牌验证组件 mScbVC 前端填入预期结果数据包。函数原型如表 8-16 所示。

表 8-16 front2mscb( )函数原型

函数原型	int front2mscb(int pvmID, int scbID, int rxQID,byte expPacket, int length)
参数	pvmID，PVM 验证平台编号 scbID，mScbVC 验证组件编号 rxQID，接收队列编号 expPacket，预期结果数据包 length，数据包有效长度
返回值	验证组件状态，可能的返回值如下。 • 0：准备好状态，或成功 • 1：未准备好状态 • 3：管道满状态 • 5：length 大于缓存 • 6：Scoreboard 队列不存在 • 11：验证组件类型不匹配 • 12：指定的验证组件不存在 • 13：指定的验证平台不存在 • 14：没有例化，不执行状态 • 15：退出状态

示例	parameter pvmID = 1;
	 parameter scbID = 200;
	 parameter rxQID = 2001
	 byte expPacket[1023：0];
	 int length;
	 int rtn;
	 rtn = front2mscb(pvmID, scbID, rxQID, expPacket, length);

（2）end2mscb()

end2mscb()函数用于在多队列记分牌验证组件 mScbVC 后端填入实际结果数据包。函数原型如表 8-17 所示。

表 8-17　end2mscb() 函数原型

函数原型	int end2mscb(int pvmID, int scbID, int rxQID, byte rxPacket, int length)
参数	pvmID，PVM 验证平台编号 scbID，mScbVC 验证组件编号 rxQID，接收队列编号 rxPacket，实际结果数据包 length，数据包有效长度
返回值	验证组件状态，可能的返回值如下。 ● 0：准备好状态，或成功 ● 1：未准备好状态 ● 3：管道满状态 ● 5：length 大于缓存 ● 6：Scoreboard 队列不存在 ● 11：验证组件类型不匹配 ● 12：指定的验证组件不存在 ● 13：指定的验证平台不存在 ● 14：没有例化，不执行状态 ● 15：退出状态

示例	parameter pvmID = 1;
	parameter scbID = 200;
	parameter rxQID = 2001;
	byte rxPacket[1023：0];
	int length;
	int rtn;
	rtn = end2mscb(pvmID, scbID, rxQID, rxPacket, length);

（3）front2scb()

front2scb()函数用于在带序列号的多队列记分牌验证组件 snScbVC 前端填入预期结果数据包。函数原型如表 8-18 所示。

表 8-18　front2scb() 函数原型

函数原型	int front2scb(int pvmID, int scbID, int rxQID,byte expPacket, int length, int pktSn)
参数	pvmID，PVM 验证平台编号 scbID，snScbVC 验证组件编号 rxQID，接收队列编号 expPacket，预期结果数据包 length，数据包有效长度 pktSn，数据包序列号

（续）

返回值	验证组件状态，可能的返回值如下。 • 0：准备好状态，或成功 • 1：未准备好状态 • 3：管道满状态 • 5：length 大于缓存 • 6：Scoreboard 队列不存在 • 11：验证组件类型不匹配 • 12：指定的验证组件不存在 • 13：指定的验证平台不存在 • 14：没有例化，不执行状态 • 15：退出状态
示例	parameter pvmID = 1； parameter scbID = 200； parameter rxQID = 2001； int pktSn = 103； byte expPacket[1023：0]； int length； int rtn； rtn = front2scb(pvmID, scbID, rxQID, expPacket, length, pktSn)；

（4）end2scb（）

end2scb（）函数用于在带序列号的多队列记分牌验证组件 snScbVC 后端填入实际结果数据包。函数原型如表 8-19 所示。

表 8-19　end2scb（）函数原型

函数原型	int end2scb(int pvmID, int scbID, int rxQID,byte rxPacket, int length, int pktSn)
参数	pvmID，PVM 验证平台编号 scbID，snScbVC 验证组件编号 rxQID，接收队列编号 rxPacket，实际结果数据包 length，数据包有效长度 pktSn，数据包序列号
返回值	验证组件状态，可能的返回值如下。 • 0：准备好状态，或成功 • 1：未准备好状态 • 3：管道满状态 • 5：length 大于缓存 • 6：Scoreboard 队列不存在 • 11：验证组件类型不匹配 • 12：指定的验证组件不存在 • 13：指定的验证平台不存在 • 14：没有例化，不执行状态 • 15：退出状态

（续）

示例	parameter pvmID = 1;
	 parameter scbID = 200;
	 parameter rxQID = 2001;
	 reg[7:0] rxPacket[1023:0];
	 int pktSn = 103;
	 int length;
	 int rtn;
	 rtn = end2scb(pvmID, scbID, rxQID, rxPacket, length, pktSn);

▶▶ 8.4.8 存储器验证组件 DPI 接口函数

（1）regRead( )

读写 BFM 通过 regRead( )函数从存储器验证组件读取数据。函数原型如表 8-20 所示。

表 8-20 regRead( )函数原型

函数原型	int regRead(int pvmID, int devVCID, longint addr, byte data, int length)
参数	pvmID，PVM 验证平台编号 devVCID，验证组件编号 addr，读地址 data，读返回数据 length，数据有效长度
返回值	验证组件状态，可能的返回值如下。 ● 0：准备好状态，或成功 ● 1：未准备好状态 ● 2：管道空状态 ● 11：验证组件类型不匹配 ● 12：指定的验证组件不存在 ● 13：指定的验证平台不存在 ● 14：没有例化，不执行状态 ● 15：退出状态

示例	parameter pvmID = 1;
	 parameter devVCID = 5001;
	 longint addr = 0x8088;
	 byte data[7:0];
	 int length;
	 int rtn;
	 rtn = regRead(pvmID, devVCID, addr, data, length);

（2）regWrite( )

读写 BFM 通过 regWrite( )函数向存储器验证组件写入数据。函数原型如表 8-21 所示。

表 8-21   regWrite( ) 函数原型

函数原型	int regWrite(int pvmID, int devVCID, longint addr, byte data, int length)
参数	pvmID，PVM 验证平台编号 devVCID，验证组件编号 addr，写地址 data，写数据 length，数据有效长度
返回值	验证组件状态，可能的返回值如下。 • 0：准备好状态，或成功 • 1：未准备好状态 • 3：管道满状态 • 11：验证组件类型不匹配 • 12：指定的验证组件不存在 • 13：指定的验证平台不存在 • 14：没有例化，不执行状态 • 15：退出状态

示例	parameter pvmID = 1;
	parameter devVCID = 5001;
	longint addr = 0x8088;
	byte data[31:0] = 0x55AA;
	int length;
	int rtn;
	rtn = regWrite(pvmID, devVCID, addr, data, length);

▶▶ 8.4.9 服务验证组件 DPI 接口函数

（1） svrReqOut( )

svrReqOut( )函数用于向 svrVC 验证组件申请数据包处理，立即返回。管道满时，如果等待超时则丢弃数据返回。函数原型如表 8-22 所示。

表 8-22   svrReqOut( ) 函数原型

函数原型	int svrReqOut(int pvmID, int svrVCID, byte reqPacket, int length, bool Priority)
参数	pvmID，PVM 验证平台编号 svrVCID，验证组件编号 reqPacket，向外申请处理的数据包 length，数据有效长度 Priority，优先级。1：高优先级，插入到队列的最前面；0：普通优先级，按序排队
返回值	验证组件状态，可能的返回值如下。 • 0：准备好状态，或成功 • 1：未准备好状态 • 3：管道满状态 • 11：验证组件类型不匹配 • 12：指定的验证组件不存在 • 13：指定的验证平台不存在 • 14：没有例化，不执行状态 • 15：退出状态

（续）

示例	`parameter pvmID = 1;`
	`parameter svrVCID = 6001;`
	`byte reqPacket[1023:0];`
	`int length;`
	`int rtn;`
	`rtn = svrReqOut(pvmID, svrVCID, reqPacket, length, 1);`

（2）svrAckIn()

svrAckIn()函数用于从 svrVC 验证组件获得已处理的结果数据。如果 svrVC 验证组件中的 utube 管道为空，则返回空数据。函数原型如表 8-23 所示。

表 8-23 svrAckIn() 函数原型

函数原型	`int svrAckIn(int pvmID, int svrVCID, byte ackPacket, int length)`
参数	pvmID，PVM 验证平台编号 svrVCID，验证组件编号 ackPacket，返回的处理结果数据包；ackPacket 中数据包长度为 0，表示没有获取到结果数据 length，数据有效长度
返回值	验证组件状态，可能的返回值如下。 • 0：准备好状态，或成功 • 1：未准备好状态 • 2：管道空状态 • 11：验证组件类型不匹配 • 12：指定的验证组件不存在 • 13：指定的验证平台不存在 • 14：没有例化，不执行状态 • 15：退出状态

示例	`parameter pvmID = 1;`
	`parameter svrVCID = 6001;`
	`byte ackPacket[1023:0];`
	`int length;`
	`int rtn;`
	`rtn = svrAckIn(pvmID, svrVCID, ackPacket, length);`

（3）svrReqIn()

外部 svrVC 验证组件通过 svrReqIn()函数申请数据处理服务，数据包长度为 0 表示没有申请。函数原型如表 8-24 所示。

表 8-24 svrReqIn() 函数

函数原型	`int svrReqIn(int pvmID, int svrVCID, byte reqPacket, int length)`
参数	pvmID，PVM 验证平台编号 svrVCID，验证组件编号；当验证组件处于非活跃状态时，函数直接返回 reqPacket，外部申请处理的数据包 length，数据有效长度

（续）

返回值	验证组件状态，可能的返回值如下。 ● 0：准备好状态，或成功 ● 1：未准备好状态 ● 2：管道空状态 ● 11：验证组件类型不匹配 ● 12：指定的验证组件不存在 ● 13：指定的验证平台不存在 ● 14：没有例化，不执行状态 ● 15：退出状态

示例	parameter pvmID = 1;
	parameter svrVCID = 6001;
	byte reqPacket[1023:0];
	int length;
	int rtn;
	rtn = svrReqIn(pvmID, svrVCID, reqPacket, length);

（4）svrAckOut()

svrAckOut()函数用于向 svrVC 验证组件返回结果数据，管道满时，如果等待超时则丢弃数据返回。函数原型如表 8-25 所示。

表 8-25　svrAckOut()函数原型

函数原型	int svrAckOut(int pvmID, int svrVCID, byte ackPacket, int length, bool Priority)
参数	pvmID，PVM 验证平台编号 svrVCID，验证组件编号 ackPacket，对外返回处理结果数据包 length，数据有效长度 Priority，优先级。1：高优先级，插入到队列的最前面；0：普通优先级，按序排队
返回值	验证组件状态，可能的返回值如下。 ● 0：准备好状态，或成功 ● 1：未准备好状态 ● 3：管道满状态 ● 11：验证组件类型不匹配 ● 12：指定的验证组件不存在 ● 13：指定的验证平台不存在 ● 14：没有例化，不执行状态 ● 15：退出状态

示例	parameter pvmID = 1;
	parameter svrVCID = 6001;
	byte ackPacket[1023:0];
	int length;
	int rtn;
	rtn = svrAckOut(pvmID, svrVCID, ackPacket, length, 1);

▶▶ 8.4.10　数据处理 DPI 接口函数

svrReqFunc( )函数是向 pvm 子类申请服务的 DPI 接口函数。函数原型如表 8-26 所示。

表 8-26　svrReqFunc( ) 函数原型

函数原型	int svrReqFunc(int pvmID, int reqID, byte reqPacket, int reqLength, byte ackPacket, int ackLength)
参数	pvmID，PVM 验证平台编号 reqID，请求编号，便于请求分类 reqPacket，待处理的数据包 reqLength，待处理数据包的有效长度 ackPacket，处理结果数据包 ackLength，处理结果数据包的有效长度
返回值	0：成功；1：失败

示例	parameter pvmID = 1;
	int reqID = 1;
	byte reqPacket[1023：0];
	byte ackPacket[1023：0];
	int reqLength;
	int ackLength;
	int rtn;
	rtn = svrReqFunc(pvmID, reqID, reqPacket, reqLength, ackPacket, ackLength);

8.5　simduv 接口函数

simduv 是 DUV 的模拟验证组件，用于 PVM 验证组件的离线调试，在没有仿真器参与的情况下，可以独立调试验证组件及验证平台。当调试完成后，在实际的仿真工程中不要例化该验证组件。

▶▶ 8.5.1　调试用接口函数总表

simduv 通过函数和验证平台进行数据交互。表 8-27 是 simduv 接口函数清单，这些函数与 DPI 接口函数对应。参见：表 8-2 DPI 接口函数清单。

表 8-27　simduv 接口函数清单

序号	验证组件	验证组件函数	simduv 接口函数
1	sTxVC	getTxStatus( )	int txStatus(int pvmID, int txVCID, int txStatus, int simTime)
2	mTxVC/sTxVC	toduv( )/brd2duv( )/txEnd( )	int txPkt(int pvmID, int txVCID, byte txPacket, int status, int simTime)
3		toduv( )/brd2duv( )/txEnd( )	int txWaitPkt(int pvmID, int txVCID, byte txPacket, int status, int simTime)
4		toduv( )/brd2duv( )	int txDone(int pvmID, int txVCID, int simTime)

（续）

序号	验证组件	验证组件函数	simduv 接口函数
5	mRxVC/sRxVC/ monVC	rxStatus( )	int getRxStatus(int pvmID, int rxVCID, int rxStatus, int simTime)
6		rcvPkt( )	int rxPkt(int pvmID, int rxVCID, int srcID, byte rxPacket, int simTime)
7	drvVC	getPkt( )	int todrv(int pvmID, int drvVCID, int srcID, byte rxPacket, int simTime)
8		regRead( )/regWrite( )/regWriteDone( )	int rwCmd(int pvmID, int drvVCID, int rwType, int addr, byte dataPacket, int simTime)
9		regRead( )	int rwData(int pvmID, int drvVCID, byte rwData, int simTime)
10		regWriteDone( )	int rwDone(int pvmID, int drvVCID, int simTime)
11	brmVC	getPkt( )	int tobrm(int pvmID, int brmVCID, int srcID, byte rxPacket, int simTime)
12	utilVC	getPkt( )	int toutil(int pvmID, int brmVCID, int srcID, byte rxPacket, int simTime)
13	mScbVC	onCompare( )	int front2mscb(int pvmID, int scbID, int rxQID, byte expPacket, int simTime)
14		onCompare( )	int end2mscb(int pvmID, int scbID, int rxQID, byte rxPacket, int simTime)
15	snScbVC	onCompare( )	int front2scb(int pvmID, int scbID, int rxQID, byte expPacket, int pktSn, int simTime)
16		onCompare( )	int end2scb(int pvmID, int scbID, int rxQID, byte rxPacket, int pktSn, int simTime)
17	memVC	rwCmd( )/rwData( )	int regRead(int pvmID, int devVCID, int addr, byte data, int simTime)
18		rwCmd( )	int regWrite(int pvmID, int devVCID, int addr, byte data, int simTime)
19	svrVC	svrReqIn( )	int svrReqOut(int pvmID, int svrVCID, byte reqPacket, int simTime, bool Priority)
20		svrAckOut( )	int svrAckIn(int pvmID, int svrVCID, byte ackPacket, int simTime)
21		svrReqOut( )	int svrReqIn(int pvmID, int svrVCID, byte reqPacket, int simTime)
22		svrAckIn( )	int svrAckOut(int pvmID, int svrVCID, byte ackPacket, int simTime, bool Priority)
23	PVM	svrFunc( )	int svrReqFunc(int pvmID, int reqID, byte reqPacket, byte ackPacket, int simTime)
24		–	simRun(int simTime)

在以上函数中，都有一个 simTime 参数，用于模拟仿真时间按 simTime 步进递增。

使用 simRun（int simTime） 函数也可以模拟仿真时间递增。

调试用接口函数，int 类型的返回值定义和 DPI 接口函数的返回值定义相同，参见：表 8-3 DPI 接口函数返回值列表。

▶▶ 8.5.2　发送验证组件接口函数

（1）txStatus（）

txStatus（）函数用于向验证组件发送状态信息。函数原型如表 8-28 所示。

表 8-28　txStatus（）函数原型

函数原型	int txStatus（int pvmID, int txVCID, int txStatus, int simTime）
参数	pvmID，PVM 验证平台编号 txVCID，验证组件编号 txStatus，BFM 状态信息 simTime，模拟的递增仿真时间
示例	int pvmID = 1 int txVCID = 1001 int txStatus int simTime = 100 txStatus（pvmID, txVCID, txStatus, simTime）

（2）txPkt（）

txPkt（）函数用于从验证组件获取待发送的数据包。函数原型如表 8-29 所示。

表 8-29　txPkt（）函数原型

函数原型	int txPkt（int pvmID, int txVCID, byte txPacket, bit status, int simTime）
参数	pvmID，PVM 验证平台编号 txVCID，验证组件编号 txPacket，待发送的激励数据包 status，BFM 状态信息 simTime，模拟的递增仿真时间
示例	int pvmID = 1 int txVCID = 1001 byte txPacket bit status int simTime = 100 txPkt（pvmID, txVCID, txPacket, status, simTime）

（3）txDone（）

txDone（）函数用于向发送验证组件反馈处理结束信号。函数原型如表 8-30 所示。

表 8-30   txDone( ) 函数原型

函数原型	int txDone(int pvmID, int txVCID, int simTime)
参数	pvmID，PVM 验证平台编号 txVCID，验证组件编号 simTime，模拟的递增仿真时间
示例	int pvmID = 1 int txVCID = 1001 int simTime = 100 txDone(pvmID, txVCID, simTime)

▶▶ 8.5.3   接收验证组件接口函数

（1）getRxStatus( )

getRxStatus( )函数用于获取验证组件的接收状态信息。函数原型如表 8-31 所示。

表 8-31   getRxStatus( ) 函数原型

函数原型	int getRxStatus(int pvmID, int rxVCID, int rxStatus, int simTime)
参数	pvmID，PVM 验证平台编号 rxVCID，验证组件编号 rxStatus，验证组件状态信息 simTime，模拟的递增仿真时间
示例	int pvmID = 1 int rxVCID = 1001 int rxStatus int simTime = 100 getRxStatus(pvmID, rxVCID, rxStatus, simTime)

（2）rxPkt( )

rxPkt( )函数用于向验证组件反馈接收到的数据包。函数原型如表 8-32 所示。

表 8-32   rxPkt( ) 函数原型

函数原型	int rxPkt(int pvmID, int rxVCID, int srcID, byte rxPacket, int simTime)
参数	pvmID，PVM 验证平台编号 rxVCID，验证组件编号 srcID，队列编号，用于对接收数据包进行分类 rxPacket，接收到的数据包 simTime，模拟的递增仿真时间
示例	int pvmID = 1 int rxVCID = 2001 int srcID = 0 byte rxPacket int simTime = 100 rxPkt(pvmID, rxVCID, srcID, rxPacket, simTime)

8.5.4 驱动验证组件接口函数

（1）todrv( )

todrv( )函数用于往 drvVC 验证组件发送数据包。函数原型如表 8-33 所示。

表 8-33 todrv( )函数原型

函数原型	int todrv(int pvmID, int drvVCID, int srcID, byte rxPacket, int simTime)
参数	pvmID，PVM 验证平台编号 drvVCID，验证组件编号 srcID，队列编号，用于对接收数据包进行分类 rxPacket，接收到的数据包 simTime，模拟的递增仿真时间
示例	int pvmID = 1 int drvVCID = 5001 int srcID = 0 byte rxPacket int simTime = 100 todrv(pvmID, drvVCID, srcID, rxPacket, simTime)

（2）rwCmd( )

rwCmd( )函数用于从验证组件获取读写 simduv 寄存器指令。函数原型如表 8-34 所示。

表 8-34 rwCmd( )函数原型

函数原型	int rwCmd(int pvmID, int drvVCID, int rwType, int addr, byte rwData, int simTime)
参数	pvmID，PVM 验证平台编号 drvVCID，验证组件编号 rwType，读写类型。0：无读写操作；1：read，读操作；2：write，写操作；3：writeDone，写完成操作，在进行写操作时，等待反馈写完成后才返回。其他读写类型由用户进行自定义 addr，读写地址 rwData，写数据。当 rwType 为 write/writeDone 时才有效 simTime，模拟的递增仿真时间
示例	int pvmID = 1 int drvVCID = 4001 int rwType int addr byte rwData int simTime = 100 rwCmd(pvmID, drvVCID, rwType, addr, rwData, simTime)

（3）rwData( )

rwData( )函数用于向验证组件返回读数据。函数原型如表 8-35 所示。

表 8-35　rwData( ) 函数原型

函数原型	int rwData(int pvmID, int drvVCID, byte rwData, int simTime)
参数	pvmID，PVM 验证平台编号 drvVCID，验证组件编号 rwData，读写返回的数据 simTime，模拟的递增仿真时间
示例	int pvmID = 1 int drvVCID = 4001 int rwType int addr byte rwData int simTime = 100 rwCmd(pvmID, drvVCID, rwType, addr, rwData, simTime) rwData(pvmID, drvVCID, rwData, simTime)

（4）rwDone( )

rwDone( )函数用于向验证组件返回写完成消息。函数原型如表 8-36 所示。

表 8-36　rwDone( ) 函数原型

函数原型	int rwDone(int pvmID, int drvVCID, int simTime)
参数	pvmID，PVM 验证平台编号 drvVCID，验证组件编号 simTime，模拟的递增仿真时间
示例	int pvmID = 1 int drvVCID = 4001 int rwType int addr byte rwData int simTime = 100 rwCmd(pvmID, drvVCID, rwType, addr, rwData, simTime) rwDone(pvmID, drvVCID, simTime)

▶▶ 8.5.5　行为级参考模型验证组件接口函数

tobrm( )函数用于将数据发送给 BRM 处理。函数原型如表 8-37 所示。

表 8-37　tobrm( ) 函数原型

函数原型	int tobrm(int pvmID, int brmVCID, int srcID, byte txPacket, int simTime)
参数	pvmID，PVM 验证平台编号 brmVCID，验证组件编号 srcID，队列编号，用于对接收数据包进行分类 txPacket，发送的数据包 simTime，模拟的递增仿真时间

（续）

示例	int pvmID = 1 int brmVCID = 5001 int srcID = 0 byte txPacket int simTime = 100 tobrm(pvmID, brmVCID, srcID, txPacket, simTime)

▶▶ 8.5.6 多功能验证组件接口函数

toutil( )函数用于将数据发送给 utilVC 验证组件处理。函数原型如表 8-38 所示。

表 8-38　toutil( )函数原型

函数原型	int toutil(int pvmID, int utilVCID, int srcID, byte txPacket, int simTime)
参数	pvmID，PVM 验证平台编号 utilVCID，验证组件编号 srcID，队列编号，用于对接收数据包进行分类 txPacket，发送的数据包 simTime，模拟的递增仿真时间
示例	int pvmID = 1 int utilVCID = 401 int srcID = 0 byte txPacket int simTime = 100 toutil(pvmID, utilVCID, srcID, txPacket, simTime)

▶▶ 8.5.7 记分牌验证组件接口函数

（1）front2mscb( )

front2mscb( )函数用于在 mScbVC 验证组件前端填入预期结果数据包。函数原型如表 8-39 所示。

表 8-39　front2mscb( )函数原型

函数原型	int front2mscb(int pvmID, int scbID, int rxQID, byte expPacket, int simTime)
参数	pvmID，PVM 验证平台编号 scbID，mScbVC 验证组件编号 rxQID，接收队列编号 expPacket，预期结果数据包 simTime，模拟的递增仿真时间
示例	int pvmID = 1 int scbID = 200 int rxQID = 2001 byte expPacket int simTime = 100 front2mscb(pvmID, scbID, rxQID, expPacket, simTime)

（2）end2mscb（）

end2mscb（）函数用于在 mScbVC 验证组件后端填入实际结果数据包。函数原型如表 8-40 所示。

表 8-40　end2mscb（）函数原型

函数原型	int end2mscb(int pvmID, int scbID, int rxQID, byte rxPacket, int simTime)
参数	pvmID，PVM 验证平台编号 scbID，mScbVC 验证组件编号 rxQID，接收队列编号 rxPacket，实际结果数据包 simTime，模拟的递增仿真时间
示例	int pvmID = 1 int scbID = 200 int rxQID = 2001 byte expPacket int simTime = 100 end2mscb(pvmID, scbID, rxQID, rxPacket, simTime)

（3）front2scb（）

front2scb（）函数用于在 snScbVC 验证组件前端填入预期结果数据包。函数原型如表 8-41 所示。

表 8-41　front2scb（）函数原型

函数原型	int front2scb(int pvmID, int scbID, int rxQID, byte expPacket, int sn, int simTime)
参数	pvmID，PVM 验证平台编号 scbID，snScbVC 验证组件编号 rxQID，接收队列编号 expPacket，预期结果数据包 sn，数据包序号 simTime，模拟的递增仿真时间
示例	int pvmID = 1 int scbID = 200 int rxQID = 2001 byte expPacket int sn = 55 int simTime = 100 front2scb(pvmID, scbID, rxQID, expPacket, sn, simTime)

（4）end2scb（）

end2scb（）函数用于在 snScbVC 验证组件后端填入实际结果数据包。函数原型如表 8-42 所示。

表 8-42　end2scb( )函数原型

函数原型	int end2scb(int pvmID, int scbID, int rxQID, byte rxPacket, int sn, int simTime)
参数	pvmID，PVM 验证平台编号 scbID，snScbVC 验证组件编号 rxQID，接收队列编号 rxPacket，实际结果数据包 sn，数据包序号 simTime，模拟的递增仿真时间
示例	int pvmID = 1 int scbID = 200 int rxQID = 2001 byte rxPacket int sn = 55 int simTime = 100 end2scb(pvmID, scbID, rxQID, rxPacket, sn, simTime)

▶▶ 8.5.8　存储器验证组件接口函数

（1）regRead( )

regRead( )函数用于读存储器验证组件。函数原型如表 8-43 所示。

表 8-43　regRead( )函数原型

函数原型	int regRead(int pvmID, int devVCID, int addr, int data, int simTime)
参数	pvmID，PVM 验证平台编号 devVCID，验证组件编号 addr，读写地址 data，读写数据 simTime，模拟的递增仿真时间
示例	int pvmID = 1 int devVCID = 5001 int addr = 0x8088 int data int simTime = 100 regRead(pvmID, devVCID, addr, data, simTime)

（2）regWrite( )

regWrite( )函数用于写存储器验证组件。函数原型如表 8-44 所示。

表 8-44　regWrite( ) 函数原型

函数原型	int regWrite(int pvmID, int devVCID, int addr, int data, int simTime)
参数	pvmID，PVM 验证平台编号 devVCID，验证组件编号 addr，读写地址 data，读写数据 simTime，模拟的递增仿真时间
示例	int pvmID = 1 int devVCID = 5001 int addr = 0x8088 int data = 0x55AA int simTime = 100 regWrite(pvmID, devVCID, addr, data, simTime)

▶▶ 8.5.9　服务验证组件接口函数

（1）svrReqOut( )

svrReqOut( )函数用于向 svrVC 验证组件申请数据包处理。如果管道满，则等待超时丢弃数据返回。如果 svrVC 验证组件异常，从 vcStatus 可以获取 svrVC 验证组件的状态。函数原型如表 8-45 所示。

表 8-45　svrReqOut( ) 函数原型

函数原型	svrReqOut(int pvmID, int svrVCID, byte reqPacket, int simTime, bool Priority)
参数	pvmID，PVM 验证平台编号 svrVCID，验证组件编号；当验证组件处于非活跃状态时，函数直接返回 reqPacket，向外申请处理的数据包 simTime，模拟的递增仿真时间 Priority，优先级。1：高优先级，插入到队列的最前面；0：普通优先级，按序排队
示例	int pvmID = 1 int svrVCID = 6001 byte reqPacket int simTime = 100 svrReqOut(pvmID, svrVCID, reqPacket, simTime, 1)

（2）svrAckIn( )

svrAckIn( )函数用于从 svrVC 验证组件获得已处理的结果数据。如果 svrVC 验证组件异常，从 vcStatus 可以获取 svrVC 验证组件的状态。如果 svrVC 验证组件中的 utube 管道为空，则直接返回空数据。函数原型如表 8-46 所示。

表 8-46　svrAckIn( ) 函数原型

函数原型	svrAckIn(int pvmID, int svrVCID, out byte ackPacket, int simTime)
参数	pvmID，PVM 验证平台编号 svrVCID，验证组件编号 ackPacket，返回的处理结果数据包；ackPacket 中数据包长度为 0，表示没有获取到结果数据 simTime，模拟的递增仿真时间
示例	int pvmID = 1 int svrVCID = 6001 byte ackPacket int simTime = 100 svrAck(pvmID, svrVCID, ackPacket, simTime)

（3）svrReqIn( )

外部 svrVC 验证组件通过 svrReqIn( ) 函数申请数据处理服务，数据包长度为 0，表示没有申请。如果 svrVC 验证组件异常，从 vcStatus 可以获取 svrVC 验证组件的状态。函数原型如表 8-47 所示。

表 8-47　svrReqIn( ) 函数原型

函数原型	svrReqIn(int pvmID, int svrVCID, out byte reqPacket, int simTime)
参数	pvmID，PVM 验证平台编号 svrVCID，验证组件编号；当验证组件处于非活跃状态时，函数直接返回 reqPacket，外部申请处理的数据包 simTime，模拟的递增仿真时间
示例	int pvmID = 1 int svrVCID = 6001 byte reqPacket int simTime = 100 svrReqIn(pvmID, svrVCID, reqPacket, simTime)

（4）svrAckOut( )

svrAckOut( ) 函数用于向 svrVC 验证组件返回结果数据，立即返回。如果 svrVC 验证组件异常，从 vcStatus 可以获取 svrVC 验证组件的状态。函数原型如表 8-48 所示。

表 8-48　svrAckOut( ) 函数原型

函数原型	svrAckOut(int pvmID, int svrVCID, byte ackPacket, int simTime, bool Priority)
参数	pvmID，PVM 验证平台编号 svrVCID，验证组件编号 ackPacket，对外返回处理结果数据包 simTime，模拟的递增仿真时间 Priority，优先级。1：高优先级，插入到队列的最前面；0：普通优先级，按序排队

（续）

示例	int pvmID = 1 int svrVCID = 6001 byte ackPacket int simTime = 100 svrAckOut(pvmID, svrVCID, ackPacket, simTime, 1)

▶▶ 8.5.10　数据处理服务函数

服务函数被服务接口函数 svrReqFunc( ) 调用。svrFunc( ) 函数属于 PVM 的成员函数，由用户实现。在进行单元测试时，可以构建简易的 Testbench，只须实现 svrFunc( ) 函数即可完成所需的测试平台功能。函数原型如表 8-49 所示。

表 8-49　svrReqFunc( ) 函数原型

函数原型	int svrReqFunc(int pvmID, int reqID, byte reqPacket, byte ackPacket, int simTime)
参数	pvmID，PVM 验证平台编号 reqID，请求编号，用于对请求数据包进行分类 reqPacket，待处理的数据包 ackPacket，处理结果数据包 simTime，模拟的递增仿真时间
示例	int pvmID = 1001 int reqID = 0 byte reqPacket byte ackPacket int simTime = 100 svrReqFunc(pvmID, reqID, reqPacket, ackPacket, simTime)

▶▶ 8.5.11　模拟仿真时间递增

simRun( ) 函数用于模拟运行一段仿真时间。函数原型如表 8-50 所示。

表 8-50　simRun( ) 函数原型

函数原型	simRun(int simTime)
参数	simTime，仿真时间递增量，单位为 ns
示例	int simTime = 100 simRun(simTime)

8.6　事件机制

前面提到，验证平台分为三层：数据业务层、数据链路层和物理信号层。除了物理信号层和时序信号互联外，一般不建议数据业务层和数据链路层受时序信号的控制，或控制时序信号。但在某些特殊验证需求的场景，又希望数据业务层和数据链路层能直接控制时序信号（如信号故障注入），或受时序信号控制（如响应硬件中断）。

一个完整的芯片验证平台，需要集成硬件、驱动软件、验证激励/分析软件等，为了方便这些软件的协同工作，特地在 PVM 中设计了事件机制，具体内容如下。

- 时钟同步：将硬件的全局时钟信号引入到验证平台中，验证组件可以处理和时钟信号相关的操作。
- 硬件中断：模拟芯片真实的场景，硬件信号可以发起硬件中断，触发驱动软件中的中断处理程序执行。
- 硬件事件：一个硬件信号变化可以触发硬件事件，验证组件可以在接收到硬件事件后执行一定的操作。
- 定时事件：仿真时间可以触发一个定时事件，验证组件可以在接收到定时事件后执行一定的操作。
- 软事件：验证组件间可以互相触发一个软事件，验证组件可以在接收到软事件后执行一定的操作。

事件机制为硬件驱动、驱动软件，以及验证组件间的同步、通信提供了方便，但需要合理使用，以免设计出过于复杂的验证系统，导致系统死锁，增加调试、缺陷定位困难。

事件机制所涉及的函数接口，都是验证组件的成员函数，也就是说，事件机制是验证组件的功能，在其他类中无法使用这些函数接口。

▶▶ 8.6.1 时钟同步

引入时钟同步机制后，验证平台可以实时跟踪仿真时间。在 $initPVM() 系统函数中指定验证平台的全局时钟信号。函数原型如表 8-51 所示。

表 8-51　$initPVM() 函数原型

函数原型	$initPVM(tc, clk)
参数	tc, string 类型, Testcase 测试用例名 clk, reg 类型, 全局时钟信号
返回值	无
示例	string tc = "tc001"; reg clk; $initPVM(tc, clk)

这样，验证组件可以调用 getSimTime() 函数实时获取当前的仿真时间。getSimTime() 函数原型如表 8-52 所示。

表 8-52 getSimTime( ) 函数原型

函数原型	int getSimTime( )
参数	无
返回值	当前的仿真时间, 单位为 ns
示例	int time = getSimTime( )

由于 PVM 的验证组件是多线程程序, 获取的仿真时间可能有 1 个时钟周期的误差。

▶▶ 8.6.2 硬件中断

在 PVM 平台中, Verilog 代码中的信号可以触发一个硬件中断 (interrupt, INT), 硬件中断可以触发驱动软件调用中断处理程序。

在 drvVC 验证组件中, 驱动软件程序为 onProcess( ) 函数, 该函数为 while 死循环函数。8 个中断处理程序为 onINT0Process( )、onINT1Process( )、…、onINT7Process( ) 函数, 这些函数是非循环函数。在没有中断时, 执行 onProcess( ) 函数, 当出现硬件中断时, onProcess( ) 函数暂停执行, 根据中断号分别调用 8 个中断处理函数。中断处理函数执行结束后, onProcess( ) 函数继续执行。

一个 drvVC 验证组件只有一个驱动主函数 onProcess( )。

8 个中断处理函数 onINT0Process( ), onINT1Process( ), …, onINT7Process( ), 分别对应 8 个硬件中断。

硬件中断信号一般为高有效, 如果持续为高, 中断处理程序会反复执行。

(1) 设置硬件中断

硬件中断和 Verilog 代码的一个 reg 信号关联, 需要用 setINT( ) 函数预先设置。硬件中断使用中断编号来进行管理, 每个 drvVC 验证组件有 8 个中断, 中断编号的取值范围为 0~7。硬件中断设置后默认使能。setINT( ) 函数原型如表 8-53 所示。建议在 drvVC 验证组件的 onPreProcess( ) 函数中设置硬件中断。

表 8-53 setINT( ) 函数原型

函数原型	setINT(int irqID, string signal, enum EDGE)
参数	irqID, 中断编号, 取值范围为 0~7 signal, reg 信号名 EDGE, 信号沿。EDGE∷POS, EDGE∷NEG, EDGE∷BOTH, EDGE∷HIGH, EDGE∷LOW
返回值	无
示例	string signal = "top.duv.intReq" setINT(1, signal1, EDGE∷HIGH)

(2) 中断使能和不使能操作

不使能中断表示不响应中断, 即使中断有触发。使用 intDisable( ) 函数不使能中断, 函数原型如表 8-54 所示。

表 8-54　intDisable( ) 函数原型

函数原型	intDisable( ) intDisable(int intID)
参数	intID，中断编号

示例	// 不使能所有的中断
	intDisable( )
	// 不使能指定的中断
	intDisable(0)
	intDisable(1)

使能中断就是恢复中断机制到正常处理状态，在调用不使能中断函数 intDisable( )之后调用。使用 intEnable( )函数使能中断。使能中断后，中断正常触发，正常响应中断。函数原型如表 8-55 所示。

表 8-55　intEnable( ) 函数原型

函数原型	intEnable( ) intEnable(int intID)
参数	intID，中断编号

示例	// 使能所有的中断
	intEnable( )
	// 使能指定的中断
	intEnable(5)

（3）查询中断并执行中断函数

使用 checkINT( )函数查询中断是否触发，如果未触发，则不做任何操作；如果已触发，则清除这次中断，执行与该中断绑定的和所在 VC 的所有回调函数。函数原型如表 8-56 所示。

表 8-56　checkINT( ) 函数原型

函数原型	bool checkINT( ) bool checkINT(int intID)
参数	intID，中断编号
返回值	有事件则返回 true，无事件发送则返回 false
示例	int intID = 5 checkINT( ) checkINT(intID)

（4）中断函数

8 个不同编号的中断，可以调用对应的中断函数，中断函数原型如表 8-57 所示。用户可以在中断函数中实现中断处理逻辑。

表 8-57　onINTnProcess( ) 函数原型

函数原型	onINT0Process( )
	onINT1Process( )
	onINT2Process( )
	onINT3Process( )
	onINT4Process( )
	onINT5Process( )
	onINT6Process( )
	onINT7Process( )
参数	无
返回值	无
示例	setINT(1 , "top.duv.intReq" , EDGE∷HIGH)
	onINT1Process( ) :
	info("Hello, this is interrupt one call.")

▶▶ 8.6.3　硬件事件

Verilog 代码中的 reg 信号变化可以触发一个硬件事件，当一个硬件事件发生时，可以调用一个处理函数。硬件事件可以使能或不使能，也可以删除事件。

（1）等待事件

使用 wait ( ) 函数定义一个硬件事件，同时等待该事件发生。该硬件事件只触发一次。函数原型如表 8-58 所示。

表 8-58　wait( )/posedge( )/negedge( )/edge( ) 函数原型

函数原型	wait(string signal, int value)	// 任意信号
	posedge(string signal)	// 单 bit 信号
	negedge(string signal)	// 单 bit 信号
	edge(string signal)	// 单 bit 信号
参数	signal，NET 网表名称	
	value，NET 网表期望值	
示例	wait("top.duv.m1.reg1" , 0b0001)	

（2）设置硬件事件

可以先单独定义一个硬件事件，再设置（绑定）硬件事件发生后的行为设置硬件事件的 setHEvent( ) 函数原型如表 8-59 所示。

硬件事件使用编号来进行管理，硬件事件编号为全局编号，范围为 1~9999。硬件事件设置后默认使能。一般建议在验证组件的 onPreProcess( ) 中设置硬件事件。

表 8-59   setHEvent( ) 函数原型

函数原型	setHEvent(int evtID, string signal, enum EDGE)
参数	evtID，硬件事件编号，编号范围为 1~9999 signal，信号名 EDGE，信号沿。EDGE∷POS, EDGE∷NEG, EDGE∷BOTH, EDGE∷VCHANGE, EDGE∷HIGH, EDGE∷LOW
示例	int evtID = 400 string signal = " top.duv.flag" hevent hdEvt = setHEvent(evtID, signal, EDGE∷POS)

（3）绑定硬件事件处理函数

绑定硬件事件触发后调用的函数@ hevent( ) 的函数原型如表 8-60 所示。一个硬件事件在同一个验证组件中，只能绑定一个回调函数。

表 8-60   @ hevent( ) 函数原型

函数原型	@ hevent(int evtID) func(byte B)
参数	evtID，硬件事件编号 func，硬件事件回调函数，带一个输入参数，类型为 byte
示例	int evtID = 400 string signal = " top.duv.flag" setHEvent(evtID, signal, EDGE∷POS) @ hevent(evtID) func(byte B)

（4）为处理函数解除硬件事件绑定

解除硬件事件绑定的函数 ~@ hevent( ) 的函数原型如表 8-61 所示。

表 8-61   ~@ hevent( ) 函数原型

函数原型	~@ hevent(int evtID)
参数	evtID，硬件事件编号
示例	int evtID = 400 string signal = " top.duv.flag" hevent hEvt = setEvent(evtID, signal, EDGE∷POS) @ hevent(evtID) func(byte B) ~@ hevent(evtID)

（5）查询硬件事件并执行回调函数

使用 checkHEvent( ) 函数查询硬件事件是否触发，如果未触发，则不做任何操作；如果已触发，则执行与该硬件事件绑定的和所在 VC 的所有回调函数。函数原型如表 8-62 所示。

表 8-62 checkHEvent( )函数原型

函数原型	bool checkHEvent( ) bool checkHEvent(int evtID)
参数	evtID，硬件事件编号
返回值	有事件则返回 true，无事件发送则返回 false
示例	int evtID = 400 string signal = "top.duv.flag" hevent hEvt = setEvent(evtID, signal, EDGE::POS) @ hevent(evtID) func(byte B) checkHEvent(evtID)

（6）等待硬件事件并执行回调函数

使用 waitHEvent( )函数等待硬件事件触发，执行与该硬件事件绑定的所有回调函数。函数原型如表 8-63 所示。

表 8-63 waitHEvent( )函数原型

函数原型	waitHEvent(int evtID)
参数	evtID，硬件事件编号
示例	int evtID = 400 string signal = "top.duv.flag" setHEvent(evtID, signal, EDGE::POS) waitHEvent(evtID)

（7）硬件事件不使能操作

不使能硬件事件表示不响应该硬件事件的所有触发。使用 hEventDisable( )函数不使能硬件事件。函数原型如表 8-64 所示。

表 8-64 hEventDisable( )函数原型

函数原型	hEventDisable( ) hEventDisable(int evtID)
参数	evtID，硬件事件编号

示例	// 不使能所有的硬件事件
	hEventDisable( )
	
	// 不使能 3 号硬件事件
	hEventDisable(3)

（8）使能硬件事件操作

使能硬件事件就是恢复硬件事件机制到正常处理状态，在调用不使能硬件事件函数 hEventDisable( )之后调用。使用 hEventEnable( )函数使能硬件事件。使能硬件事件后，硬件事件正常触发，正常调用回调函数。函数原型如表 8-65 所示。

表 8-65　hEventEnable( ) 函数原型

函数原型	hEventEnable( ) hEventEnable(int evtID) hEventEnable(int pvmID, int evtID)
参数	pvmID，PVM 编号 evtID，硬件事件编号

示例	// 使能所有的硬件事件
	hEventEnable( )
	
	// 使能 3 号硬件事件
	hEventEnable(3)
	
	// 使能 2 号 PVM 的 3 号硬件事件
	hEventEnable(2, 3)

（9）删除硬件事件

使用 hEventDelete( ) 函数删除硬件事件的定义及相关的回调函数绑定，函数原型如表 8-66 所示。

表 8-66　hEventDelete( ) 函数原型

函数原型	hEventDelete( ) hEventDelete(int evtID)
参数	evtID，硬件事件编号
示例	int evtID = 200 hEventDelete( ) hEventDelete(evtID)

▶▶ 8.6.4　定时事件

在验证组件中，有时需要和仿真时间进行同步。同步的方式有以下两种情况。

- 以当前仿真时间为准，等待一段时间后再执行其他操作，使用 wait( ) 函数来实现。
- 以当前仿真时间为准，设置一个定时回调函数，继续执行其他操作；当定时达到后，执行回调函数。设置定时回调。定时事件只会触发一次，计时到达前可以被删除。这种时间同步需要多个函数来实现：使用 timer( ) 函数设置定时，使用 @ timer( ) 函数设置回调函数，使用 checkTimer( ) 查询定时事件是否发生，使用 timerDelelt( ) 删除定时事件。

（1）等待时间

使用 wait( ) 函数，从当前仿真时间开始，等待一段仿真时间后，再执行后续程序。函数原型如表 8-67 所示。

表 8-67　wait( ) 函数原型

函数原型	wait(int time)
参数	time，延迟时间，单位为 ns
示例	wait(1000)

（2）设置定时事件

使用 timer( ) 函数设置定时事件，函数原型如表 8-68 所示。定时事件使用编号来进行管理，为全局编号，编号范围为 1~9999。定时事件设置后默认使能。

表 8-68　timer( ) 函数原型

函数原型	timer(int timerID, int time)
参数	timerID，定时事件编号，编号范围为 1~9999 time，延迟时间，单位为 ns
示例	int timerID = 10 timer(timerID, 1000)

（3）设置定时事件和回调函数

使用 @ timer( ) 函数绑定定时事件触发后需要调用的回调函数，函数原型如表 8-69 所示。一个定时事件只能绑定一个回调函数。

表 8-69　@ timer( ) 函数原型

函数原型	@ timer(int timerID) func(byte B)
参数	pvmID，PVM 编号 timerID，定时事件编号 func，定时事件回调函数，带一个输入参数，类型为 byte
示例	int timerID = 400 @ timer(timerID) func(byte B)

（4）查询定时事件并执行回调函数

使用 checkTimer( ) 函数查询定时事件是否触发，如果未触发，则不做任何操作；如果已触发，则清除这次定时事件，执行与该定时事件绑定的和所在 VC 的所有回调函数。函数原型如表 8-70 所示。

表 8-70　checkTimer( ) 函数原型

函数原型	checkTimer( ) bool checkTimer(int timerID)
参数	timerID，定时事件编号
返回值	有事件则返回 true，无事件发送则返回 false
示例	int timerID = 400 timer(timerID, 100) @ timer(timerID) func(byte B) checkTimer(timerID)

（5）删除定时事件

使用 timerDelete( ) 函数删除定时事件的定义及相关的回调函数绑定。函数原型如表 8-71 所示。

表 8-71　timerDelete( ) 函数原型

函数原型	timerDelete( ) timerDelete(int timerID)
参数	timerID，定时事件编号
示例	int timerID = 400 timer(timerID, 100) @ timer(timerID) func(byte B) timerDelete( ) timerDelete(timerID)

▶▶ 8.6.5　软事件

软事件用于验证组件间进行同步和通信。

（1）设置软事件

软事件使用编号来进行管理，软事件编号为 1~9999。软事件编号由系统自动分配。软事件设置后默认使能。函数原型如表 8-72 所示。

表 8-72　setEvent( ) 函数原型

函数原型	int setEvent( ) int addEvent(event evt)
参数	evt，软事件对象
返回值	int 类型，返回软事件编号
示例	int evtID evtID = setEvent( ) event evt evtID = addEvent(evt)

（2）绑定软事件回调函数

使用@ event( ) 函数绑定软事件触发后需要调用的回调函数。函数原型如表 8-73 所示。一个软事件可以绑定多个回调函数。

表 8-73　@ event( ) 函数原型

函数原型	@ event(int evtID) func(byte B)
参数	evtID，软事件编号 func，软事件回调函数，带一个输入参数，类型为 byte
示例	int evtID = 400 @ event(evtID) func(byte B)

（3）为处理函数解除软事件绑定

使用~@ event( ) 函数解除软事件绑定，函数原型如表 8-74 所示。

表 8-74　~@ event( ) 函数原型

函数原型	~@ event(int evtID) func(byte B)
参数	evtID，软事件编号 func，软事件回调函数，带一个输入参数，类型为 byte
示例	int evtID = 400 @ event(evtID) func(byte B) ~@ event(evtID)

（4）查询软事件并执行回调函数

使用 checkEvent( )函数查询软事件是否触发，如果未触发，则不做任何操作；如果已触发，则清除这次软事件，执行与该软事件绑定的和所在 VC 的所有回调函数。函数原型如表 8-75 所示。

表 8-75　checkEvent( ) 函数原型

函数原型	bool checkEvent( ) bool checkEvent(int evtID)
参数	evtID，软事件编号
返回值	有事件则返回 true，无事件发送则返回 false
示例	int evtID = 400 @ event(evtID) func(byte B) checkEvent(evtID)

（5）等待软事件并执行回调函数

使用 waitEvent( )函数等待软事件触发，清除这次软事件，执行与该软事件绑定的和所在 VC 的所有回调函数。函数原型如表 8-76 所示。

表 8-76　waitEvent( ) 函数原型

函数原型	waitEvent(int evtID) waitEvent(int pvmID, int evtID)
参数	pvmID，PVM 编号 evtID，软事件编号
示例	int evtID = 400 @ event(evtID) func(byte B) waitEvent(evtID)

（6）不使能软事件操作

不使能软事件表示不响应中断，即使软事件有触发。使用 eventDisable( )函数不使能中断。函数原型如表 8-77 所示。

表 8-77　eventDisable( ) 函数原型

函数原型	eventDisable( ) eventDisable(int evtID)
参数	evtID，软事件编号

（续）

示例	// 不使能所有的软事件
	eventDisable( )
	
	// 不使能 3 号软事件
	eventDisable(3)

（7）使能软事件操作

使能软事件就是恢复软事件机制到正常处理状态，在调用不使能软事件函数 eventDisable( ) 之后调用。使用 eventEnable( ) 函数使能软事件。使能软事件后，软事件正常触发，正常调用回调函数。函数原型如表 8-78 所示。

表 8-78   eventEnable( ) 函数原型

函数原型	eventEnable( ) eventEnable(int evtID)
参数	evtID，软事件编号

示例	// 使能所有的软事件
	eventEnable( )
	
	// 使能 3 号软事件
	eventEnable(3)

（8）删除软事件

使用 eventDelete( ) 函数删除软事件的定义及相关的回调函数绑定。函数原型如表 8-79 所示。

表 8-79   eventDelete( ) 函数原型

函数原型	eventDelete( ) eventDelete(int evtID)
参数	evtID，软事件编号
示例	int evtID = 200 eventDelete( ) eventDelete(evtID)

（9）触发软事件

软事件需要调用触发函数 emitEvent( ) 来触发。函数原型如表 8-80 所示。

表 8-80   emitEvent( ) 函数原型

函数原型	emitEvent(int evtID, byte parameter)
参数	evtID，软事件编号 parameter，传递给软事件回调函数的参数
示例	int evtID = 100 byte B = 0x7812 emitEvent(evtID, B)

第9章

▶▶▶▶▶▶

验证组件设计指南

在设计 PVM 验证平台时，主要的工作是设计、实现各种验证组件。本章先介绍各种类型的验证组件，随后分别介绍各种验证组件的设计方法。

9.1 验证组件简介

验证平台由不同的验证组件组成，验证组件间通过 tube 管道和函数接口进行数据交互。本节简要介绍验证组件的类型、执行阶段和公共特性。

▶▶ 9.1.1 验证组件类型

验证组件是实现特定功能的验证模块，继承于公共的基类 vc，vc 又继承于 flowctrl。基类 flowctrl 定义了验证组件的执行阶段。验证组件继承关系如图 9-1 所示。

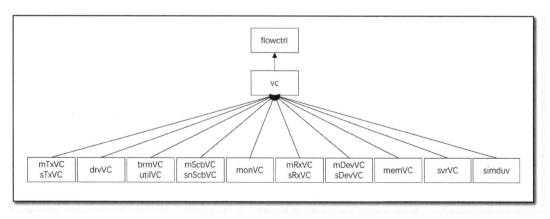

● 图 9-1 验证组件继承关系图

目前有 15 种类型的验证组件，验证组件汇总图如图 9-2 所示。每种验证组件集成了特定类型的 tube 通信管道。tube 管道有存放数据的队列，数据有流动方向。每种验证组件都有适用的应用场景，用户可以根据需要选择使用。根据验证业务发展需要，新的验证组件会陆续开发出来。

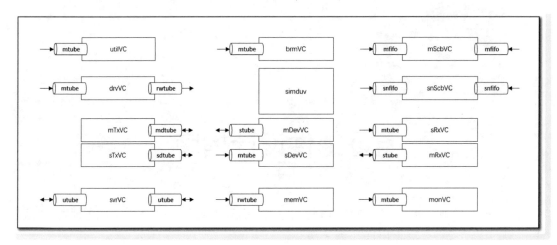

●图 9-2　验证组件汇总图

每种验证组件都带有各自特定的 tube 管道，目前有 8 种类型的 tube 管道。完整的验证组件清单参见：表 8-1 PVM 验证组件列表。

▶▶ 9.1.2 验证组件执行阶段

在 PVM 平台中，所有的验证组件都有自己独立的线程，可以分布在不同的 CPU 核上执行，至于具体会执行在哪个 CPU 核上，由操作系统根据服务器当时的负载情况进行动态调度，确保充分利用服务器 CPU 核的运算资源。

PVM 验证平台有 9 个阶段执行阶段，参见：图 8-14 PVM 运行阶段划分示意图。其中验证组件有以下 6 个执行阶段，对应 12 个执行函数。带"on"前缀的函数由用户实现，不带"on"前缀的函数由系统实现。

1）start( )/onStart( )。

2）preRun( )/onPreRun( )。

3）preProcess( )/onPreProcess( )。

4）process( )/onProcess( )。

5）postProcess( )/onPostProcess( )。

6）postRun( )/onPostRun( )。

不是每个函数都需要有具体的实现，设置这么多阶段只是为了扩展方便，以便在合适的时间添加业务逻辑。验证组件的核心业务逻辑都在以下三个函数中实现。

1）onPreProcess( )：前置执行函数。

2）onProcess( )：主函数。

3）onPostProcess( )：后置执行函数。

onProcess( )主函数完成验证组件的主要功能。该函数一般是 while 死循环函数，一直执行。也可以使用 break/return 等退出循环而结束执行。

onPreProcess( )前置执行函数是在执行 onProcess( )主函数之前被调用执行的函数，执行一些初始化工作，比如功能覆盖率定义、寄存器配置等。也可以是空函数，什么也不做。前置执行函数不能是死循环函数。

onPostProcess( )后置执行函数是在 onProcess( )主函数执行结束后被调用执行的函数，可以执行一些收尾工作，比如功能覆盖率统计等。也可以是空函数，什么也不做。后置执行函数不能是死循环函数。

▶▶ 9.1.3　pvmID 和 vcID

DUV 接口 BFM/MON 通过验证组件编号 vcID 和对应的验证组件进行通信。只要做到 vcID 编号全局唯一即可正确无误地进行通信。考虑到模块级 PVM 验证平台可以进行集成到系统级 PVM 验证平台，为方便集成重用，每个 PVM 验证平台也使用验证平台编号 pvmID 来进行区分。这样，验证组件编号由 pvmID 和 vcID 两部分组成。在此推荐的编号方式如下。

- pvmID 取值范围：[1:9999]。
- vcID 取值范围：[1:9999]。
- 验证组件的全局编号为：pvmID * 10000 + vcID。

在搭建 PVM 验证平台时，需要为每个 PVM 指定一个全局唯一的 pvmID；在 PVM 内，为每个 VC 验证组件指定一个局部唯一的 vcID。

```
// 模块级验证平台
class cM1TB of pvm:
    cTx1VC oTx1(1001)
    cRx1VC oRx1(2001)
    cDrvVC oDrv(4001)
    cDevVC oDev(5001)
    cBrmVC oBrm(100)
    cmscbVC oMscb(201, [2001])

cM1TB oM1TB(100)

// 系统级验证平台,集成了模块级验证平台
class cSoCTB of pvm:
    cTx1VC oTx1(1001)
    cRx1VC oRx1(2001)
    cDrvVC oDrv(4001)
    cDevVC oDev(5001)
    cBrmVC oBrm(100)
    cmscbVC oMscb(201, [2001])

cSoCTB oSoCTB(1000)
```

上述示例中，模块级验证平台 oM1TB 和系统级验证平台 oSoCTB 都有 5 个验证组件，且验证组件

编号 vcID 重复；但前者的 pvmID 为 100，后者的 pvmID 为 1000。故实际的 vcID 编号是全局唯一的。

为了方便管理和识别，按验证组件类型不同，对 vcID 进行分类编号，推荐的编码规则如下。

1）发送验证组件 mTxVC/sTxVC 编号：[1001：1999]。

2）接收验证组件 mRxVC/sRxVC 编号：[2001：2999]。

3）数据检测验证组件 monVC 编号：[3001：3999]。

4）驱动验证组件 drvVC 编号：[4001：4999]。

5）设备验证组件 devVC 编号：[5001：5999]。

6）服务验证组件 svrVC 编号：[6001：6999]。

7）行为级参考模型验证组件 brmVC 编号：[100：199]。

8）记分牌验证组件 scbVC 编号：[200：299]。

9）其他类型验证组件编号：[300：399]。

▶▶ 9.1.4 验证组件对象容器

在 pvm、vc、packet 类型的对象中，包含 cover 类型的 rlist 容器；在 vc 类型的对象中，包含 packet 类型的 rlist 容器，如图 9-3 所示。

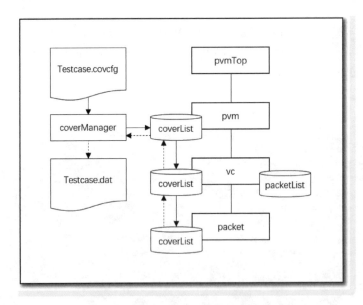

● 图 9-3 验证组件对象容器分布图

- cover 类对象容器。rlist<cover> coverList：功能覆盖率定义或随机激励约束。验证组件还有一项功能就是进行功能覆盖率的数据收集和随机激励数据产生，功能覆盖率定义和随机约束由 Testcase 来定义，其定义需要保存到 vc 验证组件中。

在 vc 基类中，有一个成员变量 rlist<cover> coverList，用于保存 Testcase 定义的功能覆盖率和随机约束信息。当 Testcase 执行完成后，收集到的功能覆盖率数据要保存到相应的文件中。

coverManager 对象从 Testcase.covcfg 配置文件中获取功能覆盖率和随机激励约束数据，按 PVM—VC—packet 架构层次依次分配到对应的 coverList 容器中。当 Testcase 执行结束后，coverManager 又将结果数据收集整理，保存到 Testcase.dat 文件中。

- packet 类对象容器。rlist<packet> packetList：数据包产生器或分析器。验证组件主要实现多线程执行、验证组件间交换数据，数据激励产生、数据处理都交给 packet 类及其子类来完成。在 vc 基类中，有一个成员变量 rlist<packet> packetList，该列表容器存放 packet 类及其子类的对象。在 mTxVC/sTxVC 发送验证组件中，使用 packetList 中的对象产生激励。

▶▶ 9.1.5　验证组件循环执行

PVM 的主题架构是多线程多核执行，每个验证组件都在独立线程执行，即在 onProcess( ) 函数中执行，其执行过程为一个 while 死循环（称之为验证组件 while 循环，以区别于其他 while 循环。后续提到验证组件 while 循环，就是特指验证组件 onProcess( ) 函数体内的第一层 while 循环），这样才能保证线程一直在执行。用户在实现 onProcess( ) 函数体时，需要注意如下几点。

1）**验证组件 while 循环表达式**：ready( ) 函数表达式。

推荐的 while 表达式为 ready( ) 函数。ready( ) 函数表示 PVM 平台初始化已经完成，验证组件具备了执行的条件。

```
onProcess():
    while ready() :
        blank

onProcess():
    while true :
        blank
```

用户也可以使用 true 或其他的表达式作为 while 的表达式，这不能保证 PVM 平台初始化完成，或其他条件已具备，该验证组件可能无法和其他验证组件配合实现预期的功能。

所以，强烈建议使用 ready( ) 作为 while 表达式。

2）**验证组件 while 循环退出**：break、return、exitPVM( )。

使用 break、return 可以退出验证组件 while 循环，这样 onProcess( ) 函数也会退出，验证组件线程也就结束了，表示该验证组件的工作已完成，该验证组件不再执行。

在 while 循环中调用 exitPVM( ) 函数，表示 PVM 验证平台整体退出，所有验证组件线程退出执行，但并不退出仿真进程。

3）**验证组件 while 循环耗费 CPU 资源问题**。

通常情况下，验证组件与其他验证组件和仿真线程配合，通过 tube 管道来交换数据完成工作。tube 管道内的数据个数决定验证组件是否需要等待，即验证组件线程会进入休眠状态等待，这样可以保证验证组件线程不会耗费大量的 CPU 资源。

如果在验证组件 while 循环中没有使用到相关的 tube 管道，即没有使用到 tube 管道的等待机制，while 循环就会耗费大量的 CPU 资源（CPU 占用率会大幅升高）。为避免这种情况发生，用户可以显式地在 while 循环中调用 sleep( )、msleep( )、usleep( )函数进行休眠，以节省 CPU 资源。

▶▶ 9.1.6　tube 管道容量设置

tube 管道容量分为两种，一种的容量只有 1 个，不能修改大小。另一种容量为多个，默认为 16 384 个，可以修改大小。

（1）单容量管道

图 9-4 是单容量管道示意图。

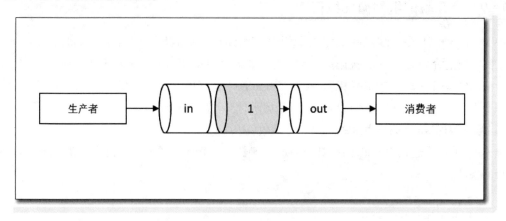

● 图 9-4　单容量管道示意图

当 tube 管道的容量为 1 时，生产者生产 1 个，消费者消费 1 个。生产者生产的速度和消费者消费的速度差异决定 tube 管道的空满情况。有如下四种情况：（两种速度完全相等属于极端情况，发生概率很低）

1）生产者生产速度 > 消费者消费速度。
2）生产者生产速度 < 消费者消费速度。
3）生产者生产速度和消费者消费速度忽大忽小。
4）生产者生产速度 = 消费者消费速度。

第 3 种情况包含了第 1、2 种情况，是一种常态情况。这样对生产者而言，一方面因为生产速度快，会进入等待状态；另一方面因为生产速度慢，而导致消费者无法正常消费数据。这时消费者有两种选择：一是等待，二是得到空数据返回，下次再来取数据。

对于快速的生产者，当 tube 管道容量满时，只需要选择等待即可。

在 PVM 平台中，为了提升仿真效率，一般不让 DUV 进入等待状态，不管 DUV 是生产者还是消费者。

单容量管道的容量不能更改，即不能调用 setSize( )函数改变管道的容量。

（2）多容量管道 mdtube/sdtube

图 9-5 是多容量管道示意图。

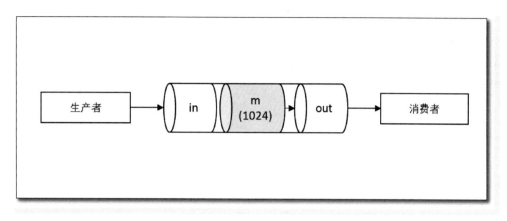

● 图 9-5　多容量管道示意图

当 tube 管道的容量为多个（默认设置 16 384 个）时，生产者的生产速度可以大于消费者的消费速度。同样，生产者生产速度和消费者消费速度的差异决定 tube 管道的空满情况。有如下四种情况：

1）生产者生产速度 > 消费者消费速度：生产者可以连续生产多个数据放到 tube 管道中，直到 tube 管道满，再进入等待状态。

2）生产者生产速度 < 消费者消费速度。

3）生产者生产速度和消费者消费速度忽大忽小。

4）生产者生产速度 = 消费者消费速度。

第 3 种情况包含了第 1、2 种情况，是一种常态情况。这时消费者有两种选择：一是等待，二是得到空数据返回，下次再来取数据。

使用到多容量的 tube 管道的验证组件类型，mdtube/sdtube 管道里的广播队列可以存放多个数据，会出现空满状态，处理规则如表 9-1 所示。

表 9-1　多容量管道 mdtube/sdtube 空满处理规则

生 产 者	消 费 者
任何 VC：tube 满，等待	BFM：空，返回空数据

在 PVM 平台中，为了提升仿真效率，一般不让 DUV 进入等待状态，不管 DUV 是生产者还是消费者。

当多容量管道的容量可能不够时，可以调用 setSize( ) 函数增加容量。

（3）多容量管道 mtube

对于使用 mtube 管道的场景，当管道在满状态和空状态时，其两端的生产者和消费者行为如表 9-2 所示。

表 9-2　多容量管道 mtube 空满处理规则

生　产　者	消　费　者
mTxVC/sTxVC：tube 满等待	brmVC：tube 空等待
monVC：tube 满等待	brmVC：tube 空等待
mRxVC/sRxVC：tube 满等待	brmVC：tube 空等待
其他 VC：tube 满等待	brmVC：tube 空等待
BFM：tube 满告警，丢弃数据返回	mRxVC/sRxVC：tube 空等待
BFM：tube 满告警，丢弃数据返回	monVC：tube 空等待

在 PVM 平台中，为了提升仿真效率，一般不让 DUV 进入等待状态，不管 DUV 是生产者还是消费者。当多容量管道的容量可能不够时，可以调用 setSize() 函数增加容量。

9.2　packet 数据包类

在芯片验证的发展历史中，早期产生激励的激励是 vector 向量，vector 向量和芯片的输入输出信号直接对应，和芯片的接口时序直接相关。vector 向量激励是排列整齐的 01ZX 数据，可读性差，和具体的接口时序直接相关，构造起来也非常烦琐。

随着芯片规模越来越大，使用 vector 向量作为芯片激励的方式越来越行不通，于是 TLM（Transaction Level Modeling）被发明出来。其本质是对 vector 向量进行更高层次的抽象，将激励理解为 packet 数据包，与具体的芯片时序接口无关。比如使用 CPU 读写指令将同一个数据包保存到存储器，通过 AHB 总线接口发送出去和通过 AXI 总线接口发送出去，其 vector 向量会有很大的差异，这是因为 AHB 总线接口和 AXI 总线接口的时序差异造成的。

为了解决这种时序差异，引入了 BFM（Bus Function Model，总线功能模型）的概念。BFM 专门用于处理接口时序差异，其输入是较高层次的数据包，输出是和 DUV 可用的和接口时序相关的 vector 向量。图 9-6 是 PLM 数据包建模示意图，虚线框部分是 vector 向量。

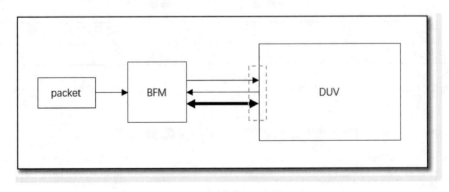

● 图 9-6　PLM 数据包建模示意图

以上就是 TLM 的机制，其核心就是进行了一次转换（Transaction），通过 BFM 将 packet 数据包转换为 vector 向量激励，借助 BFM 将激励产生从 vector 提升到更高的 packet 层次。

TLM（Transaction Level Modeling）一般被翻译为"事务级建模"，是典型的中文直译，将 transaction 直译成"事务"不是很恰当，意思不明确，难以理解。从中文理解的角度，我将 TLM 修改为 PLM（Packet Level Modeling，数据包级建模），可以更好地理解 TLM 的内涵。与此相对，可以把过去产生 vector 向量的方式命名为 VLM（Vector Level Modeling，向量级建模）。

基于以上分析，我们把 PVM 支持 PLM 的实现机制命名为 packet 机制。

▶▶ 9.2.1　packet 类设计需求

packet 类主要用于构造数据包激励或其他需要处理数据包的场景，比如参考模型和结果数据分析。packet 类对象使用示意图如图 9-7 所示。

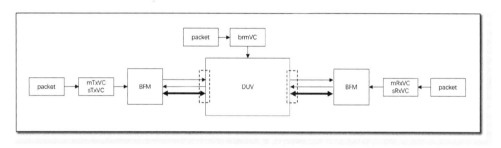

● 图 9-7　packet 类对象使用示意图

packet 类用于构造激励数据包激励时，往往和 mTxVC/sTxVC 验证组件一同工作。packet 类不是 PVM 的验证组件，也不是验证组件的一部分，但被验证组件所使用。

packet 独立于验证组件，其目的是为了 packet 类可以被最大限度地重用，可以用于任何验证组件中。图 9-7 显示了 PVM 平台架构中 packet 的位置，packet 被发送验证组件 mTxVC/sTxVC 调用/调度，作为整体数据包再由 BFM 转换为 vector 向量，施加到 DUV 上。

packet 类的一个重要特征就是要支持重用，为此，packet 类需要支持如下特性。

- packet 类作为基类，供其他类进行继承。
- 可以动态创建 packet 类及其子类的对象，及支持 factory 工厂模式。
- packet 基类可以定义不同位宽的数据域。
- 数据域位宽可以是固定的，也可以是变化的。
- 数据域可以拼接成 byte 类型的数据，也可以从 byte 数据解包成各个数据域。

▶▶ 9.2.2　packet 类设计

由于 packet 类的输出和输入都是 byte 对象，可以直接使用"5.2 byte 数据结构设计"中的 byte 数据类型，并借助"5.1 bit 数据结构设计"中的 bit 数据类型进行位操作，来实现含有不同位宽数据域的数据包的产生。这种方式的优势在于不需要对数据域进行拼包、解包操作。

本节介绍的 packet 类设计，是采用 5 种基本数据结构 int、uint、bit、byte 来组装数据包。下面以 PCIe 数据包为例来设计用户的 packet 类。PCIe 数据包格式如图 9-8 所示。

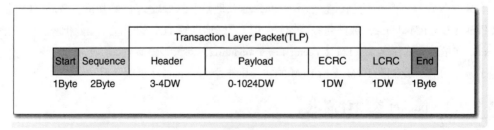

● 图 9-8　PCIe 数据包格式

PCIe 数据包由 TLP 数据包嵌套而成，下面分别定义两个 packet 类：tlp 和 pcie，其中 pcie 嵌套 tlp。

```
class tlp of packet: factory
    bit h0 = {
        Fmt : 3
        Type : 5
        r1: 1
        TC: 3
        r2: 1
        attr1: 1
        r3 : 1
        TH : 1
        TD : 1
        EP : 1
        attr2 : 2
        AT : 2
        Length : 10
    }
    byte B4_7(3)
    bit lstDWBE(4)
    bit fstDWBE(4)
    byte B8_11(4)
    byte B12_15(4)
    byte pload
    byte ECRC(4)

    int pLen      // 0-1024

    onConfig():
        setField(h0, PVM_ALL_ON)
        setField(B4_7, PVM_ALL_ON)
        setField(lstDWBE, PVM_ALL_ON)
```

```
        setField(fstDWBE, PVM_ALL_ON)
        setField(B8_11, PVM_ALL_ON)
        if h0.Fmt == 0b001 || h0.Fmt == 0b011:
            setField(B12_15, PVM_ALL_ON)
            setVField(pload, PVM_ALL_ON, pLen* 4* 8)
            setField(ECRC, PVM_ALL_ON)
class pcie of packet:
    byte Start(1)
    byte Sequence(2)
    tlp tlpPkt
    byte LCRC(4)
    byte End(1)

    onConfig():
        setField(Start, PVM_ALL_ON)
        setField(Sequence, PVM_ALL_ON)
        setPacket(tlpPkt)
        setField(LCRC, PVM_ALL_ON)
        setField(End, PVM_ALL_ON)
```

其中使用了 4 个函数。

- onConfig()：用于配置打包、解包的顺序，按代码顺序进行打包和解包，可以使用条件语句。
- setField()：设置固定位宽数据域的打包、解包行为。
- setVField()：设置可变位宽数据域的打包、解包行为。第三个可选参数控制可变域的位宽，单位为 bit。
- setPacket()：打包内嵌数据包。

setField()、setVField()函数的第一个参数为 packet 子类的成员变量，第二个配置参数定义如表 9-3 所示。

表 9-3　配置参数定义

参　　数	取　　值	说　　明
PVM_ALL_ON	0b11	参与比较、打包、解包
PVM_COMPARE	0b01	参与比较
PVM_PACK	0b10	参与打包、解包

setField()、setVField()、setPacket()函数的调用顺序，决定了打包、解包顺序。

9.3　验证组件接口函数

每个验证组件都有相应的接口函数和其他验证组件进行交换数据，这些接口函数通过自身的 tube 管道和其他验证组件交换数据。

▶▶ 9.3.1　验证组件接口函数总表

各种验证组件的接口函数如表 9-4 所示。

表 9-4　验证组件接口函数总表

序号	验证组件	验证组件接口函数	函 数 原 型
1	vc	setSize( )	setSize(int size)
2		pktSn( )	int pktSn( )
3		getPVMID( )	int getPVMID( )
4		getVCID( )	int getVCID( )
5		isCfgDone( )	bool isCfgDone( )
6		isCascade( )	bool isCascade( )
7		getSimTime( )	int getSimTime( )
8		bdRead( )	int bdRead(string name , out bit regData) int bdRead(list<string> names , out list<bit> regData)
9		bdWrite( )	int bdWrite(string name , bit regData) int bdWrite(list<string> names , list<bit> regData)
10	sTxVC	getTxStatus( )	int getTxStatus （out int txStatus)
11	mTxVC/sTxVC	toduv( )	int toduv(byte txPacket , int bfmStatus) int toduv(byte txPacket , int bfmStatus, bool waitDone) int toduv(bool Priority , byte txPacket , int bfmStatus) int toduv(bool Priority , byte txPacket , int bfmStatus, bool waitDone)
12		brd2duv( )	int brd2duv(byte txPacket) int brd2duv(bool Priority , byte txPacket)
13		txEnd( )	int txEnd( )
14	mRxVC/sRxVC/monVC/ mDevVC/sDevVC	rcvPkt( )	int rcvPkt(int srcID , byte rxPacket)
15	mRxVC/mDevVC	rxStatus( )	int rxStatus(bit rxStatus)
16	drvVC	regRead( )	int regRead(int addr , bit data)
17		regWrite( )	int regWrite(int addr , bit data)
18		regWriteDone( )	int regWriteDone(int addr , bit data)
19		int cfgDone( )	int cfgDone( )
20	brmVC/utilVC/drvVC	getPkt( )	int getPkt(int srcID , byte txPacket)
21	mScbVC/snScbVC	onCompare( )	onCompare(int queueID , byte expPacket , byte actPacket) onCompare(int queueID , int sn , byte expPacket , byte actPacket)
22		show( )	show(bool detail)

（续）

序号	验证组件	验证组件接口函数	函 数 原 型
23	memVC	rwCmd( )	int rwCmd(int rwType, int addr, byte rwData)
24		rwData( )	int rwData(byte rwData)
25	svrVC	svrReqIn( )	int svrReqIn(byte reqPacket)
26		svrAckOut( )	int svrAckOut(byte ackPacket, bool priority)
27		svrReqOut( )	int svrReqOut(byte reqPacket, bool priority)
28		svrAckIn( )	int svrAckIn(byte ackPacket)
29	PVM	svrFunc( )	int svrFunc(int reqID, byte reqPacket, byte ackPacket)
30		tcFailed( )	tcFailed( )

验证组件接口函数中，大部分 int 类型的返回值定义和 DPI 接口函数的返回值定义相同，参见：
表 8-3 DPI 接口函数返回值列表。

▶▶ 9.3.2 验证组件通用接口函数

（1） setSize( )

使用 setSize( ) 函数设置 tube 管道队列容量大小。函数原型如表 9-5 所示。

表 9-5 setSize( ) 函数原型

函数原型	setSize(int size)
参数	size，设置数据包缓存容量，默认为 16 384
返回值	无
示例	setSize(100)

（2） pktSn( )

使用 pktSn( ) 函数获取数据包全局序列号，初始值为 0，取到的第一个序列号为 1。函数原型如
表 9-6 所示。

表 9-6 pktSn( ) 函数原型

函数原型	int pktSn( )
参数	无
返回值	全局序列号，从 0 开始递增，最大值为 $2^{31}-1=2\ 147\ 483\ 647$，达到最大值后变为 0
示例	int sn = pktSn( )

（3） getPVMID( )

使用 getPVMID( ) 函数获取当前的 pvmID 编号。函数原型如表 9-7 所示。

表 9-7　getPVMID( ) 函数原型

函数原型	int getPVMID( )
参数	无
返回值	pvmID 编号
示例	int pvmID = getPVMID( )

（4）getVCID( )

使用 getVCID( )函数获取当前的 vcID 编号。函数原型如表 9-8 所示。

表 9-8　getVCID( ) 函数原型

函数原型	int getVCID( )
参数	无
返回值	vcID 编号
示例	int vcID = getVCID( )

（5）isCfgDone( )

使用 isCfgDone( )函数判断 DUV 寄存器配置是否完成。函数原型如表 9-9 所示。

表 9-9　isCfgDone( ) 函数原型

函数原型	bool isCfgDone( )
参数	无
返回值	true/false
示例	bool flag = isCfgDone( )

（6）isCascade( )

使用 isCascade( )函数查询是否有多个 PVM 同时运行。函数原型如表 9-10 所示。

表 9-10　isCascade( ) 函数原型

函数原型	bool isCascade( )
参数	无
返回值	bool 类型，有 2 个以上的 PVM 同时运行时返回 true，否则返回 false
示例	bool flag = isCascade( )

（7）getSimTime( )

使用 getSimTime( )函数获取当前仿真时间。函数原型如表 9-11 所示。

表 9-11　getSimTime( ) 函数原型

函数原型	int getSimTime( )
参数	无
返回值	当前仿真时间，单位为 ps
示例	int simTime = getSimTime( )

（8）bdRead( )

bdRead( ) 为后门读函数，函数原型如表 9-12 所示。

表 9-12　bdRead( ) 函数原型

函数原型	int bdRead(string name, out bit regData) int bdRead(list<string> names, out list<bit> regData)
参数	name，net 网表名称 names，net 网表名称列表 regData，读出的数据或数据列表
返回值	int 类型，参见：表 8-3 DPI 接口函数返回值列表
示例	string name = "top.duv.m1.reg" bit r1 bdRead(name, r1)

（9）bdWrite( )

bdWrite( ) 为后门写函数，函数原型如表 9-13 所示。

表 9-13　bdWrite( ) 函数原型

函数原型	int bdWrite(string name, bit regData) int bdWrite(list<string> names, list<bit> regData)
参数	name，net 网表名称 names，net 网表名称列表 regData，写数据，或写数据列表
返回值	int 类型，参见：表 8-3 DPI 接口函数返回值列表
示例	string name = "top.duv.m1.reg" bit r1 = 0x55 bdWrite(name, r1)

▶▶ 9.3.3　发送验证组件接口函数

发送验证组件包括 mTxVC 和 sTxVC 验证组件。

（1）getTxStatus( )

从发送验证组件 sTxVC 使用 getTxStatus( ) 函数获取发送 BFM 的状态。函数原型如表 9-14 所示。

表 9-14 getTxStatus( )函数原型

函数原型	int getTxStatus(out int txStatus)
参数	txStatus，获取的状态数据
返回值	int 类型，参见：表 8-3 DPI 接口函数返回值列表
示例	int txStatus getTxStatus(txStatus)

（2）toduv( )

使用 toduv( )函数发送数据包给 DUV。函数原型如表 9-15 所示。

表 9-15 toduv( )函数原型

函数原型	int toduv(byte txPacket，byte txFeedback) int toduv(byte txPacket，byte txFeedback，bool waitDone) int toduv(bool Priority，byte txPacket，byte txFeedback) int toduv(bool Priority，byte txPacket，byte txFeedback，bool waitDone)
参数	txPacket，发送的数据包 txFeedback，发送端口 BFM 反馈的数据包 waitDone，是否等待 BFM 完成数据包发送结束 Priority，是否高优先级发送数据
返回值	int 类型，参见：表 8-3 DPI 接口函数返回值列表
示例	byte txPacket(1024) = 0xAA55 byte txFeedback toduv(txPacket，txFeedback)

（3）brd2duv( )

使用 brd2duv( )函数以广播方式向 DUV 发送数据包。函数原型如表 9-16 所示。

表 9-16 brd2duv( )函数原型

函数原型	int brd2duv(byte txPacket) int brd2duv(bool Priority，byte txPacket)
参数	txPacket，发送的广播数据包 Priority，是否高优先级发送数据
返回值	int 类型，参见：表 8-3 DPI 接口函数返回值列表
示例	byte txPacket(1024) = 0xAA55 brd2duv(txPacket) brd2duv(true，txPacket)

（4）txEnd( )

使用 txEnd( )函数向激励 BFM 发送激励数据包已发送完毕信号。函数原型如表 9-17 所示。

表 9-17　txEnd( ) 函数原型

函数原型	int txEnd( )
参数	无
返回值	int 类型，参见：表 8-3 DPI 接口函数返回值列表
示例	txEnd( )

9.3.4　接收验证组件接口函数

接收验证组件包括 mRxVC、sRxVC、monVC、mDevVC、sDevVC。

（1）rxStatus( )

rxStatus( ) 函数用于向 BFM 发送状态信息。函数原型如表 9-18 所示。

表 9-18　rxStatus( ) 函数原型

函数原型	int rxStatus(bit rxStatus)
参数	rxStatus，向 BFM 传递的状态信息
返回值	int 类型，参见：表 8-3 DPI 接口函数返回值列表
示例	bit rxStatus(32) = 0xFFFF rxStatus(rxStatus)

（2）rcvPkt( )

rcvPkt( ) 函数用于从 BFM 接收数据包。函数原型如表 9-19 所示。

表 9-19　rcvPkt( ) 函数原型

函数原型	int rcvPkt(int srcID, byte rxPacket)
参数	srcID，数据队列编号，用于区分数据通道分类 rxPacket，从 BFM 接收的数据包
返回值	int 类型，参见：表 8-3 DPI 接口函数返回值列表
示例	int srcID = 0 byte rxPacket rcvPkt(srcID, rxPacket)

9.3.5　驱动验证组件接口函数

驱动验证组件接口函数用于寄存器的前门读写。

（1）regRead( )

寄存器前门读函数 regRead( ) 的函数原型如表 9-20 所示。

表 9-20　regRead( ) 函数原型

函数原型	int regRead(int addr, bit data)
参数	addr，读地址 data，读出的数据
返回值	int 类型，参见：表 8-3 DPI 接口函数返回值列表
示例	int addr = 0x8088 bit data regRead(addr, data)

（2）regWrite( )

寄存器前门写函数 regWrite( ) 的函数原型如表 9-21 所示。

表 9-21　regWrite( ) 函数原型

函数原型	int regWrite(int addr, bit data)
参数	addr，写地址 data，写数据
返回值	int 类型，参见：表 8-3 DPI 接口函数返回值列表
示例	int addr = 0x8088 bit data = 0x55AA regWrite(addr, data)

（3）regWriteDone( )

寄存器前门写完成函数 regWriteDone( ) 的函数原型如表 9-22 所示。

表 9-22　regWriteDone( ) 函数原型

函数原型	int regWriteDone(int addr, bit data)
参数	addr，写地址 data，写数据
返回值	int 类型，参见：表 8-3 DPI 接口函数返回值列表
示例	int addr = 0x8088 bit data = 0x55AA regWriteDone(addr, data)

（4）cfgDone( )

使用 cfgDone( ) 函数告知 PVM 验证平台寄存器配置完成。函数原型如表 9-23 所示。

表 9-23　cfgDone( ) 函数原型

函数原型	int cfgDone( )
参数	无

（续）

返回值	int 类型，参见：表 8-3 DPI 接口函数返回值列表
示例	cfgDone( )

▶▶ 9.3.6　获取数据包接口函数

brmVC、utilVC 和 drvVC 验证组件可以处理其他验证组件发送过来的数据包，获取数据包的接口函数为 getPkt( )，函数原型如表 9-24 所示。

表 9-24　getPkt( ) 函数原型

函数原型	int getPkt(int srcID, byte txPacket)
参数	srcID，数据队列编号，用于区分数据通道分类 txPacket，申请处理的数据包
返回值	int 类型，参见：表 8-3 DPI 接口函数返回值列表
示例	int srcID byte txPacket getPkt(srcID, txPacket)

▶▶ 9.3.7　记分牌验证组件接口函数

（1）onCompare( )

onCompare( ) 函数用于比较实际结果和预期结果，由用户实现。函数原型如表 9-25 所示。

表 9-25　onCompare( ) 函数原型

函数原型	onCompare(int queueID, byte expPacket, byte actPacket) onCompare(int queueID, int sn, byte expPacket, byte actPacket)
参数	queueID，队列编号 sn，数据包序列号 expPacket，预期结果数据包 actPacket，实际结果数据包

（2）show( )

show( ) 函数用于显示记分牌队列中的数据。函数原型如表 9-26 所示。

表 9-26　show( ) 函数原型

函数原型	show(bool detail)
参数	detail，是否输出详细信息。true：输出详细信息；false：输出概要信息
示例	show(true)

▶ 9.3.8　存储器验证组件接口函数

memVC 存储器验证组件接口函数详细设计如下。

（1）rwCmd()

rwCmd() 函数用于获取读写指令。函数原型如表 9-27 所示。

表 9-27　rwCmd() 函数原型

函数原型	int rwCmd(int rwType, int addr, byte rwData)
参数	rwType，读写类型。0：无读写操作；1：read，读操作；2：write，写操作。其他读写类型由用户进行自定义 addr，读写地址 rwData，写数据。当 rwType 为 write 时才有效
返回值	int 类型，参见：表 8-3 DPI 接口函数返回值列表
示例	int rwType = 1 int addr = 0x55 byte rwData rwCmd(rwType, addr, rwData)

（2）rwData()

rwData() 函数用于为读指令返回读数据。函数原型如表 9-28 所示。

表 9-28　rwData() 函数原型

函数原型	int rwData(byte rwData)
参数	rwData，读写命令返回的数据包
返回值	int 类型，参见：表 8-3 DPI 接口函数返回值列表
示例	byte rwData = 0xFE rwData(rwPacket)

▶ 9.3.9　服务验证组件接口函数

（1）svrReqIn()

svrReqIn() 函数用于获取需要处理的数据包。函数原型如表 9-29 所示。

表 9-29　svrReqIn() 函数原型

函数原型	int svrReqIn(out byte reqPacket)
参数	reqPacket，待处理的数据包
返回值	int 类型，参见：表 8-3 DPI 接口函数返回值列表
示例	byte reqPacket(1024) svrReqIn(reqPacket)

（2）svrAckOut（）

svrAckOut（）函数用于返回处理后的数据包。函数原型如表 9-30 所示。

表 9-30　svrAckOut（）函数原型

函数原型	int svrAckOut（byte ackPacket，bool priority）
参数	ackPacket，结果数据包 priority，bool 类型
返回值	int 类型，参见：表 8-3 DPI 接口函数返回值列表
示例	byte ackPacket（1024） svrAckOut（ackPacket，true）

（3）svrReqOut（）

svrReqOut（）函数用于申请数据包处理服务，并可以设置优先权。函数原型如表 9-31 所示。

表 9-31　svrReqOut（）函数原型

函数原型	int svrReqOut（byte reqPacket，bool priority）
参数	reqPacket，待处理的数据包 priority，bool 类型
返回值	int 类型，参见：表 8-3 DPI 接口函数返回值列表
示例	byte reqPacket（1024） svrReqOut（reqPacket，true）

（4）svrAckIn（）

svrAckIn（）函数用于获取数据包处理结果。函数原型如表 9-32 所示。

表 9-32　svrAckIn（）函数原型

函数原型	int svrAckIn（out byte ackPacket）
参数	ackPacket，结果数据包
返回值	int 类型，参见：表 8-3 DPI 接口函数返回值列表
示例	byte ackPacket（1024） svrAckIn（ackPacket）

▶▶ 9.3.10　PVM 接口函数

（1）svrFunc（）

在 Verilog 代码中如果需要对数据进程处理，但又较难以实现，可以调用 DPI 函数 svrReqFunc（），将数据交给 PVM 的服务函数 svrFunc（）来处理。

svrFunc（）是类 pvm 的虚函数，由用户实现，函数原型如表 9-33 所示。

表 9-33　svrFunc( ) 函数原型

函数原型	int svrFunc（int reqID，byte reqPacket，byte ackPacket）
参数	reqID，请求编号，用于区分请求类别 reqPacket，待处理的数据包 ackPacket，结果数据包

（2）tcFailed( )

若在测试用例执行过程中发现错误，可调用 tcFailed( ) 函数标记该测试用例执行失败，这样，产生的功能覆盖率数据无效，不会参与合并。函数原型如表 9-34 所示。

表 9-34　tcFailed( ) 函数原型

函数原型	tcFailed( )
参数	无
示例	tcFailed( )

9.4　访问验证组件函数

验证组件可以被其他验证组件访问，访问其他验证组件的函数接口如表 9-35 所示。这类接口函数有 vcID 或 pvmID 参数，通过访问其他验证组件的 tube 管道，可以实现验证组件间的自由访问。

▶▶ 9.4.1　访问验证组件函数总表

一个验证组件可以通过 pvmID 和 vcID 访问其他验证组件，即向指定的验证组件的管道内发送数据，或从指定的验证组件的管道内获取数据。访问验证组件的函数总表如表 9-35 所示。

表 9-35　访问验证组件函数总表

序号	验 证 组 件	验证组件函数	访问验证组件函数
1	vc	peek( )	int peek（int pvmID，int vcID，byte peekPacket）
2	mTxVC/sTxVC	toduv( )	int toduv（int txVCID，byte txPacket，byte txFeedback） int toduv（int txVCID，byte txPacket，byte txFeedback，bool waitDone） int toduv（int txVCID，bool Priority，byte txPacket，byte txFeedback） int toduv（int txVCID，bool Priority，byte txPacket，byte txFeedback，bool waitDone） int toduv（int pvmID，int txVCID，byte txPacket，byte txFeedback） int toduv（int pvmID，int txVCID，byte txPacket，byte txFeedback，bool waitDone） int toduv（int pvmID，int txVCID，bool Priority，byte txPacket，byte txFeedback） int toduv（int pvmID，int txVCID，bool Priority，byte txPacket，byte txFeedback，bool waitDone）
3		brd2duv( )	int brd2duv（int txVCID，bool Priority，byte txPacket） int brd2duv（int pvmID，int txVCID，bool Priority，byte txPacket）

（续）

序号	验证组件	验证组件函数	访问验证组件函数
4	drvVC	getPkt( )	int todrv(int drvVCID, byte txPacket, int srcID) int todrv(int pvmID, int drvVCID, byte txPacket, int srcID)
5		regRead( )	int regRead(int drvID, int addr, bit data) int regRead(int pvmID, int drvID, int addr, bit data)
6		regWrite( )	int regWrite(int regID, int addr, bit data) int regWrite(int pvmID, int regID, int addr, bit data)
7		regWriteDone( )	int regWriteDone(int regID, int addr, bit data) int regWriteDone(int pvmID, int regID, int addr, bit data)
8	brmVC	getPkt( )	int tobrm(int brmVCID, byte txPacket, int srcID) int tobrm(int pvmID, int brmVCID, byte txPacket, int srcID)
9	utilVC	getPkt( )	int toutil(int utilVCID, byte txPacket, int srcID) int toutil(int pvmID, int utilVCID, byte txPacket, int srcID)
10	mScbVC	onCompare( )	int front2mscb(int scbID, int rxQID, byte expPacket) int front2mscb(int pvmID, int scbID, int rxQID, byte expPacket) int end2mscb(int scbID, int rxQID, byte rxPacket) int end2mscb(int pvmID, int scbID, int rxQID, byte rxPacket)
11	snScbVC	onCompare( )	int front2scb(int scbID, int rxQID, byte expPacket, int pktSn) int front2scb(int pvmID, int scbID, int rxQID, byte expPacket, int pktSn) int end2scb(int scbID, int rxQID, byte rxPacket, int pktSn) int end2scb(int pvmID, int scbID, int rxQID, byte rxPacket, int pktSn)

访问验证组件函数中，大部分 int 类型的返回值定义和 DPI 接口函数的返回值定义相同，参见：表 8-3 DPI 接口函数返回值列表。

▶▶ 9.4.2　数据包复制函数

peek( )函数用于"偷窥"并复制其他验证组件中存放的数据包。函数原型如表 9-36 所示。

表 9-36　peek( )函数原型

函数原型	int peek(int pvmID, int vcID, byte peekPacket)
参数	pvmID，PVM 验证平台编号 vcID，验证组件编号 peekPacket，复制的数据包
返回值	int 类型，参见：表 8-3 DPI 接口函数返回值列表
示例	int portID = 4001 byte peekPacket(1024) peek(pvmID, vcID, peekPacket)

9.4.3 访问发送验证组件函数

（1）toduv（ ）

toduv（ ）函数用于通过 mTxVC/sTxVC 验证组件给 BFM 发送数据包。函数原型如表 9-37 所示。

表 9-37 toduv（ ）函数原型

函数原型	int toduv(int txVCID, byte txPacket, byte txFeedback) int toduv(int txVCID, byte txPacket, byte txFeedback, bool waitDone) int toduv(int txVCID, bool Priority, byte txPacket, byte txFeedback) int toduv(int txVCID, bool Priority, byte txPacket, byte txFeedback, bool waitDone) int toduv(int pvmID, int txVCID, byte txPacket, byte txFeedback) int toduv(int pvmID, int txVCID, byte txPacket, byte txFeedback, bool waitDone) int toduv(int pvmID, int txVCID, bool Priority, byte txPacket, byte txFeedback) int toduv(int pvmID, int txVCID, bool Priority, byte txPacket, byte txFeedback, bool waitDone)
参数	pvmID，PVM 验证平台编号 txVCID，mTxVC 或者 sTxVC 的验证组件编号 txPacket，发送的数据包 txFeedback，发送端口 BFM 反馈的数据包 Priority，是否以高优先级发送数据 waitDone，是否等待 BFM 完成数据包发送结束
返回值	int 类型，参见：表 8-3 DPI 接口函数返回值列表
示例	int pvmID = 1 int txVCID = 1001 byte txPacket(1024) = 0xAA55 byte txFeedback int rc = toduv(pvmID, txVCID, true, txPacket, txFeedback, true)

（2）brd2duv（ ）

brd2duv（ ）函数用于通过 mTxVC/sTxVC 验证组件给 BFM 发送广播包。函数原型如表 9-38 所示。

表 9-38 brd2duv（ ）函数原型

函数原型	int brd2duv(int txVCID, bool Priority, byte txPacket) int brd2duv(int pvmID, int txVCID, bool Priority, byte txPacket)
参数	pvmID，PVM 验证平台编号 txVCID，验证组件编号 txPacket，发送的数据包 Priority，是否以高优先级发送数据
返回值	int 类型，参见：表 8-3 DPI 接口函数返回值列表
示例	int pvmID = 1 int txVCID = 1001 byte txPacket(1024) = 0xAA55 brd2duv(pvmID, txVCID, false, txPacket)

9.4.4 访问驱动验证组件函数

（1）todrv（）

todrv（）函数用于发送数据包给 drvVC 验证组件。函数原型如表 9-39 所示。

表 9-39   todrv（）函数原型

函数原型	int todrv（int drvVCID, byte txPacket, int srcID） int todrv（int pvmID, int drvVCID, byte txPacket, int srcID）
参数	pvmID，PVM 验证平台编号 drvVCID，drvVC 验证组件编号 srcID，队列编号，用于数据来源分类 txPacket，发送的数据包
返回值	int 类型，参见：表 8-3 DPI 接口函数返回值列表
示例	int pvmID = 1 int drvVCID = 1001 int srcID = 0 byte txPacket（1024）= 0xAA55 todrv（pvmID, drvVCID, txPacket, int srcID）

（2）regRead（）

寄存器前门读函数 regRead（）的函数原型如表 9-40 所示。

表 9-40   regRead（）函数原型

函数原型	int regRead（int drvVCID, int addr, bit data） int regRead（int pvmID, int drvVCID, int addr, bit data）
参数	pvmID，PVM 验证平台编号 drvVCID，drvVC 验证组件编号 addr，读地址 data，读出的数据
返回值	int 类型，参见：表 8-3 DPI 接口函数返回值列表
示例	int pvmID = 1 int drvVCID = 1001 int addr = 0x8088 bit data regRead（pvmID, drvVCID, addr, data）

（3）regWrite（）

寄存器前门写函数 regWrite（）的函数原型如表 9-41 所示。

表 9-41   regWrite（）函数原型

函数原型	int regWrite（int drvVCID, int addr, bit data） int regWrite（int pvmID, int drvVCID, int addr, bit data）

（续）

参数	pvmID，PVM 验证平台编号 drvVCID，drvVC 验证组件编号 addr，写地址 data，写数据
返回值	int 类型，参见：表 8-3 DPI 接口函数返回值列表
示例	int pvmID = 1 int drvVCID = 1001 int addr = 0x8088 bit data = 0x55AA regWrite(pvmID, drvVCID, addr, data)

（4）regWriteDone（）

寄存器前门写完成函数 regWriteDone（）函数，等到驱动 BFM 反馈写完成信号后才返回。函数原型如表 9-42 所示。没有后门写完成函数。

表 9-42　regWriteDone（）函数原型

函数原型	int regWriteDone(int drvVCID, int addr, bit data) int regWriteDone(int pvmID, int drvVCID, int addr, bit data)
参数	pvmID，PVM 验证平台编号 drvVCID，drvVC 验证组件编号 addr，写地址 data，写数据
返回值	int 类型，参见：表 8-3 DPI 接口函数返回值列表
示例	int pvmID = 1 int drvVCID = 1001 int addr = 0x8088 bit data = 0x55AA regWriteDone(pvmID, drvVCID, addr, data)

▶▶ 9.4.5　访问行为级参考模型验证组件函数

tobrm（）函数用于向 BRM 验证组件发送数据包。函数原型如表 9-43 所示。

表 9-43　tobrm（）函数原型

函数原型	int tobrm(int brmVCID, byte txPacket, int srcID) int tobrm(int pvmID, int brmVCID, byte txPacket, int srcID)
参数	pvmID，PVM 验证平台编号 brmVCID，验证组件编号 txPacket，发送的数据包 srcID，队列编号，用于数据来源分类

（续）

返回值	int 类型，参见：表 8-3 DPI 接口函数返回值列表
示例	int pvmID = 1 int brmVCID = 1001 int srcID = 0 byte txPacket(1024) = 0xAA55 tobrm(pvmID, brmVCID, txPacket, int srcID)

▶▶ 9.4.6　访问多功能验证组件函数

toutil( )函数用于向 utilVC 验证组件发送数据包。函数原型如表 9-44 所示。

表 9-44　toutil( )函数原型

函数原型	int toutil(int utilVCID, byte txPacket, int srcID) int toutil(int pvmID, int utilVCID, byte txPacket, int srcID)
参数	pvmID，PVM 验证平台编号 utilVCID，验证组件编号 txPacket，发送的数据包 srcID，队列编号，用于数据来源分类
返回值	int 类型，参见：表 8-3 DPI 接口函数返回值列表
示例	int pvmID = 1 int utilVCID = 1001 int srcID = 0 byte txPacket(1024) = 0xAA55 toutil(pvmID, utilVCID, txPacket, int srcID)

▶▶ 9.4.7　访问记分牌验证组件函数

scbVC 验证组件在例化时，需要指明队列个数及队列编码，建议队列编码和接收验证组件编码 rxVCID 保持一致，方便对数据的存取。

（1）front2mscb( )

front2mscb( )函数用于在 mScbVC 验证组件前端填入预期结果数据包。函数原型如表 9-45 所示。

表 9-45　front2mscb( )函数原型

函数原型	int front2mscb(int scbID, int rxQID,byte expPacket) int front2mscb(int pvmID, int scbID, int rxQID,byte expPacket)
参数	pvmID，PVM 验证平台编号 scbID，mScbVC 验证组件编号 rxQID，接收队列编号 expPacket，预期结果数据包

（续）

返回值	int 类型，参见：表 8-3 DPI 接口函数返回值列表
示例	int pvmID = 1 int scbID = 200 int rxQID = 2001 byte expPacket front2mscb(pvmID, scbID, rxQID, expPacket)

（2）front2scb( )

front2scb( )函数用于在 snScbVC 验证组件前端填入预期结果数据包。函数原型如表 9-46 所示。

表 9-46　front2scb( )函数原型

函数原型	int front2scb(int scbID, int rxQID, byte expPacket, int pktSn) int front2scb(int pvmID, int scbID, int rxQID, byte expPacket, int pktSn)
参数	pvmID，PVM 验证平台编号 scbID，snScbVC 验证组件编号 rxQID，接收队列编号 expPacket，预期结果数据包 pktSn，数据包序列号
返回值	int 类型，参见：表 8-3 DPI 接口函数返回值列表
示例	int pvmID = 1 int scbID = 200 int rxQID = 2001 int pktSn = 103 byte expPacket front2scb(pvmID, scbID, rxQID, expPacket, pktSn)

（3）end2mscb( )

end2mscb( )函数用于在 mScbVC 验证组件后端填入实际结果数据包。函数原型如表 9-47 所示。

表 9-47　end2mscb( )函数原型

函数原型	int end2mscb(int scbID, int rxQID, byte rxPacket) int end2mscb(int pvmID, int scbID, int rxQID, byte rxPacket)
参数	pvmID，PVM 验证平台编号 scbID，mScbVC 验证组件编号 rxQID，接收队列编号 rxPacket，实际结果数据包
返回值	int 类型，参见：表 8-3 DPI 接口函数返回值列表
示例	int pvmID = 1 int scbID = 200 int rxQID = 2001 byte expPacket end2mscb(pvmID, scbID, rxQID, expPacket)

（4）end2scb( )

end2scb( )函数用于在 snScbVC 验证组件后端填入实际结果数据包。函数原型如表 9-48 所示。

表 9-48　end2scb( )函数原型

函数原型	int end2scb(int scbID, int rxQID, byte rxPacket, int pktSn) int end2scb(int pvmID, int scbID, int rxQID, byte rxPacket, int pktSn)
参数	pvmID, PVM 验证平台编号 scbID, snScbVC 验证组件编号 rxQID, 接收队列编号 rxPacket, 预期结果数据包 pktSn, 数据包序列号
返回值	int 类型，参见：表 8-3 DPI 接口函数返回值列表
示例	int pvmID = 1 int scbID = 200 int rxQID = 2001 int pktSn = 103 byte rxPacket end2scb(pvmID, scbID, rxQID, rxPacket, pktSn)

9.5　发送验证组件设计指南

发送验证组件为 DUV 提供数据激励：接收测试用例输入，产生、调度、发送随机激励数据包，向行为级参考模型发送激励数据包，以及控制仿真过程、功能覆盖率数据收集等，是验证平台中最重要的验证组件。

发送验证组件主要和 BFM 交换数据，根据两者之间的主从关系，发送验证组件可以分为两种。

- mTxVC：主发送验证组件。mTxVC 可以主动向 BFM 发送激励数据，BFM 处于从属位置。
- sTxVC：从发送验证组件。sTxVC 和 BFM 交换数据，BFM 处于主导位置，只有当 BFM 发出准备好接收数据状态后，sTxVC 才往 BFM 发送激励数据。

以上两种发送验证组件都带有广播功能：既支持其他验证组件发送来的广播/组播数据包，也可以向其他验证组件发送广播/组播数据包。同时对于本地数据包和广播/组播数据包支持优先级排队（高优先级排在最前面）。

▶▶ 9.5.1　发送验证组件实现方案

发送验证组件的功能示意图如图 9-9 所示。

发送验证组件根据 Testcase（测试用例）的调度设置，选择不同的 packet 数据源。packet 数据源根据 Testcase 的随机约束和功能覆盖率定义产生相应的随机激励数据包。调度器将数据包发送给 BFM/DUV，也可以同时发送给 BRM 进行数据分析，得到预期输出结果。

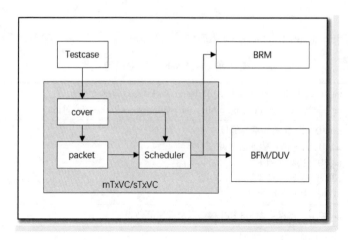

● 图 9-9　发送验证组件功能示意图

考虑到发送验证组件功能的多样化,为了扩展方便,适用于各种芯片的验证场景,采用"零件化"设计思路,将各种功能分散到不同的"零件"中去实现。

- cover 功能覆盖率定义和随机激励产生器:根据 Testcase 中定义的随机约束和功能覆盖率,为 packet 激励数据包产生器提供相应的随机数据,同时进行功能覆盖率数据统计。
- packet 激励数据包产生器:根据随机数据产生相应的随机激励数据包。
- Scheduler 调度器:根据 Testcase 定义的调度算法(使用 cover 数据结构定义)对激励数据进行调度,并将激励数据发送给 BFM 和 BRM (可选)。

具体的实现如图 9-10 所示。

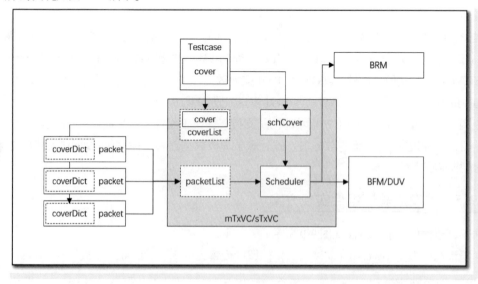

● 图 9-10　发送验证组件实现图

每个验证组件都有一个调度配置和两个容器。

- schCover：来源于 Testcase 的 cover 定义，可以使用 cross、comb、sequence 定义灵活的调度算法，对输入激励进行实时的调度。
- coverList：一个随机约束和功能覆盖率定义 cover 列表，每个 cover 都对应到相应的 packet，最后都会加载到 packet 的 coverDict 字典中。
- packetList：一个激励数据包产生器的列表。用户的 packet 激励数据包产生器继承于 packet 基类，独立于发送验证组件，只和验证组件保持标准的接口（由 packet 类定义）。激励数据包所需要的随机数据，由标准的 cover 功能覆盖率定义和随机约束数据结构来定义，和具体的数据包业务无关。这种"零件化"分散设计，简化了架构设计，适用领域范围广，也便于功能的快速扩展。

▶▶ 9.5.2 发送验证组件调度器设计

mTxVC/sTxVC 验证组件的一项重要功能就是调度功能，一个 mTxVC/sTxVC 可以有多个数据来源，通过调度器来选择不同的数据。mTxVC/sTxVC 验证组件自带的 mdtube/sdtube 也具备一定的调度功能。

发送验证组件有三类数据源：packet 数据包、DVM 平台 tunnel 隧道发送来的数据包、其他验证组件发送来的数据包。其中前两种数据源通过调度器进行调度，第三种数据源作为旁路广播包数据直接进入 mTxVC/sTxVC 验证组件的 tube 管道的广播队列进行调度。发送验证组件调度器功能示意图如图 9-11 所示。

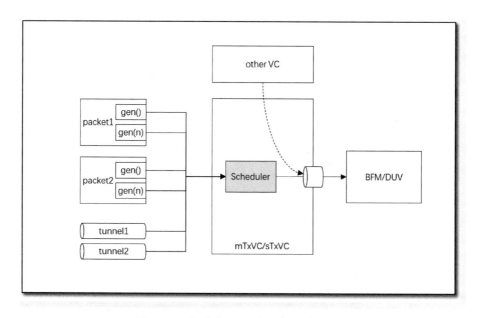

● 图 9-11 发送验证组件调度器功能示意图

根据调度器控制算法的不同，调度器又可以分为动态调度器和静态调度器。

（1）动态调度器

使用 cover 定义来调度，可以对每一个数据包实现动态调度。mTxVC/sTxVC 验证组件的数据来源包括如下两种。

- 数据包产生器：多个 packet 产生器 packet1、packet2 等，每个 packect 激励数据包产生器还可以有多个不同的函数。建议的调度编号范围为 0~999。
- 数据包隧道：在 DVM 环境中，mTxVC/sTxVC 验证组件从隧道中获取数据包，建议的隧道调度编号范围为 1000~1999。

schCover 是调度用的功能覆盖率和随机约束定义，在 Testcase 中进行配置，比如使用 source 变量来配置。用于调度的 cover 只须定义一个组合元素，示例如下。

```
// testcase.covcfg
// -------------------------------------------------------------------------
[pvmID  : 1]
    [vcID  : 1001]
        [scheduler]
            [cross : "scheduler"]
            {
                source: [ [10:19] ^ 2, [20:29] ^ 10, 1000, 1001]
            }

class mtx of mTxVC:
    onProcess():
        int brmID = 100
        int source      // 10-19: pcie, 20-29: usb, 1000: tunnel1, 1001: tunnel2
        int num = coverList[0].size()

        while ready():
            for int i [num]:
                schCover.random()          // 0-999: packets; 1000-1999: dvmTunnel
                source = schCover.source
                byte B
                byte feedback
                if (source >= 10 && source <= 19):
                    B = packetList[0].gen(source)    // pcie
                elif (source >= 20 && source <= 29):
                    B = packetList[1].gen(source)    // usb
                elif (source == 1000):
                    recv(tunnelList[0], B)
                elif (source == 1001):
                    recv(tunnelList[1], B)
                else:
                    continue

                tobrm(brmID, B, 0)
                toduv(B, feedback)
```

```
                    info(f"Transimt %d packets \n", num)
                    break
```

示例中，［cross：" scheduler"］定义 cross 类型的 cover，用于调度器配置，即 schCover。source：［［10：19］^ 2，［20：29］^ 10，1000，1001］表示依次调度 packet1、packet2、tunnel1、tunnel2。改变 cover 定义就可以改变调度算法。

使用 schCover 可以实现激励数据源的动态调度，如果只需要静态调度，可以使用.varcfg 配置文件设置变量来控制调度器。

（2）静态调度器

使用.varcfg 配置方式控制调度器。在 default.varcfg 文件中，配置一个变量 source。在验证组件中使用 get（" source"，source）获取该变量。变量只会在配置中定义一次，因此只能实现静态调度。

```
// default.varcfg
[pvmTop]
    [pvmID : 1]
        [vcID : 1001]
            ["source"  : 3]

// ----------------------------------------------------------------------
class txVC of mTxVC:
    onProcess():
        byte txPkt, txFeedback
        int pktSrc = 1
        int result = get("source", pktSrc)      // Success: result = 0; Failed: result = 1
        while ready() :
            switch pktSrc:
                case 1:
                    txPkt = packetList[0].gen()
                case 2:
                    txPkt = packetList[1].gen()
                case 3:
                    txPkt = packetList[2].gen()      // "source" : 3
                case others:
                    continue

            tobrm(200, txPkt, 0)
            toduv(txPkt, txFeedback)
```

示例中，［" source"：3］配置，pktSrc 变量的取值会一直是 3，case 3：语句块将一直执行。source 变量有一个默认值 1，如果 get（）变量值失败，则使用默认值。

▶▶ 9.5.3 发送验证组件升降旗

发送验证组件是 PVM 验证平台中的主导验证组件，可以控制 Testcase 的执行过程。通过升降旗机制控制仿真的正常退出，具体做法是：

● 在 onPreProcess（）函数中调用 raiseFlag（）函数进行升旗。

- onPostProcess( )函数里调用 lowerFlag( )函数降旗，同时设置仿真延迟时间，不设置时默认为 1000ns。如下示例将仿真延迟时间设为 100 000ns。

```
package verification
use eaglepvm

class MasterTX of mTxVC:

    onPreProcess():
        raiseFlag()

    onPostProcess():
        lowerFlag(100000)
```

升降旗机制的实现参见：11.2 升降旗和看门狗机制。

▶▶ 9.5.4 mTxVC 发送 BFM 设计指南

主发送验证组件 mTxVC 使用 mdtube 通信管道和 BFM/DUV 进行数据通信，通信示意图如图 9-12 所示。

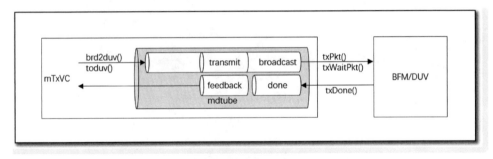

● 图 9-12 主发送验证组件和 BFM/DUV 通信示意图

在 mdtube 管道内，有 4 个队列。

1）broadcast：广播数据包队列，队列容量为多个，默认为 16 384，用户可以更改设置。

2）transmit：发送数据包队列，队列容量为 1。transmit 队列占用 broadcast 队列的一个位置，和 broadcast 队列的数据进行排队。

3）feedback：反馈数据包队列，队列容量为 1。

4）done：发送结束消息队列，队列容量为 1。

在主发送验证组件侧：

1）brd2duv( )函数发送数据到 broadcast 队列，可以抢占到队列最前面，立即返回。队列满则丢弃数据返回。

2）toduv( )函数发送数据到 transmit 队列，获取 feedback 数据返回。队列满则等待。

3）toduv( )函数发送数据到 transmit 队列，可以等待 BFM 发送 done 信号后再返回。

4）toduv( )函数发送数据到 transmit 队列，可以抢占到 broadcast 队列的最前面。

在 BFM/DUV 侧:

1）txPkt（）函数从 broadcast 队列（包含 transmit 队列）中获取数据，并将反馈数据存放到 feedback 队列，立即返回。当队列空时立即返回空数据。

2）txWaitPkt（）函数从 broadcast 队列（包含 transmit 队列）中获取数据，并将反馈数据存放到 feedback 队列，立即返回。队列空则等待超时再返回。

3）当 toduv（byte txPacket，byte txFeedback，bool waitDone）函数需要等待 done 信号时，BFM 需要使用 txDone（）函数往 done 队列发送 done 信号，立即返回。

▶▶ 9.5.5　sTxVC 发送 BFM 设计指南

从发送验证组件使用 sdtube 通信管道和 BFM/DUV 进行数据通信，通信示意图如图 9-13 所示。

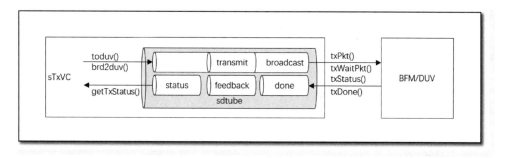

● 图 9-13　从发送验证组件和 BFM/DUV 通信示意图

在 sdtube 管道内，有 5 个队列。

1）broadcast：广播数据包队列，队列容量为多个，默认为 16 384，用户可以更改设置。

2）transmit：发送数据包队列，队列容量为 1。transmit 队列占用 broadcast 队列的一个位置，和 broadcast 队列的数据进行排队。

3）status：状态队列，队列容量为 1。

4）feedback：反馈数据包队列，队列容量为 1。

5）done：发送结束消息队列，队列容量为 1。

在从发送验证组件侧:

1）brd2duv（）函数发送数据到 broadcast 队列，可以抢占到队列最前面，立即返回。队列满则丢弃数据返回。

2）toduv（）函数发送数据到 transmit 队列，获取 feedback 数据返回。队列满则等待。

3）toduv（）函数发送数据到 transmit 队列，可以等待 BFM 发送 done 信号后再返回。

4）toduv（）函数发送数据到 transmit 队列，可以抢占到 broadcast 队列的最前面。

5）getTxStatus（）函数获取 BFM 状态，再根据状态做相应的处理。

在 BFM/DUV 侧:

1）txPkt()函数从 broadcast 队列（包含 transmit 队列）中获取数据，并将反馈数据存放到 feedback 队列，立即返回。当队列空时立即返回空数据。

2）txWaitPkt()函数从 broadcast 队列（包含 transmit 队列）中获取数据，并将反馈数据存放到 feedback 队列，立即返回。队列空则等待超时再返回。

3）当 toduv(byte txPacket, byte txFeedback, bool waitDone) 函数需要等待 done 信号时，BFM 需要使用 txDone()函数往 done 队列发送 done 信号，立即返回。

4）txStatus()函数向 sTxVC 验证组件发送状态，立即返回。

▶▶ 9.5.6　功能覆盖率定义和随机约束

在 Eagle 语言和 PVM 验证平台中，定义测试用例就是定义功能覆盖率，定义了功能覆盖率就完成了随机激励约束，以往分开的三项工作一次即可完成。

```
class txVC1 of mTxVC:
    cover c1("c1", CROSS) = {
        dataLen : [64, 1522, [65 : 1522] ^ 10, 8, 1600]
        dstAddr : [0, 0xFFFF_FFFF, [1:0xFFFF_FFFE] ^ 10]
    }
    byte txPkt(40) = {
        dataLen : 8
        dstAddr : 8
        pload : 24
    }
    byte txFeedback(22)

    onProcess():
        while ready() :
            for int i [c1.size()]:      // 14 x 12 = 168
                c1.random()
                txPkt.random()
                txPkt.dataLen = c1.dataLen
                txPkt.dstAddr = c1.dstAddr

                tobrm(200, txPkt, 0)
                toduv(txPkt, txFeedback)
            break

    onPostProcess():
        info(f"Coverage: %f \n", c1.score())
```

示例代码中，使用 cover 数据结构定义了两个变量 dataLen、dstAddr 的 168（14×12）种交叉组合。该交叉组合可以直接作为随机激励约束，在 onProcess()函数的 while 循环中，调用 random()随机产生函数即可得到期望的随机交叉组合数据。这些随机数据用于控制数据包 txPkt 的产生。

上述 while 循环执行 168 次以后即可退出循环，进入 onPostProcess()，可以显示功能覆盖率的得分。

9.6 接收验证组件设计指南

接收验证组件用于接收结果数据，根据主动权，又可将接收验证组件分为两种。

- 主接收验证组件 mRxVC/mDevVC：主接收验证组件在接收数据前，需要给 BFM 发送 ready 状态，BFM 才会发送数据包给主接收验证组件。通过 ready 状态，可以实现反压。
- 从接收验证组件 sRxVC/sDevVC/monVC：从接收验证组件无条件从 BFM 接收数据包。

▶▶ 9.6.1 接收验证组件调度器设计

mRxVC/sRxVC 验证组件收到数据包后，其输出方向有以下两类。

- 其他验证组件：如 brmVC 和 mScbVC/snScbVC。调度编号建议范围为 0~999。
- 数据包隧道：在 DVM 环境中，mRxVC/sRxVC 收到数据包后，要通过隧道发送到其他 PVM 环境中。隧道的调度编号建议范围为 1000~1999。

调度器设计示例如图 9-14 所示。

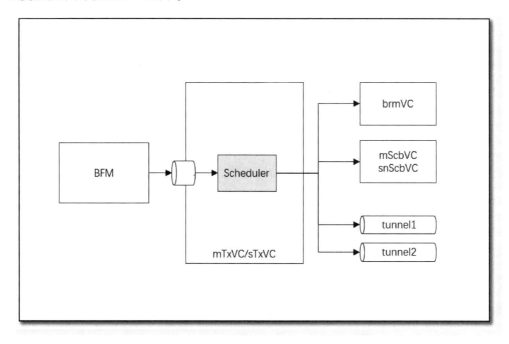

- 图 9-14 接收验证组件调度器设计示例

接收验证组件的调度器和发送验证组件的调度器一样，也可以分为动态调度器和静态调度器，实现方法也一样，参见：9.5.2 发送验证组件调度器设计。和发送验证组件不同的是，发送验证组件是从多个数据源中选取一个数据包，接收验证组件是将一个数据包发往一个或多个目的地。

9.6.2　mRxVC 接收 BFM 设计指南

数据包接收 BFM/DUV 使用 stube 通信管道和 mRxVC 验证组件进行数据通信，通信示意图如图 9-15 所示。

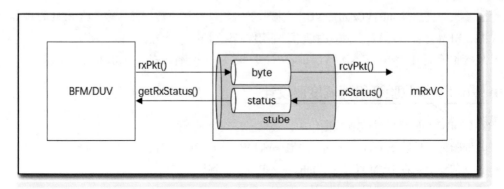

● 图 9-15　主接收验证组件和 BFM/DUV 通信示意图

在 stube 管道内有以下两个队列。

1）byte：数据包队列，队列容量为多个。

2）status：状态队列，队列容量为 1，数据长度为 32bit。

在数据包接收 BFM/DUV 侧：

1）getRxStatus（pvmID，rxVCID，rxStatus，vcStatus）函数从 status 队列获取 32bit 状态数据，立即返回。status 队列中永远保留状态数据。只有 rxStatus 为 1 时，才会调用 rxPkt（）函数向接收验证组件发送数据。

2）rxPkt（）函数发送数据包到 byte 队列，立即返回。如果 byte 队列满，则等待，超时丢弃数据返回。

在 mRxVC 验证组件侧：

1）rxStatus（）函数往 status 队列更新状态信息，立即返回。

2）rcvPkt（）函数从 byte 队列获取数据包，立即返回。如果 byte 队列空，则一直等待。

9.6.3　sRxVC 接收 BFM 设计指南

数据包接收 BFM/DUV 使用 mtube 通信管道和 sRxVC 验证组件进行数据通信，通信示意图如图 9-16 所示。

- 在 mtube 管道内有 1 个队列：byte 队列，队列容量为多个。
- 在数据包接收 BFM/DUV 侧：rxPkt（）函数发送数据包到 byte 队列，立即返回。如果 byte 队列满，则等待，超时丢弃数据返回。
- 在 sRxVC 验证组件侧：rcvPkt（）函数从 byte 队列获取数据包，立即返回。如果 byte 队列空，则一直等待。

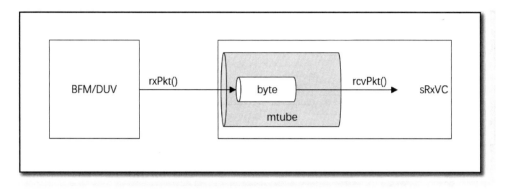

9.7　MON 数据检测验证组件设计指南

monVC 验证组件和 sRxVC 验证组件实现完全一样的功能，其实现方法也一致，只是使用场景有差别。

▶▶ 9.7.1　monVC 验证组件调度器

在多个模块的 PVM 验证平台集成在一起时，所需要的验证组件会发生变化。比如 DUV-M1 模块的 PVM1 验证平台和 DUV-M2 模块的 PVM2 验证平台都具有如图 9-17 所示的结构。

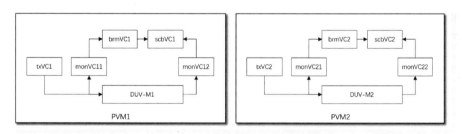

● 图 9-17　PVM 验证平台集成

当将 PVM1 和 PVM2 集成在一起时，只须将 DUV-M1 和 DUV-M2 的接口连接在一起（如图 9-18 中粗线所示），同时去掉 PVM2 中的 txVC2 验证组件（不例化 txVC2 验证组件）即可，如图 9-18 所示。

从上述集成环境中发现，monVC12 和 monVC21 监测的是同一条总线，实现的功能完全一样，只需要使用任意一个即可，比如只保留 monVC12，去除 monVC21。但去除 monVC21 后，brmVC2 就没有了输入，这就需要 monVC12 输出数据到 brmVC1 的同时，也要输出数据到 brmVC2。改进后的集成验证平台如图 9-19 所示。

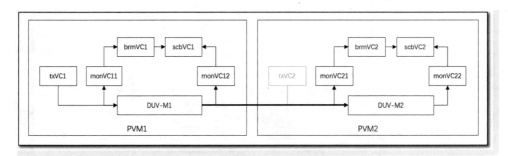

• 图 9-18　PVM 验证平台集成方式一

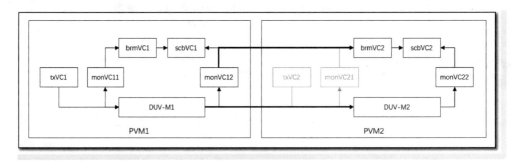

• 图 9-19　PVM 验证平台集成方式二

在设计 monVC 组件时, 使用调度器来控制数据包的发送目的地。

```
// testcase.covcfg
[pvmID  : 1]
   [vcID  : 3001]
      [scheduler]
         [corss : "scheduler"]
         {
             destination: [1]    // 1: scbVC1, 2: scbVC1 + brmVC2
         }

// ------------------------------------------------------------------
parameter pvmID1 = 1
parameter pvmID2 = 2
parameter brmID = 100
parameter scbID = 200

class mon1 of monVC:
   onProcess():
      int queueID = 1
      int destination     // 1: scbVC1, 2: scbVC1 + brmVC2
      int num = coverList[0].size()

      while ready():
```

```
for int i [num]:
    schCover.random()
    destination = schCover.destination
    byte B
    switch destination:
        case 1:
            end2scb(scbID, queueID, B)      // scbVC1
        case 2:
            end2scb(scbID, queueID, B)      // scbVC1
            tobrm(pvmID2, brmID, B, 0)      // brmVC2
        others:
            continue
    break
```

示例中，[cross:"scheduler"]定义 cross 类型的 cover，用于调度器控制，即 schCover。destination：[1]表示只输出到 scbVC1；destination：[2]表示输出到 scbVC1 和 brmVC2。

要实现 monVC 的上述功能，还有更加简单的方法：

* 使用.varcfg 配置文件配置一个变量，由该变量来控制调度器。
* 调用 isCascade( )函数知道验证平台是不是由多个 PVM 验证平台级联而成，从而决定是否向下级 brmVC 发送数据。

```
parameter pvmID1 = 1
parameter pvmID2 = 2
parameter brmID = 100
parameter scbID = 200

class mon1 of monVC:
    onProcess():
        int queueID = 1
        int num = coverList[0].size()

        while ready():
            for int i [num]:
                byte B
                end2scb(scbID, queueID, B)      // scbVC1
                if isCascade():
                    tobrm(pvmID2, brmID, B, 0)  // brmVC2
            break
```

▶▶ 9.7.2　monVC 验证组件接口设计

MON/DUV 使用 mtube 通信管道和 monVC 验证组件进行数据通信，通信示意图如图 9-20 所示：

在 mtube 管道内有 1 个队列：byte 队列，队列容量为多个。

在 MON/DUV 侧：rxPkt( )函数发送数据包到 byte 队列，立即返回。如果 byte 队列满，则等待，超时丢弃数据返回。

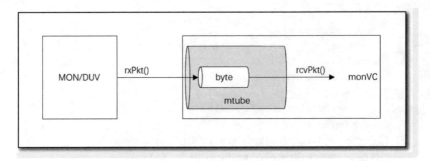

● 图 9-20 MON/DUV 和 MON 数据检测验证组件通信示意图

在 monVC 验证组件侧: rcvPkt( ) 函数从 byte 队列获取数据包,立即返回。如果 byte 队列空,则一直等待。

9.8 驱动验证组件设计指南

由于芯片的大小规模和复杂度不同,芯片的寄存器数量一般会在十几、几十、几百、数千的规模。芯片验证过程中,对芯片寄存器的驱动是一个复杂、烦琐的过程。除了进行寄存器的简单配置外,根据测试需要,驱动软件可能需要配合硬件实现一定的业务逻辑,这样,驱动软件会变得复杂且庞大。

基于 drvVC 驱动验证组件,可以构造灵活、功能强大的芯片驱动软件。

▶▶ 9.8.1 驱动验证组件使用架构

图 9-21 是驱动验证组件的使用架构图。

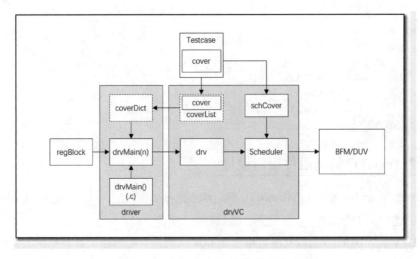

● 图 9-21 驱动验证组件使用架构图

图中，驱动验证组件 drvVC 有一个 driver 类型的 drv 对象，调度器为 drv 对象传递参数实现调度功能，调度参数作为 drvMain( ) 函数的输入参数。

寄存器块 regBlock 有数量不等的寄存器 reg。寄存器域的取值可以通过 Testcase 的配置得到。

驱动验证组件可以对 DUV 的寄存器进行前门读写，也可以通过 regBlock 对 DUV 的寄存器进行后门读写。

▶▶ 9.8.2　driver 基类

driver 基类主要包含一个 drvMain( ) 主驱动函数和 8 个中断处理函数。函数原型如下。

```
class driver:
    rlist<cover> coverList

    drvMain(int index):
        blank

    drvInt0():
        blank
    drvInt1():
        blank
    drvInt2():
        blank
    drvInt3():
        blank
    drvInt4():
        blank
    drvInt5():
        blank
    drvInt6():
        blank
    drvInt7():
        blank
```

coverList 是功能覆盖率的容器，用于寄存器的随机配置控制。一个 driver 对象需要和一个驱动验证组件绑定，用户需要调用 setVC( ) 函数绑定驱动验证组件。

用户驱动类 myDrv 继承 driver 基类，实现以上函数，示例如下。

```
class tb of pvm:
    myRregBlock rb1

class myDrv of driver:
    drvMain(int index):
        switch index:
        case 1:
            drv1()
        case 2:
            drv2()
```

```
    case 3:
        drv3()
    others:
        drv0()
drv0():
    cover c1("reg0", CROSS) = {
        reg0 : [0x55]
    }
    // cover c1 => coverList[0] // 从 coverList 中获取配置
    c1.random()
    rb1.reg0 = c1.reg0
    rb1.reg0.write()
drv1():
    blank
drv2():
    blank
drv3():
    blank
```

在用户驱动类 myDrv 中，使用寄存器块 regBlock 对象 rb1（在 pvm 子类 tb 中例化）。drvMain( ) 主程序根据调度的输入调用不同的子程序。drv0( ) 函数先从 coverList 中获取寄存器 reg0 的配置，随机产生一个数据，再调用 write( ) 函数前门写到 DUV 的寄存器中。

▶▶ 9.8.3 数据包接口设计指南

驱动验证组件使用 mtube 通信管道和其他验证组件、BFM/MON 进行数据通信，通信示意图如图 9-22 所示。

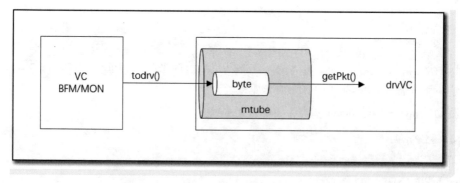

● 图 9-22 驱动验证组件和其他验证组件、BFM/MON 通信示意图

在 mtube 管道内有 1 个队列：byte 队列，队列容量为多个。

在其他验证组件和 BFM/MON 侧：

1）验证组件调用 todrv( ) 函数发送数据包到 byte 队列，立即返回。如果 byte 队列满，则等待，超时丢弃数据返回。

2）BFM/MON 调用 DPI 接口函数 todrv（）发送数据包到 byte 队列，立即返回。如果 byte 队列满，则等待，超时丢弃数据返回。

在驱动验证组件侧：getPkt（）函数从 byte 队列获取数据包，立即返回。如果 byte 队列空，立即返回空数据包。

▶▶ 9.8.4　驱动 BFM 设计指南

驱动验证组件使用 rwtube 通信管道和 BFM/DUV 进行数据通信，通信示意图如图 9-23 所示。

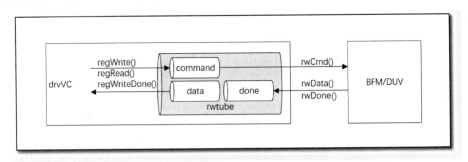

● 图 9-23　驱动验证组件和读写 BFM 通信示意图

在 rwtube 管道内有 3 个队列。

1）command：读写指令队列，队列容量为 1。

2）data：读返回数据队列，队列容量为 1。

3）done：写完成消息队列，队列容量为 1。

在验证组件侧：

1）regWrite（）函数发送写指令到 command 队列，立即返回。如果 command 队列满，则一直等待。

2）regRead（）函数发送读指令到 command 队列，等待 BFM 调用 rwData（）返回读数据，从 data 队列获取数据返回（一直等待）。如果 command 队列满，则一直等待。

3）regWriteDone（）函数发送写指令到 command 队列，等待 BFM 调用 rwDone（）返回写完成消息返回（一直等待）。如果 command 队列满，则一直等待。

在 BFM/DUV 侧：

1）rwCmd（）函数从 command 队列读取读写指令，立即返回。如果 command 队列空，立即返回空指令。

2）rwCmd（）函数获取的读写指令，如果是 read 读指令，在完成读操作后，使用 rwData（）函数返回读数据到 data 队列，立即返回。

3）rwCmd（）函数获取的读写指令，如果是 regWriteDone（）写完成指令，在完成写操作后，使用 rwDone（）函数返回写完成消息到 done 队列，立即返回。

9.9 行为级参考模型验证组件设计指南

行为级参考模型验证组件 brmVC 使用 mtube 通信管道和其他验证组件、BFM/MON 进行数据通信，通信示意图如图 9-24 所示。

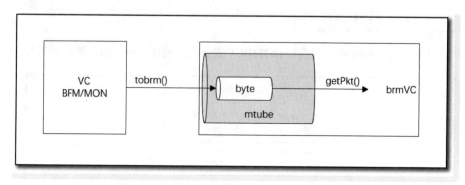

● 图 9-24　行为级参考模型验证组件和其他验证组件、BFM/MON 通信示意图

在 mtube 管道内有 1 个队列：byte 队列，队列容量为多个。

在其他验证组件和 BFM/MON 侧：

1）其他验证组件调用 tobrm( ) 函数发送数据包到 byte 队列，立即返回。如果 byte 队列满，则等待，超时丢弃数据返回。

2）BFM/MON 调用 DPI 接口函数 tobrm( ) 发送数据包到 byte 队列，立即返回。如果 byte 队列满，则等待，超时丢弃数据返回。

在 brmVC 验证组件侧：getPkt( ) 函数从 byte 队列获取数据包，立即返回。如果 byte 队列空，则一直等待。

9.10 多功能验证组件设计指南

多功能验证组件 utility 可以接收其他任何验证组件的输入数据，也可以通过全局函数向任何其他验证组件发送数据，可以实现比较灵活的功能，用户可以根据需要进行定制。

多功能验证组件使用 mtube 通信管道和其他验证组件、BFM/MON 进行数据通信，通信示意图如图 9-25 所示。

在 mtube 管道内有 1 个队列：byte 队列，队列容量为多个。

在其他验证组件和 BFM/MON 侧：

1）其他验证组件调用 toutil( ) 函数发送数据包到 byte 队列，立即返回。如果 byte 队列满，则等待，超时丢弃数据返回。

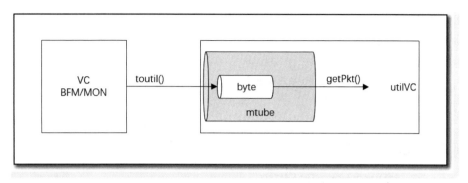

●图 9-25 多功能验证组件和其他验证组件、BFM/MON 通信示意图

2）BFM/MON 调用 DPI 接口函数 totuil( ) 发送数据包到 byte 队列，立即返回。如果 byte 队列满，则等待，超时丢弃数据返回。

在多功能验证组件侧：getPkt( ) 函数从 byte 队列获取数据包，立即返回。如果 byte 队列空，则一直等待。

9.11 记分牌验证组件设计指南

记分牌用于对预期结果数据进行缓存，有两种类型的记分牌验证组件：一是先进先出的缓存记分牌，二是带数据包序号的缓存记分牌。

▶▶ 9.11.1 mScbVC 接口设计指南

多队列记分牌验证组件 mScbVC 通过 mfifo 通信管道和其他验证组件、BFM/MON 进行数据通信，通信示意图如图 9-26 所示。

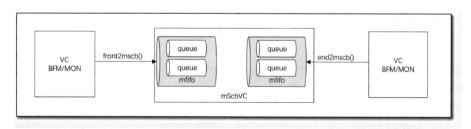

●图 9-26 多队列记分牌验证组件和其他验证组件、BFM/MON 通信示意图

在 mfifo 管道内有多个 queue 队列，每个队列容量为多个。

在前端输入侧：

1）验证组件使用 front2mscb( ) 函数发送数据包到 queue 队列，立即返回。如果 queue 队列满，则等待，超时丢弃数据返回。

2）BFM/MON 使用 DPI 接口函数 front2mscb( ) 发送数据包到 queue 队列，立即返回。如果 queue 队列满，则等待，超时丢弃数据返回。

在后端输入侧：

1）验证组件使用 end2mscb( ) 函数发送数据包到 queue 队列，立即返回。如果 queue 队列满，则等待，超时丢弃数据返回。

2）BFM/MON 使用 DPI 接口函数 end2mscb( ) 发送数据包到 queue 队列，立即返回。如果 queue 队列满，则等待，超时丢弃数据返回。

▶▶ 9.11.2 snScbVC 接口设计指南

带序列号的多队列记分牌验证组件 snScbVC 通过 snfifo 通信管道和其他验证组件、BFM/MON 进行数据通信，通信示意图如图 9-27 所示。

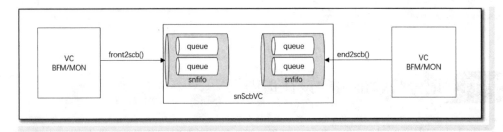

• 图 9-27 带序列号的多队列记分牌验证组件和其他验证组件、BFM/MON 通信示意图

在 snfifo 管道内有多个 queue 队列，每个队列容量为多个。

在前端输入侧：

1）验证组件使用 front2scb( ) 函数发送数据包到 queue 队列，立即返回。如果 queue 队列满，则等待，超时丢弃数据返回。

2）BFM/MON 使用 DPI 接口函数 front2scb( ) 发送数据包到 queue 队列，立即返回。如果 queue 队列满，则等待，超时丢弃数据返回。

在后端输入侧：

1）验证组件使用 end2scb( ) 函数发送数据包到 queue 队列，立即返回。如果 queue 队列满，则等待，超时丢弃数据返回。

2）BFM/MON 使用 DPI 接口函数 end2scb( ) 发送数据包到 queue 队列，立即返回。如果 queue 队列满，则等待，超时丢弃数据返回。

9.12 存储器验证组件设计指南

存储器验证组件可以作为芯片的外部存储设备使用。

BFM/DUV 读写 memVC 存储器验证组件，使用 rwtube 通信管道来发送读写指令，通信示意图如图 9-28 所示。

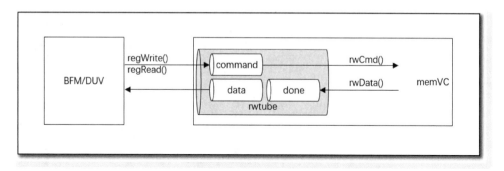

● 图 9-28　存储器验证组件和 BFM/DUV 通信示意图

在 rwtube 管道内有 3 个队列。

1）command：读写指令队列，队列容量 1。

2）data：读返回数据队列，队列容量为 1。

3）done：读取结束消息队列，队列容量为 1。

在 BFM/DUV 侧：

1）regWrite( ) 函数发送写指令到 command 队列，立即返回。如果 command 队列满，则等待，超时丢弃指令返回。

2）regRead( ) 函数发送读指令到 command 队列，等待 memVC 存储器验证组件调用 rwData( ) 返回读数据，从 data 队列获取数据返回；如果等待超时，则返回空数据。如果 command 队列满，则等待，超时丢弃指令返回。

在 memVC 存储器组件侧：

1）rwCmd( ) 函数从 command 队列读取读写指令，立即返回。如果 command 队列空，立即返回空指令。

2）rwCmd( ) 函数获取的读写指令，如果是 read 读指令，在完成读操作后，使用 rwData( ) 函数返回读数据到 data 队列，立即返回。

9.13　服务验证组件设计指南

可以将芯片数据处理业务交给服务验证组件来处理，从而减少芯片的仿真时间。服务验证组件内有两个反向的 utube 管道，一个是对外提供服务，一个是对外申请服务。

服务验证组件使用 utube 通信管道和 BFM/DUV 进行数据通信，通信示意图如图 9-29 所示。

在 svrVC 服务验证组件中，有两个方向相反的 utube 管道。在 utube 管道内有 2 个队列。

1）request：服务申请数据包队列，队列容量为多个。

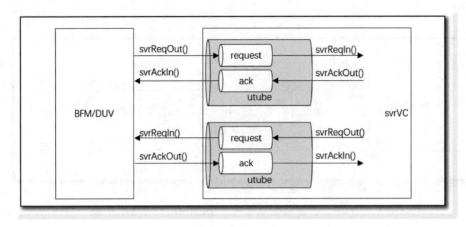

● 图 9-29　服务验证组件和 BFM/DUV 通信示意图

2) ack: 服务反馈数据包队列, 队列容量为多个。

在 BFM/DUV 侧:

1) svrReqOut( ) 函数发送数据包到 request 队列, 立即返回。如果 request 队列满, 则等待, 超时丢弃数据返回。

2) svrAckIn( ) 函数从 ack 队列获取数据包, 立即返回。如果 ack 队列空, 立即返回空数据。

3) svrReqIn( ) 函数从 request 队列获取数据包, 立即返回。如果 request 队列空, 立即返回空数据。

4) svrAckOut( ) 函数发送数据包到 ack 队列, 立即返回。如果 ack 队列满, 则等待, 超时丢弃数据返回。

在 svrVC 验证组件侧:

1) svrReqIn( ) 函数从 request 队列获取数据包, 立即返回。如果 request 队列空则一直等待。

2) svrAckOut( ) 函数发送数据包到 ack 队列, 立即返回。如果 ack 队列满, 则等待, 超时丢弃数据返回。

3) svrReqOut( ) 函数发送数据包到 request 队列, 立即返回。如果 request 队列满, 则等待, 超时丢弃数据返回。

4) svrAckIn( ) 函数从 ack 队列获取数据包, 立即返回。如果 ack 数据包队列空, 则一直等待。

9.14　仿真控制函数

在 Verilog 代码或 Eagle 代码中调用仿真控制函数 (如表 9-49 所示), 可以启动、退出 PVM 验证平台。

表 9-49　仿真控制函数列表

函 数 名	代 码 类 型	说　明
$initPVM( )	Verilog/System Verilog	初始化 PVM 验证平台
$startPVM( )	Verilog/System Verilog	启动执行
$pausePVM( )	Verilog/System Verilog	暂停
$stopPVM( )	Verilog/System Verilog	线程结束执行
$exitPVM( )	Verilog/System Verilog	退出 PVM 验证平台并结束仿真
sleep( )/msleep( )/usleep( )	Eagle	休眠
pause( )	Eagle	暂停
resume( )	Eagle	暂停后恢复执行
finish(int timeout)	Eagle	结束执行
exitPVM( )	Eagle	退出 PVM 并结束仿真

验证平台配置与重用

PVM 验证平台架构的一个重要特点是：各种验证组件都可以方便地、最大程度地重用。验证组件在实现时，大部分通过 Eagle 代码来实现，部分属性可以通过文本文件来进行配置，这样方便重用，同时可以减少编译时间。为此引入如下多种配置或控制机制。

（1）变量配置机制

芯片验证场景数量庞大，Testcase 千差万别，实践中不可能开发出不同的验证平台来适应 Testcase 的测试需求。这就要求验证平台可以根据不同的配置实现不同的功能，使用变量配置机制可以在验证平台框架内，验证组件之间共享参数配置。在 Testcase 中，根据验证平台架构，使用 default.varcfg 配置文件对参数变量进行配置。

（2）Message 信息配置机制

芯片验证平台环境运行复杂，需要处理的场景比较多。在设计验证平台和测试用例时，会打印各种类型的提示、告警信息。Message 信息配置机制是 PVM 验证平台提供的打印、日志输出的解决方案。可以通过相关的控制，对输出信息进行分门别类管理。

（3）factory 工厂机制

验证组件根据变量配置实现不同的功能，验证组件会逐渐变成"大而全"的设计。实践经验表明：在一个已完成的设计中，增加一项新的功能是比较困难的，需要在已有设计中增加新的处理机制，同时要保证已有功能不能受影响。随着增加的功能越来越多，原有的设计架构已不适应要求，需要进行架构重建。不断的修改，会导致已有的测试用例无法正常运行。另一方面，维护一个配置繁多、功能复杂的模块也是一件耗费人力、耗费时间的工作。

在设计验证组件时，一是要保证验证组件架构稳定，增加新功能不要做架构重建。新功能体现在验证组件的"零件"上（比如：packet、cover），使用不同的新功能，就是选用不同的"零件"。零件可以做到小而精、简单且适用性强。

同样，对于 PVM 验证平台而言，一个验证组件就是验证平台的"零件"，验证平台在保持架构稳定的情况下，可以动态更换不同的"零件"，即动态配置验证组件。

从 pvmTop 的角度看，一个 PVM 验证平台是 pvmTop 的一个"零件"；从 DVM 的角度看，一个 pvmTop 是 DVM 的一个"零件"。在一个现实的验证平台中，pvmTop、PVM、VC、packet、cover 都是

"零件",可以动态选择配置。

使用"零件"模式,验证平台不会因为需要不断增加新功能而变得复杂,而是根据需要方便组装、拆卸和更换相应的"零件"。

从编码的角度看,一个零件、一个验证平台、一个验证组件都是不同的类,需要例化成对象才能使用。例化对象需要编码,对象需要耗费内存空间。变更验证环境就意味着要修改代码,修改代码就需要重新编译,编译耗时长也是目前的一个问题。

要实现零件的自由组装和拆卸,采用 factory 工厂机制,可以在不修改代码的情况下,实现验证平台各种"零件"的动态配置例化,不需要的"零件"可以不例化,以节省内存空间和 CPU 运算资源。使用了 factory 工厂机制,验证平台变更可以省去编译环节,节省项目时间。

(4) proxy 代理机制

零件可以自由组装、更换和拆卸,在某些 Testcase 执行场景下,希望已组装好的零件不要更换,但在不同的场景下实现不同的功能。proxy 代理机制就是一个类将部分功能交给一个代理类来实现,不同的功能由代理类的子类来完成。

10.1 变量配置机制

根据图 8-12 所示的 PVM 验证平台的实现架构,对验证组件的变量进行分层管理。支持的变量类型只有 int 和 string 两种类型。

▶▶ 10.1.1 操作函数

配置变量分布在不同层次上,使用一组函数可以设置、获取配置变量的值。变量配置分层结构如图 10-1 所示。

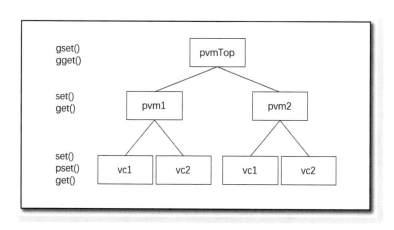

● 图 10-1 变量配置分层结构示意图

配置变量具有不同的作用域，使用 gset( ) 函数设置的变量，作用域为全局作用域。PVM 对象、VC 对象使用 set( ) 函数设置的变量的作用域为局部作用域。

由于变量都有各自的作用域，故只要在同一个作用域内不重名即可，不同作用域可以有相同的名称。同一个作用域内定义的重名变量，后定义的变量覆盖前面定义的变量。

PVM 和 VC 提供成员函数 set( ) 和 get( )，分别对局部变量进行设置和获取。VC 的 pset( ) 可以在父结点 PVM 中设置变量。

（1）set( ) 函数

set( ) 函数可以保证执行成功，无须返回值，其原型如表 10-1 所示。

表 10-1 set( ) 函数原型

函数原型	set(string vNname, int value) set(string vName, string value) set(string vName, int value, bool highPriority) set(string vName, string value, bool highPriority)
参数	vName，变量名 value，int 或 string 类型，变量的取值 highPriority，高优先级，使文件配置无效
示例	set("pktNum", 200) set("path", "/home/project/bin")

（2）pset( ) 函数

pset( ) 函数可以保证执行成功，无须返回值，其原型如表 10-2 所示。

表 10-2 pset( ) 函数原型

函数原型	pset(string vNname, int value) pset(string vName, string value) pset(string vName, int value, bool highPriority) pset(string vName, string value, bool highPriority)
参数	vName，变量名 value，int 或 string 类型，变量的取值 highPriority，高优先级，使文件配置无效
示例	pset("pktNum", 200) pset("path", "/home/project/bin")

（3）get( ) 函数

get( ) 函数可能执行不成功，需要返回值，比如找不到所需的变量，其原型如表 10-3 所示。

表 10-3 get( ) 函数原型

函数原型	int get(string vName, out int value) int get(string vName, out string value)

（续）

参数	vName，变量名 value，int 或 string 类型，变量的取值
返回值	int 类型，0 为成功，非 0 为失败
示例	int pktNum int path get("pktNum"，pktNum) get("path"，path)

提供全局函数 gset( )和 gget( )，分别对全局变量进行设置和获取。

（4）gset( )函数

gset( )函数可以保证执行成功，无须返回值，其原型如表 10-4 所示。

表 10-4　gset( )函数原型

函数原型	gset(string vNname，int value) gset(string vName，string value) gset(string vName，int value，bool highPriority) gset(string vName，string value，bool highPriority)
参数	vName，变量名 value，int 或 string 类型，变量的取值 highPriority，高优先级，使文件配置无效
示例	gset("pktNum"，200) gset("path"，"/home/project/bin")

（5）gget( )函数

gget( )函数可能执行不成功，需要返回值，比如找不到所需的变量，其原型如表 10-5 所示。

表 10-5　gget( )函数原型

函数原型	int gget(string vName，out int value) int gget(string vName，out string value)
参数	vName，变量名 value，int 或 string 类型，变量的取值
返回值	int 类型，0 为成功，非 0 为失败
示例	int pktNum int path gget("pktNum"，pktNum) gget("path"，path)

▶▶ 10.1.2　变量配置文件

配置变量除了可以使用代码方式定义外，更方便的方式是使用 default.varcfg 配置文件来定义配置变量。配置文件示例如下。

```
// ============================================================================
// PVM Variable Configuration
// ============================================================================

// default.varcfg
// ------------------------------------------------------------------------
[pvmTop]
    ["k1"          : 100]
    ["k2"          : 200]
    ["k3"          : 300]
    ["k4"          : "/home/user/bin"]

// ------------------------------------------------------------------------
    [pvmID : 1]
        ["k1"          : 100]
        ["k2"          : 200]
        ["k3"          : 300]
        ["k4"          : 400]

        [vcID : 1001]
            ["k1"      : 100]
            ["k2"      : 200]
            ["k3"      : 300]
            ["k4"      : 400]

        [vcID : 1002]
            ["k1"      : 100]
            ["k2"      : 200]
            ["pktName"  : "C"]
            ["k4"      : 400]

// ------------------------------------------------------------------------
    [pvmID : 2]
        ["k1"          : 100]
        ["k2"          : 200]
        ["k3"          : 300]
        ["k4"          : 400]

        [vcID : 1001]
            ["k1"      : 100]
            ["k2"      : 200]
            ["k3"      : 300]
            ["k4"      : 400]

        [vcID : 1002]
            ["k1"      : 100]
            ["k2"      : 200]
            ["k3"      : 300]
            ["k4"      : 400]
```

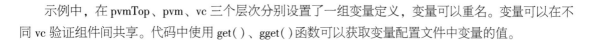

示例中，在 pvmTop、pvm、vc 三个层次分别设置了一组变量定义，变量可以重名。变量可以在不同 vc 验证组件间共享。代码中使用 get( )、gget( )函数可以获取变量配置文件中变量的值。

▶▶ **10.1.3　变量查找规则**

设置在不同对象中的变量，其作用域由三层树结构来决定。vc 验证组件 get 变量查找算法按临近优选原则，往上查找，查找示意图如图 10-2 所示。

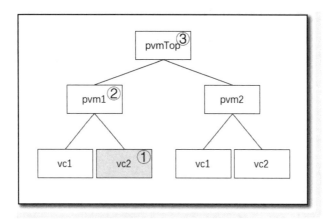

● 图 10-2　变量分层查找示例一

pvm1 下的验证组件 vc2 使用 get( )函数获取变量的值，其查找顺序为：本 vc2 结点、父结点 pvm1 和 pvmTop 结点，找到即可，找不到返回 0，如图 10-3 所示：

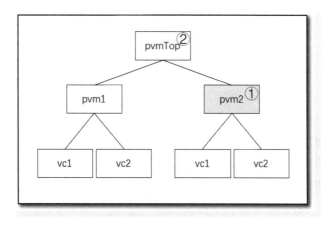

● 图 10-3　变量分层查找示例二

pvm2 使用 get( )函数获取变量的值，其查找顺序为：本 pvm2 结点、父结点 pvmTop，找到即可，找不到返回 0。

同一个 pvm 下的多个 vc 间要共享变量，vc 对象使用 pset( ) 函数为父结点对象设置变量。不同 pvm 下的 vc 间要共享变量，vc 对象使用 gset( ) 函数为 pvmTop 结点设置变量。

▶▶ 10.1.4　变量设置优先级

由于变量可以通过配置文件和代码两种方式进行设置，设置的 phase 阶段也会不同。如果同一个位置的同一个变量进行了多次设置，究竟哪次设置有效呢？

按运行时间顺序，变量可以在如下 9 个环节进行设置。

1）PVM-VC-packet 对象例化时在 initial( ) 构造函数中设置。

2）varcfg 文件配置。

3）onStart( )。

4）onPreRun( )。

5）onPreProcess( )。

6）onProcess( )。

7）onPostProcess( )。

8）onPostRun( )。

9）onEnd( )。

第 2 项为文件配置设置，其他为代码设置。

设置优先级规则如下。

- 代码设置按执行顺序决定优先级，后执行优先级高。
- 配置文件设置优先级高于代码设置。
- 代码可以设置成高优先级，优先级高于配置文件。

10.2　Message 信息配置机制

Message 信息配置机制用于测试用例执行过程中的信息打印、日志输出的控制和管理，方便验证人员准确掌握测试用例的运行过程、状态，及时发现错误，快速、精准定位错误位置。Message 信息配置机制可以作为验证平台、测试用例调试的重要手段，其主要功能如下。

- 按信息的重要级别进行分类打印和日志输出：info/warning/error/fatal。
- 对 info 类别信息按精确度（detail）分类，并可以控制不同精确度等级的 info 信息的打印和日志输出。
- 可以按 PVM 验证平台、验证组件进行分类控制打印和日志输出。
- 可以对特定信息设置 tag 标签，并控制是否打印和日志输出。
- 可以对 warning、error 信息数量进行统计，并实时进入交互模式或退出仿真。

▶▶ 10.2.1　Message 信息分类

（1）按级别分类

Message 输出级别分为四类：info/warning/error/fatal，分别使用 pvmInfo（ ）、pvmWarning（ ）、pvmError（ ）、pvmFatal（ ）函数输出。级别定义如下。

```
parameter MSG_LEVEL_NONE      = 0b0000      // 0
parameter MSG_LEVEL_INFO      = 0b0001      // 1
parameter MSG_LEVEL_WARNING   = 0b0010      // 2
parameter MSG_LEVEL_ERROR     = 0b0100      // 4
parameter MSG_LEVEL_FATAL     = 0b1000      // 8
parameter MSG_LEVEL_ALL       = 0b1111      // 15
```

（2）按精确度分类

在使用 pvmInfo( ) 函数输出信息时，可以指明输出信息的精度，后续可以使用 setInfoDetail( ) 过滤输出信息。精度等级定义如下。

```
parameter INFO_DETAIL_LOW     = 1000
parameter INFO_DETAIL_MEDIUM  = 2000
parameter INFO_DETAIL_HIGH    = 5000
```

（3）按 tag 标签分类

在使用 pvmInfo( )、pvmWarning( )、pvmError( )、pvmFatal( ) 函数输出信息时，可以为输出信息设置一个 tag 标签。

（4）按行为分类

可能的行为包括：打印、输出日志、计数、暂停仿真、退出仿真等。

```
parameter MSG_ACTION_NONE     = 0b0000_0000
parameter MSG_ACTION_DISPLAY  = 0b0000_0001
parameter MSG_ACTION_LOG      = 0b0000_0010
parameter MSG_ACTION_BOTH     = 0b0000_0011
parameter MSG_ACTION_COUNT    = 0b0001_0000
parameter MSG_ACTION_STOP     = 0b0010_0000
parameter MSG_ACTION_EXIT     = 0b0100_0000
parameter MSG_ACTION_HOOK     = 0b1000_0000
```

▶▶ 10.2.2　Message 信息输出函数

Message 信息输出的全局函数有以下四种。

- pvmInfo( )。
- pvmWarning( )。
- pvmError( )。
- pvmFatal( )。

这四种函数是 PVM 验证平台的全局函数，同时也是 pvm 类、vc 类、packet 类的成员函数。继承于 pvm 类、vc 类、packet 类的用户类使用各自的成员函数，其他用户类使用全局函数。

（1）pvmInfo( )

pvmInfo( )函数输出 LEVEL_INFO 级别的信息，其原型如表 10-6 所示。

表 10-6   pvmInfo( )函数原型

函数原型	pvmInfo(string msg) pvmInfo(int level, string msg) pvmInfo(string tagName, string msg) pvmInfo(string tagName, int level, string msg)

参数	tagName, tag 标签名称
	level, 设置的精度级别, 可以是任何数字, 预定义的精度级别。
	    parameter DETAIL_LOW = 1000
	    parameter DETAIL_MEDIUM = 2000
	    parameter DETAIL_HIGH = 5000
	msg, 打印输出的信息

示例	string tag = "axiDrv" pvmInfo(tag, INFO_DETAIL_LOW, "Burst Read") pvmInfo(tag, 1200, "Burst Read")

（2）pvmWarning( )

pvmWarning( )函数输出 MSG_LEVEL_WARNING 级别的信息，其原型如表 10-7 所示。

表 10-7   pvmWarning( )函数原型

函数原型	pvmWarning(string msg) pvmWarning(string tagName, string msg)
参数	tagName, tag 标签名称 msg, 打印输出的信息
示例	pvmWarning("axiDrv", "Burst Read")

（3）pvmError( )

pvmError( )函数输出 MSG_LEVEL_ERROR 级别的信息，其原型如表 10-8 所示。

表 10-8   pvmError( )函数原型

函数原型	pvmError(string msg) pvmError(string tagName, string msg)
参数	tagName, tag 标签名称 msg, 打印输出的信息
示例	pvmError("axiDrv", "Burst Read")

（4）pvmFatal（）

pvmFatal（）函数输出 MSG_LEVEL_FATAL 级别的信息，其原型如表 10-9 所示。

表 10-9　pvmFatal（）函数原型

函数原型	pvmFatal(string msg) pvmFatal(string tagName, string msg)
参数	tagName，tag 标签名称 msg，打印输出的信息
示例	pvmFatal("axiDrv", "Burst Read")

（5）sprintf（）

sprintf（）函数是格式化输出 string 字符串的函数，可以输出格式丰富的 Message 信息，其原型如表 10-10 所示。

表 10-10　sprintf（）函数原型

函数原型	string sprintf(string formatStr, …)
参数	formatStr，格式化字符串 …，可变的输出参数
示例	int i float f string msg = sprintf("i = %d, f = %f", i, f)

▶▶ 10. 2. 3　Message 输出控制函数

Message 信息输出控制的全局函数有以下五种。

- setMsgLevel（）。
- setMsgAction（）。
- setInfoDetail（）。
- setQuitErrCount（）。
- changeMsgLevel（）。

PVM、VC 分别有上述五种信息输出控制的成员函数。

（1）setMsgLevel（）

setMsgLevel（）函数用于控制哪些级别的信息需要打印和输出日志，其原型如表 10-11 所示。

表 10-11　setMsgLevel（）函数原型

函数原型	setMsgLevel(int msgLevel)
参数	msgLevel，信息级别：MSG_LEVEL_INFO、MSG_LEVEL_WARNING、MSG_LEVEL_ERROR、MSG_LEVEL_FATAL、MSG_LEVELA_ALL。默认级别为 MSG_LEVEL_ALL

（续）

示例	// 只输出 Fatal 信息
	setMsgLevel(MSG_LEVEL_FATAL)
	
	// 只输出 Error 和 Fatal 信息
	setMsgLevel(MSG_LEVEL_ERROR|MSG_LEVEL_FATAL)
	
	// 只输出 Warning、Error、Fatal 信息
	setMsgLevel(MSG_LEVEL_WARNING|MSG_LEVEL_ERROR|MSG_LEVEL_FATAL)
	
	// 输出所有信息
	setMsgLevel(MSG_LEVEL_ALL)

级别设置同时作用于标准输出设备打印和日志输出。

（2）setMsgAction()

setMsgAction()函数用于控制输出函数的行为，按级别和 tag 标签来进行控制。主要的行为有打印输出、日志输出、既打印输出又日志输出、统计计数等。函数原型如表 10-12 所示。

表 10-12　setMsgAction()函数原型

函数原型	setMsgAction(int level, int action) setMsgAction(string tagName, int action) setMsgAction(int level, string tagName, int action)
参数	action，行为。 parameter MSG_ACTION_NONE　　　= 0b0000_0000 parameter MSG_ACTION_DISPLAY　= 0b0000_0001 parameter MSG_ACTION_LOG　　　= 0b0000_0010 parameter MSG_ACTION_BOTH　　= 0b0000_0011 parameter MSG_ACTION_COUNT　= 0b0001_0000 parameter MSG_ACTION_STOP　　= 0b0010_0000 parameter MSG_ACTION_EXIT　　= 0b0100_0000 parameter MSG_ACTION_HOOK　= 0b1000_0000 默认行为： LEVEL_INFO　　　: MSG_ACTION_BOTH LEVEL_WARNING　: MSG_ACTION_BOTH LEVEL_ERROR　　: MSG_ACTION_BOTH|ACTION_COUNT LEVEL_FATAL　　: MSG_ACTION_BOTH|ACTION_EXIT
示例	setMsgAction(MSG_LEVEL_WARNING, MSG_ACTION_BOTH|MSG_ACTION_COUNT)

（3）setInfoDetail()

setInfoDetail()函数用于控制哪些精度级别的信息需要输出，精度级别设置只对 pvmInfo()函数有效。其原型如表 10-13 所示。

表 10-13　setInfoDetail()函数原型

函数原型	setInfoDetail(int detLevel)
参数	detLevel，信息精度级别：INFO_DETIAL_LOW、INFO_DETIAL_MEDIAM、INFO_DETAIL_HIGH。 默认精度级别为 INFO_DETIAL_LOW

（续）

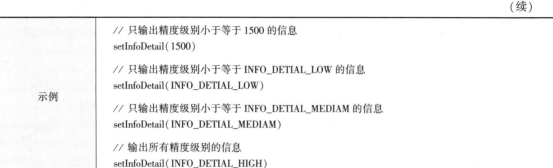

示例	// 只输出精度级别小于等于 1500 的信息
	setInfoDetail(1500)
	
	// 只输出精度级别小于等于 INFO_DETIAL_LOW 的信息
	setInfoDetail(INFO_DETIAL_LOW)
	
	// 只输出精度级别小于等于 INFO_DETIAL_MEDIAM 的信息
	setInfoDetail(INFO_DETIAL_MEDIAM)
	
	// 输出所有精度级别的信息
	setInfoDetail(INFO_DETIAL_HIGH)

精度级别设置同时作用于标准输出设备打印和日志文件输出。

（4）setQuitErrCount( )

setQuitErrCount( )函数用于设置错误计数退出仿真的触发值，函数原型如表 10-14 所示。

表 10-14　setQuitErrCount( )函数原型

函数原型	setQuitErrCount(int num)
参数	num，错误计数退出仿真的触发值，默认为 5

示例	// 错误计数达到 8 后退出仿真
	setQuitErrCount(8)

（5）changeMsgLevel( )

changeMsgLevel( )函数用于改变信息输出等级，函数原型如表 10-15 所示。

表 10-15　changeMsgLevel( )函数原型

函数原型	changeMsgLevel(int curLevel, int newLevel)
参数	curLevel，现有的信息级别 newLevel，更新后的信息级别
示例	changeMsgLevel（MSG_LEVEL_WARNING, MSG_LEVEL_ERROR）

MSG_LEVEL_INFO、MSG_LEVEL_WARNING、MSG_LEVEL_ERROR、MSG_LEVEL_FATAL 四种等级的输出信息可以动态调整。比如：pvmWarning( )函数输出的信息，可以调整为等同于 pvmError( )函数的输出信息。

▶▶ 10.2.4　Message 配置文件

从项目实践来看，使用配置文件的方式来控制 Message 信息的输出比使用代码的方式更方便，我们推荐使用配置文件来控制 Message 信息的输出，但不排除用户编写代码来控制 Message 信息的输出。

pvmInfo( )、pvmWarning( )、pvmError( )、pvmFatal( )函数的输出控制可以在 default. msgcfg 文件中进行配置，在以下三个层次中配置：pvmTop、pvm、vc，如图 10-4 所示。在 vc 内的 packet 对象，

打印输出信息控制使用 vc 层的配置，在 vc 外的 packet 对象，打印输出的信息控制使用全局配置。

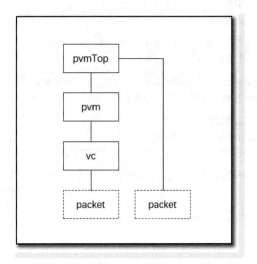

● 图 10-4   Message 配置层次示意图

default.msgcfg 配置文件示例如下。

```
// default.msgcfg
// ------------------------------------------------------------------
[pvmTop]
    [msgLevel          : MSG_LEVEL_WARNING]
    [detLevel          : INFO_DETAIL_LOW]
    [errCount          : MSG_LEVEL_ERROR]
    [errNum            : 3]
// ------------------------------------------------------------------
[pvmID : 1]
    [msgLevel          : MSG_LEVEL_WARNING]
    [detLevel          : INFO_DETAIL_LOW]
    [errCount          : MSG_LEVEL_ERROR]
    [errNum            : 3]
    [vcID : 1001]
        [msgLevel      : MSG_LEVEL_WARNING]
        [detLevel      : INFO_DETAIL_LOW]
        [errCount      : MSG_LEVEL_ERROR]
    [vcID : 1002]
        [msgLevel      : MSG_LEVEL_WARNING]
        [detLevel      : INFO_DETAIL_LOW]
```

示例中，在 pvmTop、pvm、vc 三个层次分别对 Message 信息输出进行了设置，方便验证平台的调试和结果显示。

▶▶ 10.2.5　日志查看工具 logview

一个测试用例对应一个 log 日志文件，文件名和测试用例文件名保持一致，文件扩展名为 ".log"，所有日志文件放在 testcase/log 目录下。

使用 PVM 验证平台执行测试用例，输出日志文件为 all.log，使用 logview 日志过滤工具，可以分门别类地查看特定的日志信息。日志类别有以下 8 种。

1）all.log：输出所有类型（info/warning/error/fatal）的信息。

2）info.log：只输出 info 类型的信息。

3）warning.log：只输出 warning 类型的信息。

4）error.log：输出 error 和 fatal 类型的信息。

5）fatal.log：只输出 fatal 类型的信息。

6）tagxxx.log：只输出指定 tag 标签的信息，一个标签对应一个 log 日志文件。

7）pvm_pvmID.log：输出指定 PVM 的所有类型的信息。

8）vc_pvmID_vcID.log：输出指定验证组件的所有类型的信息。

日志查看工具命令格式：logview logfile options［log］。log 用于控制是否将查看的信息输出到文件中，默认只打印输出。logview 命令列表如表 10-16 所示。

表 10-16　logview 命令列表

类　　别	options	说　　明
查询	logview all.log tag?	打印出 all.log 日志中所有的 tag 标签
	logview all.log pvm?	打印出 all.log 日志中所有的 pvmID 编号
返回值	logview all.log vc?	打印出 all.log 日志中所有的 pvmID-vcID 编号
过滤查看和输出	logview all.log	打印所有的输出信息
	logview all.log error log	打印 error 类型的信息，并将这些信息输出到文件 error.log
	logview all.log tag:tag××× warning error	打印出过滤标签为 tag××，级别为 warning 和 error 的输出信息
	logview all.log pvm：1 error log	打印 pvmID 为 1 的验证平台输出的、级别为 error 的信息，并将这些信息输出到文件 pvm_1.log
	logview all.log vc：1/1001	打印 pvmID 为 1、vcID 为 1001 的验证组件输出的信息

10.3　factory 工厂机制

关于 factory 工厂机制的简单理解是：将类名作为字符串，程序可以使用字符串来创建对象。这样所有的类型都转换成单一的 string 类型，看似做到了 "类型无关"，可以动态地根据类型来创建对象。但这些类型仅限于已进行 factory 工厂注册的父类及其子类。

　　factory 工厂机制会损失一定的存储空间，也会增加一定的编码复杂性，通过精细的设计，使占用的存储空间减到最少，eagle 编译器内部为用户完成大部分工作，易用性也得到很大提升。

▶▶ 10.3.1 factory 工厂实现

　　在 Eagle 语言中，在类定义时使用 factory 关键字指明为该类创建一个 factory 工厂，使用 new( ) 函数生成一个对象，示例代码如下。

```
class A: factory
    string name
    initial(string nameStr):
        name = nameStr

    virtual show():
        info("I'm class A")
class B of A: factory
    virtual show():
        info("I'm class B")
A a1 => new("A", "a1")
A a2 => new("B", "a2")
B b1 => new("A", "b1")      // 子类工厂无法生产父类对象,返回空引用
B b2 => new("B", "b2")
```

　　示例中，父类 A 有一个 A 工厂，子类 B 有一个 B 工厂。在 Eagle 语法中，A 工厂可以生产 A 类对象，也可以生产 B 类对象；B 工厂可以生产 B 类对象，但不能生产 A 类对象。即父类 factory 工厂可以生产父类及其已注册工厂的子类对象，子类 factory 工厂不能生产父类对象。

　　工厂继承分层设置示意图如图 10-5 所示。

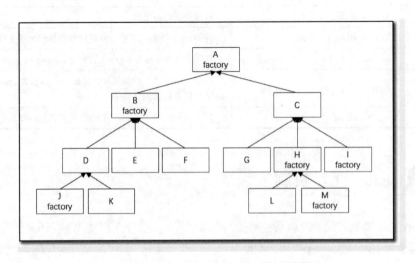

● 图 10-5　工厂继承分层设置示意图

图 10-5 中指明了类的继承关系及各自创建的工厂，每个工厂能例化的类列表如下。

1）A 的工厂可以例化的类：A、B、J、H、I、M。

2）B 的工厂可以例化的类：B、J。

3）J 的工厂可以例化的类：J。

4）H 的工厂可以例化的类：H、M。

5）I 的工厂可以例化的类：I。

6）M 的工厂可以例化的类：M。

new 语法说明：在使用 new( ) 函数创建对象后，需要使用如下语法来获取所创建对象的引用。

```
T obj => new(string className, …)
```

上述代码中：

- T 是 obj 对象的声明类型。T 必须是 new( ) 所创建的类型或其子类型。
- 只能使用符号 " => "，它表示 T obj 本身不创建对象，只是接收由 new 返回的对象引用。
- className 为字符串参数，是实际对象的类型，需满足两个条件：是 T 或者 T 的子类；并已经注册到 T 的工厂。
- new( ) 函数除第一个参数为类名参数外，其他参数为类的构造函数参数。

在 PVM 验证平台中，pvm、vc、packet 这 3 个类及其子类都已默认注册了相应的 factory 工厂，用户无须手动创建工厂。

factory 工厂机制和虚函数重载机制结合在一起，即可实现验证平台的动态生成及功能重载和重用。

▶▶ 10.3.2 PVM 与 UVM 的 factory 机制比较

UVM 的 factory 工厂只能生产一种类型的对象；PVM 的 factory 工厂可以生产父类及其子类的多种对象。UVM 的 factory 工厂可以被另外一个工厂覆盖，比如 B 工厂覆盖 A 工厂，被覆盖的工厂不能再生产原来的类对象；PVM 不提供覆盖工厂的功能。UVM factory 工厂机制代码示例如下。

```
// UVM 类重载
set_type_override_by_type(A::get_type(), B::get_type());

A a = A::type_id::create("a");
B b = B::type_id::create("b");

// UVM 对象重载
set_inst_override_by_type("env.o_agt.mon", my_monitor::get_type(), new_monitor::get_type());
```

▶▶ 10.3.3 类的虚函数重载机制

使用类的继承特性可以实现功能的重用，子类可以使用父类的函数。在搭建第一个验证平台时，使用父类来搭建；在搭建第二个验证平台时，继承父类，使用子类来搭建。第二个验证平台可以使用第一个验证平台的功能，第一个验证平台不能使用第二个验证平台的功能。

如何做到第一个验证平台可以使用第二个验证平台的功能呢？方法是使用类的虚函数重载机制。

在 C++语言中，使用虚函数进行函数重载是一种通用的做法，Eagle 语言也支持虚函数重载功能，即父类调用子类的功能。

```
class A:
    virtual show():
        info("I'm class A")
class B of A:
    virtual show():
        info("I'm class B")
gShow(A a_inst):
    a_inst.show()
A a
B b
gShow(a)    // I'am class A
gShow(b)    // I'am class B
```

父类 A 有一个虚函数 show( )，子类有一个同名的虚函数 show( )。函数 gShow( ) 的形式参数是父类 A 类型，当传入实参是 A 类的子类型 B 的对象时，执行的是 B 类型的重载函数。这样就实现了 gShow(A a_inst) 的重载，该函数可以接收 A 类实例，也可以接收 B 类实例。在任何调用 gShow( ) 函数的地方，不需要做任何代码的修改，只要传入的实参是 A 类及其子类的对象，就可以执行该对象各自的重载函数。

做到了函数重载，还满足不了不修改代码就可以执行的目的。由于通常的编译型语言是强类型语言，编译时会检查类型匹配。代码 A a 例化一个 A 类对象 a，B a 例化一个 B 类对象 b。在创建对象时，需要明确对象的类型，且类型不能是变量，这为动态创建对象带来了很大限制。要实现动态创建对象，需要用到上面的 factory 工厂机制。

10.4 proxy 类代理机制

为了实现验证平台最大程度的重用，采用 proxy 类代理机制增加类设计的可扩展性。即一个类（为后续描述方便，称这个类为主类）在设计之初，就定义一个 proxy 代理类，定义好虚函数接口，并在实例对象中调用该虚函数接口。该函数的具体功能由使用者在未来的某个时间来实现。

类继承也可以实现功能的重用，并且 proxy 类代理也是通过虚函数和类继承来实现，但 proxy 类代理实现的重用程度更高，核心区别是：代码重用和对象实例重用。

类继承实现的是代码级的重用，子类重用父类的代码，再例化子类对象，使用子类对象，不会使用父类对象。proxy 类代理实现的重用是实例对象重用，直接重用原实例对象，其增加的功能由 proxy

代理类来实现。

为实现 proxy 类代理机制，需要增加两个环节：一是主类对象需要事先调用代理类的虚函数；二是例化代理类实例后，需要将实例注册给主类对象。

proxy 类代理机制实现原理

proxy 类代理机制的实现原理如图 10-6 所示。

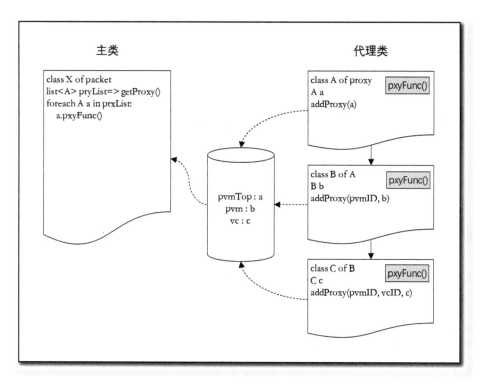

● 图 10-6　proxy 类代理机制实现原理示意图

主类 X 为了实现某项功能，不便于在本类中实现，特地规划了一个 proxy 代理类 A，在 A 类中要实现 pxyFunc( ) 函数，该函数在 X 对象中调用。

代理类 A 继承于 proxy 类，实现 pxyFunc( ) 函数。例化 A 类对象 a 后，使用 addProxy( ) 函数将 a 对象加到一个容器中分层保存（关于如何分层在 10.4.2 节介绍）。

主类 X 要使用代理时，使用 pxyList => getProxy( ) 的方式从容器中获取代理类对象的引用列表，再依次调用代理函数 pxyFunc( )。

代理类 A 的 pxyFunc( ) 函数还可以被其子类重载，比如派生出代理类子类 B 和 C，子类分别对 pxyFunc( ) 函数进行重载，实现不同的功能。

注意：在主类 X 中，只能使用代理类的父类 A，而不能使用代理类的子类 B 和 C。

▶▶ 10.4.2 代理类对象存储层次结构

在 PVM 平台架构中，可以根据需要将代理类对象存储在三层结构中的三种容器中，如图 10-7 所示，由对应的 addProxy( ) 函数来添加代理类对象。

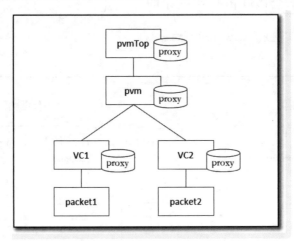

● 图 10-7　proxy 代理类对象分层存储结构示意图

- pvmTop 容器：addProxy(proxy obj)。
- pvm 容器：addProxy(int pvmID, proxy obj)。
- VC 容器：addProxy(int pvmID, int vcID, proxy obj)。

使用 addProxy( ) 函数添加代理类对象，其原型如表 10-17 所示。

表 10-17　addProxy( ) 函数原型

函数原型	addProxy(proxy proxyObj) addProxy(int pvmID, proxy proxyObj) addProxy(int pvmID, int vcID, proxy proxyObj) addProxy(int pvmID, int vcID, int pktIndex, proxy proxyObj)
参数	proxyObj，proxy 代理类对象 pvmID，PVM 编号 vcID，验证组件编号
pktIndex	packet 对象编号
示例	class A of proxy： 　　blank A a1 A a2 A a3 addProxy(a1) addProxy(1, a2) addProxy(1, 1001, a3)

注意：不要将同一个代理对象添加到多个验证组件中，代理对象只能被一个对象独占，如果被多个对象同时占用，可能会出现逻辑错误。

使用 getProxy( ) 函数获取代理类对象的引用，其原型如表 10-18 所示。

表 10-18　getProxy( ) 函数原型

函数原型	list<proxy> getProxy( )
参数	无
返回值	返回 proxy 列表
示例	list<A> ll => getProxy( )

实际存在 4 个 getProxy( ) 函数，pvm、vc、packet 各自有一个 getProxy( ) 成员函数，另外有一个全局 getProxy( ) 函数。

pvm 对象只在 pvm 容器中获取代理类对象；vc 和 packet 类对象只在 vc 容器中获取代理类对象。其他对象只在 pvmTop 容器中获取代理类对象。

10.5　测试用例和验证平台配置

PVM 验证平台采用多种配置方式以提升验证组件的可重用性、增加使用的灵活性，包括两类配置，每类配置又包含几个子类配置，一共有 5 种配置方式。

（1）测试用例配置

- .testcfg：配置测试用例文件列表。
- .covcfg：配置测试用例的功能覆盖率和随机约束。

（2）验证平台配置

- .pvmcfg：配置 Testbench 中的验证组件，重点配置 pvm、vc、packet 对象，自动生成 Testbench 架构，例化相应的验证组件和模块。
- .varcfg：配置验证组件可能使用的各种变量参数，是可选配置。
- .msgcfg：配置验证平台的信息输出和日志，便以验证平台调试。

以上 5 种配置方式和验证平台的关系示意如图 10-8 所示。

本节介绍验证平台.pvmcfg 配置机制，其他配置机制在其他章节介绍。

验证平台一般会通过编码的方式，例化相应的验证组件对象、辅助类对象来完成整个验证平台的搭建。这样搭建的平台，每修改一次都需要编译才可以执行。

使用 default.pvmcfg 配置文件，可以动态实现 PVM 验证平台的搭建，这样搭建的平台不需要编译即可执行。

pvm 下可以配置 vc 验证组件，vc 验证组件可以配置三类对象：proxy 子类对象、packet 子类对象、regModel 子类对象。packet 数据包产生器可以配置 proxy 子类对象。

由于 vc 和 packet 都可能有 proxy 子配置项，为避免层次混淆，当 vc 既有 proxy 配置又有 packet 配置时，必须先配置 proxy，再配置 packet。

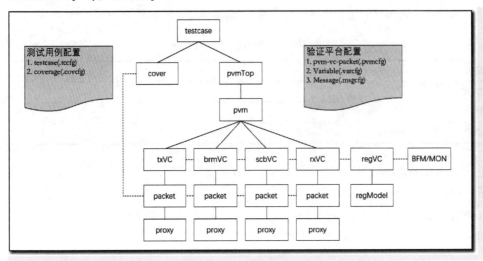

● 图 10-8 5 种配置方式和验证平台的关系示意图

对应的配置项如表 10-19 所示。

表 10-19 PVM 验证平台配置项列表

删 除 符	配 置 项	类 名	参 数	配 置 示 例
-	pvm	pvm 子类名	pvmID，必选	[pvm：tb/1]
-	vc	vc 子类名	vcID，必选	[vc：mtx/1001]
-	proxy	proxy 子类名	对象名，可选	[-proxy：proxyX]
-	packet	packet 子类名	对象名，可选	[packet：pcie]
-	regModel	regModel 类名	对象名，可选	[regModel：regPCIe]

pvm 验证平台配置示例如下。

```
// default.pvmcfg
// ----------------------------------------------------------------------
[pvm : testbench/1]
    [vc : mtx/1000]
        [packet : eth/eth1]
        [packet : eth/eth2]
        [packet : otn/ont1]

    [-vc : mtx/1001]
        [packet : axi]
        [packet : pcie]
            [proxy : pxyPCIe]
```

```
    [vc : drv/3001]
        [packet   : axi]
        [-packet  : pcie]

    [vc : pcieReg/200]
        [packet   : pcie]
        [regModel : regPCIe]

    [vc : srx/2000]
        [packet   : axi]
        [packet   : pcie]

    [vc : srx/2001]
        [packet   : axi]
        [packet   : pcie]

    [vc : brm/100]
        [packet   : axi]
        [packet   : pcie]

    [vc : scb/[200: [2000, 2001, 2002, 2003]]]]
        [packet   : axi]
        [packet   : pcie]

// -------------------------------------------------------------------
[pvm : testbench/2]
    [vc : mtx/1000]
        [packet   : eth/eth1]
        [packet   : eth/eth2]
        [packet   : otn/ont1]

    [vc : mtx/1001]
        [packet   : axi]
        [-packet  : pcie]
            [proxy : pxyPCIe]

    [-vc : drv/3001]
        [packet   : axi]
        [packet   : pcie]

    [-vc : pcieReg/200]
        [packet   : pcie]
        [regModel : regPCIe]

    [vc : srx/2000]
        [packet   : axi]
        [packet   : pcie]

    [vc : srx/2001]
        [packet   : axi]
        [packet   : pcie]
```

```
[vc : brm/100]
    [packet  : axi]
    [packet  : pcie]

[vc : scb/[200: [2000, 2001, 2002, 2003]]]
```

示例中，使用缩进格式编写配置，以便展示配置层次。在配置项前面添加删除符 "-"，表示不例化该配置项及其子配置项。

第11章

▶▶▶▶▶▶

测试用例设计

完成了验证平台的设计、开发，解决了验证的第一个问题：怎么做验证的问题。验证平台搭建完成后，真正的验证工作就可以开始了：设计测试用例，使用验证平台开展芯片的测试验证。

分析芯片需求规格，分解测试点，设计测试用例是比搭建测试验证平台更艰巨、更具挑战性的工作，需要深入芯片业务，深刻理解其中的协议、标准、算法、技术规范等，还要充分掌握芯片的应用场景、软硬件配合等。每颗芯片都是某个领域的专业知识、产业经验的核心资产。优秀的验证工程师都是专业领域的业务专家，其知识、能力、经验都体现在测试用例的设计上。

PVM 验证平台无法承载业务领域的专业知识，但为验证人员设计测试用例、实现测试用例，将测试用例表述成机器可以执行的代码提供了自然的、方便、快捷的表达方式。

传统的验证方法学和实现技术中，设计测试用例、定义功能覆盖率、设计随机约束是三件不同的且需要分别开展的工作。在 PVM 验证方法学中，这三件工作统一成了一件事情：使用 cover 数据结构定义功能覆盖率和随机约束，完成测试用例的设计。

11.1　cover 定义和随机约束

cover 是 Eagle 语言提供的一个用于功能覆盖率和随机约束定义的专用数据结构。测试用例以定义 cover 功能覆盖率为核心内容，cover 功能覆盖率定义可以直接作为随机约束控制随机激励数据的产生。

▶▶ 11.1.1　定义功能覆盖率

现实世界具有空间、时间的概念，芯片的使用场景同样具有空间、时间的概念。设计测试用例、定义功能覆盖率就是定义芯片运行的空间和时间场景。

空间是多维空间，一维空间是多维空间的一个特例。多维空间可以使用 cross 交叉组合和 comb 排列组合来定义。时间是在多维空间基础上叠加的顺序属性，多维空间按时间排列可以使用 sequence 顺序组合来定义。这三类功能覆盖率使用统一的 cover 数据结构来定义。

```
// cross coverage
cover c1("c1", CROSS) = {
```

```
    a : [1, 2, 3]
    b : [4, 5, 6]
    c : [7, 8, 9]
}

// comb coverage
cover c2("c2", COMB) = {
    a : [1, 2, 3]
    b : [4, 5, 6]
    c : [7, 8, 9]
}

// sequence coverage
cover c3("c3", SEQUENCE) = {
    a : [1, 2, 3]
    b : [4, 5, 6]
    c : [7, 8, 9]
}
```

示例中，c1 定义了 cross 交叉组合功能覆盖率，需要覆盖的组合场景数为 3×3×3 = 27 种，这 27 种组合可以随机覆盖。c2 定义了 comb 排列组合，需要覆盖的组合场景为 3 种：{[1, 4, 7], [2, 5, 8], [3, 6, 9]}，这 3 种组合可以随机覆盖。c3 定义了一个 sequence 顺序组合覆盖率，需要覆盖的场景是 3 种组合按顺序一次性完成：{[1, 4, 7] => [2, 5, 8] => [3, 6, 9]}。

在验证芯片时，需要先为芯片输入配置、构造激励，再检查结果数据和芯片的状态。定义芯片的功能覆盖率，就是描述和定义这些配置、激励、状态和结果。

配置和激励是芯片的输入，状态和结果是输出，这样，功能覆盖率可以分为两类。

- A 类功能覆盖率：使用芯片的配置、激励数据来定义的功能覆盖率。
- B 类功能覆盖率：使用芯片的输出结果和状态定义的功能覆盖率。

实践经验表明，A 类功能覆盖率数量远大于 B 类功能覆盖率数量。

▶▶ 11.1.2　随机约束：A 类功能覆盖率

在传统的验证方法中，定义功能覆盖率后，需要再对芯片的配置、激励施加随机约束，通过随机测试和直接测试方法完成测试用例的设计，并在执行过程中对功能覆盖率数据进行统计。随机约束在测试用例中占据了重要位置，相反，功能覆盖率处于次要位置。

功能覆盖率是芯片验证质量目标，随机约束是实现目标的手段。

随机约束是对芯片的配置和激励的约束。使用芯片的配置、激励进行了 A 类功能覆盖率的定义，实现手段和目标高度重合。

在 PVM 验证方法中，定义了功能覆盖率就是完成了随机约束。

以一个 8 位运算处理器为例，支持 8 位有符号数的加减乘除运算，功能覆盖率的定义如下。

```
// cross coverage definition
cover c1("c1", CROSS) = {
```

```
    op    : [0, 1, 2, 3]      // +, -, *, /
    a     : [-128, 0, 127, [-127:126] ^ 5]
    b     : [-128, 0, 127, [-127:126] ^ 5]
}
```

示例中，变量 op 代表操作符（+,-,*,/），分别使用数字 [0, 1, 2, 3] 表示。变量 a、b 是 8 位有符号数，取值范围均为 [-128:127]，根据边界值、典型值被划分成 4 个子范围，每个子范围都被设置了不同的权重。

上述 cover 类型的 c1 变量直观、简洁地定义了 8 位运算处理器的功能覆盖率，即测试用例需要覆盖的场景，每种操作覆盖 64 种情况（全覆盖是 65 536 种情况），共 256（4×8×8）种情况。如果需要覆盖更多场景，增加每个子范围的权重即可。

要实现上述功能覆盖，还需要对配置（变量 op）、激励（变量 a、b）添加随机约束吗？没有必要！cover 数据结构内置 random( ) 算法，可以直接、不重复、随机产生 256 组数据，100%覆盖功能覆盖率定义，代码如下：

```
// random data generate
dict<string, int> rd
for int i [c1.size()]:
    rd = c1.random()
    info(f"op = %, a = %d, b = %d\n", rd["op"], rd["a"], rd["b"])
info("Coverage score: ", c1.score())
```

for 循环代码块执行 256 次，即可产生所需要的随机激励，完成所有测试。

▶▶ 11.1.3　B 类功能覆盖率

第 11.1.2 节使用 A 类功能覆盖率作为随机约束，可以直接实现 A 类功能覆盖率的完全覆盖。B 类功能覆盖率需要收集芯片的输出结果和状态数据才能判断测试是否完成。

以上述运算处理器为例，使用运算处理的状态和数据结果定义功能覆盖率 c2、c3。

```
// cross coverage definition
cover c2("c2", CROSS) = {
    c     : [0, 1 ^ 5]
}

cover c3("c3", CROSS) = {
    op    : [3 ^ -1]      // op:/
    b     : [0 ^ -1]
}
```

变量 c 是运算处理器的进位位，c2 表示至少要发生 5 次进位运算。c3 定义了一个非法场景（通过权重的符号 "-" 来设定），当 op 是除法运算时，被除数 b 为 0。

使用 collect( ) 函数实现 B 类功能覆盖率数据的收集。

```
// Coverage data collection
dict<string, int> covD1
```

```
dict<string, int> covD2

int c = 1
int op = 3
int b = 0
covD1["c"] = c
c2.collect(covD1)

covD2["op"] = op
covD2["b"] = b
c3.collect(covD2)
```

当执行 c3.collect(covD2)语句时，如果 op 操作为除法，且 b 的值为 0，则报错退出，因为出现了非法场景。

11.1.4　功能覆盖率目标达成

功能覆盖率分为两类：A 类功能覆盖率和 B 类功能覆盖率。A 类功能覆盖率同时作为随机激励约束，系统内置的随机算法可以自动实现 A 类功能覆盖率的完全覆盖。B 类功能覆盖率需要收集芯片的状态和结果数据来判断是否覆盖，这需要通过不同的随机激励约束来实现，且不能保证实现 100% 覆盖。

在 PVM 验证方法学中，随机激励约束和 A 类功能覆盖率定义等价，定义随机激励约束就是定义 A 类功能覆盖率。为实现 B 类功能覆盖率，就需要定义 A 类功能覆盖率。

11.1.5　测试用例目录管理

在工程目录下，测试用例文件放在 testcase 目录下，目录格式规划如表 11-1 所示。

表 11-1　测试用例目录格式规划

目 录 结 构	说　　明
testcase	测试用例根目录
｜ --- testcase.tccfg	测试用例汇总文件
｜ --- merge ｜　　｜ --- merge_seed.dat ｜　　｜ --- merge_seed_detail.rpt ｜　　｜ --- merge_seed_summary.rpt	覆盖率数据合并结果目录，存放合并数据（.dat 文件）、详细/简要文本报告（.rpt 文件）
｜ --- testcasebase ｜　　｜ --- tcbase1.covcfg ｜　　｜ --- tcbase2.covcfg	基础测试用例定义目录，存放基础的 cover 定义文件（.covcfg 文件）
｜ --- testcase10001 ｜　　｜ --- testcase.tccfg ｜　　｜ --- tc10001.covcfg ｜　　｜ --- tc10001_seed.dat ｜　　｜ --- tc10001_seed_detail.rpt ｜　　｜ --- tc10001_seed_summary.rpt	具体的测试用例目录，每条测试用例一个目录，存放 cover 定义文件（.covcfg）、覆盖率结果数据（.dat 文件）、详细/简要文本报告（.rpt 文件）

（续）

目 录 结 构	说　　明
｜ --- testcase1002 　　｜ --- tc10002.covcfg 　　｜ --- tc10002_seed.dat 　　｜ --- tc10002_seed_detail.rpt 　　｜ --- tc10002_seed_summary.rpt	同上

testcase.tccfg 是测试用例的汇总文件，其配置文件格式如表 11-2 所示。

表 11-2　测试用例配置文件格式

［pvmID　　　　　:　　　path］ 213　　　　　　　: ./pvm213 215　　　　　　　: ./pvm215 1　　　　　　　　: ./	存在多个 pvm 时，指定对应的测试用例根目录
［pvmDefault］ 　［./testcasebase/default.pvmcfg］ 　［./testcasebase/default.varcfg］ 　［./testcasebase/default.msgcfg］	PVM 验证平台默认配置
［select：sstc_cpu_1010］	select 选择执行指定的测试用例
［testcase：mtc_axi_1010/202212］ 　［./mtc_axi_1010/testcase.pvmcfg］ 　［./mtc_axi_1010/testcase.varcfg］ 　［./mtc_axi_1010/testcase.msgcfg］ 　［./testcasebase/tcbase1.covcfg］ 　［./mtc_axi_1010/tc1010.covcfg］	测试用例名称和随机数种子 测试用例使用到的.pvmcfg/.varcfg/.msgcfg 配置文件 基础测试用例定义 基于基础测试用例定义修改的 cover 定义
［testcase：sstc_cpu_1010/202301］ 　［./sstc_cpu_1010/testcase.pvmcfg］ 　［./sstc_cpu_1010/testcase.varcfg］ 　［./sstc_cpu_1010/testcase.msgcfg］ 　［./testcasebase/tcbase1.covcfg］ 　［./sstc_cpu_1010/tc1001.covcfg］	其他测试用例定义，同上

在配置文件中，［testcase］选项用于配置测试用例编号和测试用例随机数种子，以及配置文件列表。文件列表可以是一个或多个文件，排在前面的文件先加载，排在后面的文件后加载，故文件排列顺序影响实际的配置结果。

testcase.tccfg 文件存放了所有测试用例的配置，使用［select］选项选择要执行的测试用例。

▶▶ 11.1.6　测试用例配置文件

使用文本文件配置方式类配置测试用例，可以不用编译即可执行测试用例。PVM 验证平台使用如下两种配置文件来配置测试用例。

（1）testcase.tccfg

testcase.tccfg 用于指定测试用例文件，使用.tccfg 扩展名，示例如下。

```
// default.tccfg
// --------------------------------------------------------------------
[pvmDefault]
    [./testcase/default.pvmcfg]
    [./testcase/default.varcfg]
    [./testcase/default.msgcfg]

[select : mtc-axi-1010]

// --------------------------------------------------------------------
[testcase : mtc-axi-1010]
    [./testcase1001/default.pvmcfg]
    [./testcase1001/default.varcfg]
    [./testcase1001/default.msgcfg]
    [./testcasebase/tcbase1.covcfg]
    [./testcase1001/testcase1001.covcfg]

[testcase : btc-mem-10100]
    [./testcase1001/default.varcfg]
    [./testcasebase/tcbase1.covcfg]
    [./testcase1001/testcase1002covcfg]

[testcase : sstc-cpu-1010]
    [./testcase1001/default.msgcfg]
    [./testcasebase/tcbase2.covcfg]
    [./testcase1001/testcase2001.covcfg]
```

测试用例可以配置 PVM 验证平台架构，如［pvmDefault］默认配置。当使用［select：mtc-axi-1010］测试用例时，还可以配置不同的 PVM 验证平台架构。

（2）testcase.covcfg

testcase.covcfg 用于定义功能覆盖率和随机约束的文本文件，使用.covcfg 扩展名。根据 PVM 验证平台架构，使用 testcase.covcfg 文本文件集中定义功能覆盖率，再根据所属层次关系分配到对应的验证组件和模块中。

文本方式测试用例文件格式 testcase.covcfg 示例如下。

```
// testcase.covcfg
[pvm : 1]

    [vcID: 1001]
        [scheduler]
            [sequence: "scheduler"]
            {
                source : [0, 1]
            }
        [packet : pcie]
```

```
        [cross: "pcie"]
        {
            datalen : [18, 19, 20, [21: 10239], 10240]
        }
    [packet : usb]
        [cross: "usb"]
        {
            datalen : [18, 19, 20, [21: 10239], 10240]
        }
[vcID: 1002]
    [scheduler]
        [cross: "scheduler"]
        {
            source : [0]
        }
    [packet : usb]
        [cross: "usb"]
        {
            datalen : [18, 19, 20, [21: 10239], 10240]
        }
```

cover 定义在 PVM 验证平台的分布如图 11-1 所示。

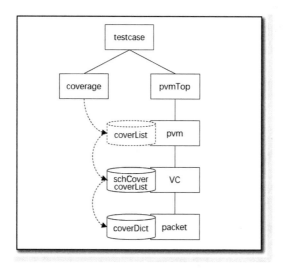

● 图 11-1　cover 分布层次示意图

在 VC 验证组件层，schCover 用于调度器控制，coverList 存放验证组件的所有 cover 定义，packet 层的 cover 存放在 coverDict 中。

另一方面，在结束仿真后，要汇总、输出所有的功能覆盖率数据。这个过程由系统自动完成。

▶▶ 11.1.7 两级测试用例文件配置

为方便测试用例的编写，功能覆盖率的定义和随机测试约束使用两级编写方式来实现测试用例的定义和扩展，如图 11-2 所示。

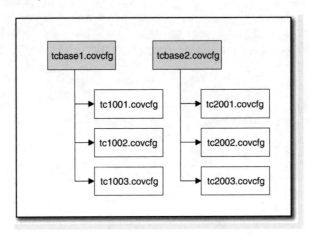

● 图 11-2 两级测试用例文件配置示意图

基础的测试用例功能覆盖率和随机约束定义在 tcbase1.covcfg 和 tcbase2.covcfg 文件中，具体的测试用例 tc1001.covcfg、tc1002.covcfg、tc1003.covcfg 从 tcbase1.covcfg 测试用例中继承，可以修改其中的元素项。不建议增加或删除元素项。

文本方式测试用例文件格式示例如下。

```
// tcbase1.covcfg
[pvm : 1]
    [vcID: 1001]
        [cross: "txCrs1000001", gen1Class]
        {
            datalen : [18, 19, 20, [21: 10239], 10240]
        }
        [sequence: "txSeq1000001", gen2Class]
        {
            datalen : [18, 19, 20, [21: 10239], 10240]
        }
    [vcID: 2001]
        [cross: "RxCrs2001001"]
        {
            datalen : [8, 9, 20, [21: 10239], 10240]
        }
// tc1001.covcfg
```

```
[pvm : 1]
    [vcID: 2001]
    [cross: "RxCrs2001001"]
    {
        "datalen" : [64]
    }
```

tc1001.covcfg 只是修改了 datalen 的范围约束。通过两级测试用例设置，可以快速生成新的测试用例。

▶▶ 11.1.8 功能覆盖率报告

每个测试用例在执行结束后，都会输出 testcase.dat 文件。该文件是二进制文件，存放功能覆盖率的数据。

covreport 程序可以将多个 testcase.dat 二进制文件合并，转换为 summary.rpt 简要报告和 detail.rpt 详细报告，这两份报告为文本文件，便以人阅读。covreport 命令的 3 种形式如表 11-3 所示。

表 11-3 coverport 命令列表

序 号	命 令	说 明
形式 1	covreport .dat .dat	指定一个或多个 .dat 文件
形式 2	covreport -f filelist	使用 -f 选项，filelist 文件存放 .dat 文件的路径和文件名，一行一个文件
形式 3	covreport -p path	使用 -p 选项，在指定 path 路径下，将所有 .dat 文件搜索出来进行合并，并输出报告

11.2 升降旗和看门狗机制

一个测试用例什么时间结束是一个简单而又十分令人头疼的问题。简单的方式是将仿真延迟一个固定时间 T 后，调用 $finish( ) 系统函数即可结束仿真。但关键是如何设置时间 T 呢？T 设置小了，测试用例数据包还没有发送完，仿真就退出了；T 设置大了，测试用例已完成数据包处理，仿真还会持续运行，白白浪费仿真时间。关键是，每个测试用例需要耗费的仿真时间无法准确预知，并且不会是固定的，因此通过调整仿真时间长度来结束测试用例执行不是一个合适的方式。

采用什么办法来结束测试用例的执行呢？

每个测试用例都有执行目标和结束条件，比如可以把每个激励端口发送多少数据包作为结束条件。当有多个激励端口时，只有当所有激励端口都完成数据包发送时才结束仿真。

采用激励数据包数目作为测试用例结束条件有很大的人为主观因素，更合理、合适的方式是根据功能覆盖率得分作为测试用例的结束条件。考虑有多个发送验证组件的情况，采用升降旗机制来结束仿真。现以 3 个发送验证组件为例，其升降旗机制原理如图 11-3 所示。

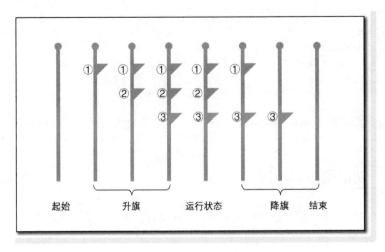

● 图 11-3 升降旗机制原理示意图

在起始状态，旗杆上没有旗帜，验证组件 1、2、3 在启动运行时分别升起一面旗帜。验证组件在执行过程中，分别统计该验证组件中定义的功能覆盖率得分，得分等于 100% 时，就分别降旗，比如验证组件按 2、1、3 的顺序降旗。当旗杆上没有旗帜后，表示所有的激励数据已发送完成，再持续执行一段延时后仿真退出。

在 PVM 验证平台中，理论上任何验证组件都可以升降旗，但考虑到实际情况，只需 mTxVC /sTxVC 发送验证组件进行升降旗，其他验证组件因为没有主导权，无法通过升降旗机制来决定仿真是否结束。

▶▶ 11.2.1 PVM 升降旗实现原理

多个验证组件可以升旗、降旗，在所有验证组件完成降旗后，测试用例可以进入准备结束状态。PVM 升降旗实现原理如下。

- 每个 PVM 有一个旗帜计数器 flagCnt，起始值为 -1，表示没有升旗。
- 每个验证组件在 onPreProcess 阶段的开始处使用 raiseFlag( ) 升旗，在结束处 onPostProcess 阶段使用 lowerFlag( ) 降旗。第一个升旗的，将 flagCnt 的值 +2，从 -1 变为 1，后续升旗将 flagCnt 的值 +1。
- 验证组件在降旗时，系统会自动获取当前的仿真时间。
- 验证组件在降旗时，如果发现 flagCnt 的值已经是 0，则报错，表明升降旗没有成对出现。
- 验证组件在降旗时，可以设置一个仿真延迟时间，单位为 ns，默认值为 1000ns。每个 PVM 设置一个 delayTime。设置仿真延迟时间是因为当激励数据包发送出去后，芯片处理需要耗费一段仿真时间。不同的数据包长度处理时间不同，需要用户根据具体情况进行设置。
- 当最后一个降旗的验证组件让 flagCnt 由 1 变为 0 时，表明所有旗帜已经降完，则通过已有的数据，计算出一个延时时间 delayTime。

通过使用如下两个函数来完成升降旗功能。

（1）raiseFlag( )

升旗函数 raiseFlag( ) 必须和降旗函数 lowerFlag( ) 成对使用，先升旗后降旗。函数原型如表 11-4 所示。

表 11-4 raiseFlag( ) 函数原型

函数原型	raiseFlag( )
参数	无
示例	raiseFlag( )

（2）lowerFlag( )

降旗函数 lowerFlag( ) 必须和升旗函数 raiseFlag( ) 成对使用，先升旗后降旗。在降旗时可以同时设置仿真持续时间。函数原型如表 11-5 所示。

表 11-5 lowerFlag( ) 函数原型

函数原型	lowerFlag( ) lowerFlag(int delayTime)
参数	delayTime，仿真持续时间，单位为 ns；默认为 1000ns
示例	lowerFlag( ) lowerFlag(30000)

在存在多个 PVM 的环境中，pvmTop、DVM 采用同样的升降旗机制实现测试用例的正常退出。

▶▶ 11.2.2 看门狗机制

在升降旗机制中，在验证组件完成降旗后，还需要设置一个仿真延迟时间。在某些验证环境中，这个仿真延迟时间容易设置，比如：流媒体类型的芯片验证，从测试激励发送结束到芯片完成处理的处理时间可以预估，只要延迟时间大于处理时间，即可保证测试用例正常执行完成并退出。

在某些验证环境中，这个仿真延迟时间很难预估，比如：在网络类芯片中，可能有比较大的数据包缓存空间，测试激励发送完成后，芯片需要多久才能处理完缓存中的数据基本无法预估。使用升降旗机制无法保证这类测试用例的正常退出。

看门狗机制可以应用到这类环境，其原理如下：在仿真开始时，打开看门狗，为看门狗设置一个仿真计时时间，比如 10 000ns。看门狗开始计时，计时完成立即退出仿真。在看门狗计时完成前喂狗，计时清零重新计时。这样，在芯片的接收侧，只要能接收到数据就一直喂狗，仿真不会结束。当没有数据接收时，则不喂狗，看门狗计时完成则退出仿真。

在 PVM 验证平台中，调用如表 11-6 所示的 DPI 接口函数和验证组件函数会自动喂狗。

表 11-6 自动喂狗函数列表

DPI 接口函数	rxPkt( )
	tobrm( )
	toutil( )
	todrv( )
	front2mscb( )
	end2mscb( )
	front2scb( )
	end2scb( )
验证组件函数	toduv( )
	brd2duv( )
	tobrm( )
	toutil( )
	todrv( )
	front2mscb( )
	end2mscb( )
	front2scb( )
	end2scb( )

有了升降旗机制和看门狗机制，一个测试用例可能的退出方式有如下 3 种。

1）升降旗机制：只使用升降旗机制。适用于芯片处理数据耗时比较容易预估的场景，以及无法使用看门狗机制实现仿真退出的场景。

2）看门狗机制：只使用看门狗机制，在仿真开始即启动看门狗。适用于无法预估芯片处理数据耗时的场景。

3）升降旗 + 看门狗机制：在完成降旗后再启动看门狗，这样可以节省看门狗计时的消耗，节省仿真时间。

在混合使用升降旗和看门狗机制时，有如下三种情况。

1）先升旗，后启动看门狗。在有升旗的情况下启动看门狗，看门狗会处于不使能（Disable）状态（此时喂狗无效）。当降旗结束后，降旗延迟无效，同时自动启动看门狗，看门狗处于使能（Enable）状态，喂狗有效。

2）先启动看门狗，后升旗。在没有升旗的情况下启动看门狗，看门狗生效。升旗时如果有看门狗，则自动不使能看门狗，看门狗失效，喂狗无效。当降旗结束后，降旗延迟无效，同时自动启动看门狗，看门狗处于使能状态，喂狗有效。

3）降旗结束后启动看门狗。降旗结束进入仿真延迟阶段，此时启动看门狗无效。

实践表明，升降旗机制和看门狗机制都有各自的适用场景，也有不适用的场景，需要根据场景来选取合适的机制。

第12章

DVM验证平台设计

▶▶▶▶▶▶

在和客户讨论芯片验证需求时，客户提出了一种验证场景：在一块单板上会集成多颗同样的芯片，这些芯片的互联测试需要在单板制作完成后才能进行，如果在此阶段发现缺陷已为时已晚。能不能在芯片前端仿真验证时就可以进行互联验证呢？

受限于当前的仿真验证技术，只能将两颗或多颗芯片集成在同一个仿真环境下进行仿真验证。这种方法技术上是可行的，但实际操作性不强。一颗芯片的规模很大，仿真耗时已很长，再集成几倍的规模，其仿真耗时在工程上无法接受。

基于 PVM 验证平台架构，我们提出了 DVM（Distributed Verification Methodology，分布式验证方法学）平台架构，使用多台服务器，启动多个仿真进程，对多颗芯片进行分布式联合仿真。

12.1 DVM 验证平台应用场景

DVM 验证平台的使用可以应用到如下三种场景。
- 多芯片联合仿真。
- 大规模 SoC 芯片在集成之前，多模块联合仿真，以提升仿真效率。
- 大规模 SoC 芯片后仿，多模块联合后仿。

DVM 验证平台架构要实现以下需求。
- 支持多台服务器进行联合仿真。
- 每台服务器可以启动一个或多个仿真进程。
- 仿真进程间可以实现数据的交互。
- 仿真进程间能实现基于仿真时间的同步，用户可以设置同步时间。

DVM 可以实现多个仿真进程的联合仿真，但其也有其局限性：无法保证时序精确性，不能做到每个时钟周期都能进行仿真同步。如果要做到时序精确同步，则仿真效率会降低。故在使用 DVM 时，尽量保证分布在多个仿真进程中的芯片或模块直接的连接为松耦合，对时序精度没有太高的要求。

12.2 虚集成/虚连接技术

传统 SoC 芯片集成及仿真验证过程：先对各个模块或 IP 进行验证，每个模块或 IP 都有各自的验证平台。模块验证完成后，先将各个模块集成在一起，然后将各个模块的验证平台集成在一起形成新的验证平台，再进行集成验证和系统验证。多个模块集成在一起，其规模会显著增大，仿真时间会很长。传统芯片集成-验证过程示意图如图 12-1 所示。

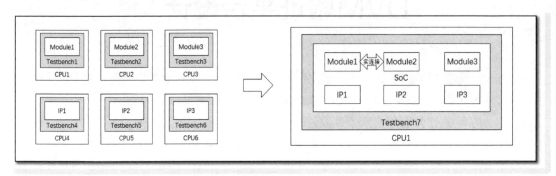

● 图 12-1　传统芯片集成-验证过程示意图

图 12-1 中，3 个 Module 模块和 3 个 IP 模块分别有各自的验证平台 Testbench1~6。这 6 个模块集成在一起，形成一个 SoC 芯片，其规模是 6 个模块的总和，使用一个新的验证平台 Testbench7 来验证，只能在一个 CPU 上执行。

基于 DVM 的 SoC 集成及仿真过程：先对各个模块或 IP 分别进行验证，在集成时，采用“虚连接”技术进行“虚集成”，每个模块的验证平台可以在各自独立的服务器上并行执行，芯片总的规模不变，但可以在多个 CPU 上并行执行。芯片虚集成-验证过程示意图如图 12-2 所示。

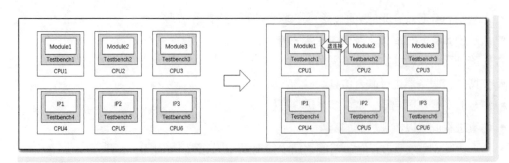

● 图 12-2　芯片虚集成-验证过程示意图

虚集成-虚连接技术示意图如图 12-3 所示。

Module1 和 Module2 两个模块的实连接是通过信号连接在一起。在虚集成环境，Module1 和 BFM1

进行实连接，Module2 和 BFM2 进行实连接，BFM1 和 BFM2 通过高层数据进行连接，这三级连接形成 Module1 和 Module2 的虚连接。实连接可以做到时序精确，高层数据连接无法实现时序精确的数据传递。

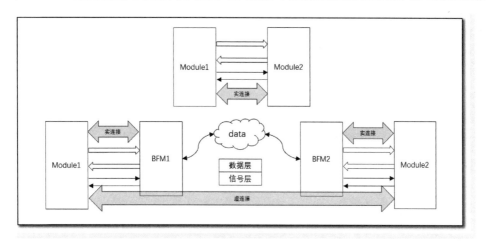

● 图 12-3　虚集成-虚连接技术示意图

12.3　DVM 验证平台架构设计

　　DVM 验证平台基于 PVM 搭建，在仿真进程中建立 tunnel 隧道，通过 tunnel 隧道传递数据，实现模块间的虚连接。

　　DVM 平台由 DVM Server、DVM Proxy 和仿真进程组成。

　　以 9 个模块的 SoC 系统为例，使用 3 台服务进行仿真。需要启动 1 个 DVM Server 服务，3 个 DVM Proxy 代理（一台服务器启动一个且只须启动一个 DVM Proxy 代理），一共启动 9 个仿真进程 sim1 ~ sim9（每台服务器启动一个仿真进程）。这 9 个仿真进程间建立 3 个虚连接 tunnel 隧道。DVM 部署实现如图 12-4 所示。

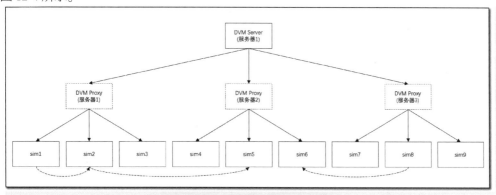

● 图 12-4　DVM 部署实现示意图

通过配置文件来定义上述 DVM 验证平台，default.dvmcfg 配置如下。

```
// ============================================================================
// DVM-tunnel and Server-Proxy Configuration
// ============================================================================

// default.dvmcfg
[env]
    [server]
        [ip          : "192.168.18.7"]
        [port        : "18000-18020"]
        [log         : "/home/demo/dvm/dvmserver.log"]

    [proxy : 1]
        [ip          : "192.168.18.7"]
        [port        : "19000-29000"]
        [path        : "/home/publish/bin/dvmproxy"]
        [log         : "/home/demo/dvm/dvmproxy.log"]

    [proxy : 2]
        [ip          : "192.168.18.8"]
        [port        : "19000-29000"]
        [path        : "/home/publish/bin/dvmproxy"]
        [log         : "/home/demo/dvm/dvmproxy.log"]

    [proxy : 3]
        [ip          : "192.168.18.9"]
        [port        : "19000-29000"]
        [path        : "/home/publish/bin/dvmproxy"]
        [log         : "/home/demo/dvm/dvmproxy.log"]

// ----------------------------------------------------------------------
[dvm]
    [sync        : 1000]

    [sim         : 1]
        [proxyID  : 1]
        [path     : "/home/demo/dvm/bin/sim1"]

    [sim         : 2]
        [proxyID  : 1]
        [path     : "/home/demo/dvm/bin/sim2"]

    [sim         : 3]
        [proxyID  : 1]
        [path     : "/home/demo/dvm/bin/sim3"]

    [sim         : 4]
        [proxyID  : 2]
        [path     : "/home/demo/dvm/bin/sim4"]

    [sim         : 5]
```

```
        [proxyID         : 2]
        [path            : "/home/demo/dvm/bin/sim5"]
    [sim                 : 6]
        [proxyID         : 2]
        [path            : "/home/demo/dvm/bin/sim6"]
    [sim                 : 7]
        [proxyID         : 3]
        [path            : "/home/demo/dvm/bin/sim7"]
    [sim                 : 8]
        [proxyID         : 3]
        [path            : "/home/demo/dvm/bin/sim8"]
    [sim                 : 9]
        [proxyID         : 3]
        [path            : "/home/demo/dvm/bin/sim9"]

    [tunnel              : 10001]
        [srcSim          : 1]
        [dstSim          : 2]
    [tunnel              : 10002]
        [srcSim          : 2]
        [dstSim          : 5]
    [tunnel              : 10003]
        [srcSim          : 8]
        [dstSim          : 6]
```

DVM 配置文件包括两大部分。

- DVM 所使用到的服务器软硬件配置：包括 DVM Server 服务器配置和 DVM Proxy 代理配置，主要是服务器的 IP 地址和 port 端口配置。因为存在多个 proxy，需要为每个 proxy 设置唯一的 proxyID 编号，默认从 0 开始递增编码。
- DVM 业务配置：包括把需要启动的仿真进程配置到指定的服务器上，以及进程间的 tunnel 隧道配置。示例中配置了 9 个仿真进程和 3 个 tunnel 隧道。tunnel 隧道需要配置源仿真进程 srcSim 和目的仿真进程 dstSim。

12.4 验证组件接口函数

任何验证组件都可以使用 dvmTxPkt( )函数和 dvmRxPkt( )函数向 tunnel 隧道发送数据包和获取数据包。

（1）dvmTxPkt( )

发送数据包函数 dvmTxPkt( )用于向 tunnel 隧道发送数据包，函数原型如表 12-1 所示。

表 12-1　dvmTxPkt( ) 函数原型

函数原型	int dvmTxPkt(int tunnelID, int srcID, byte data)
参数	tunnelID，tunnel 编号 srcID，队列编号，用于区分数据来源 data，待发送数据
返回值	int 类型
示例	int srcID = 0 byte data data = pktSn( ) dvmTxPkt(0, srcID, data) // 将 data 发送给 tunnelID 0

（2）dvmRxPkt( )

接收数据包函数 dvmRxPkt( ) 用于从 tunnel 隧道接收数据包，函数原型如表 12-2 所示。

表 12-2　dvmRxPkt( ) 函数原型

函数原型	int dvmRxPkt(int tunnelID, int srcID, out byte data)
参数	tunnelID，tunnel 编号 srcID，队列编号，用于区分数据来源 data，接收数据
返回值	int 类型
示例	int srcID = 0 byte data dvmRxPkt(0, srcID, data) // 接收 tunnelID 0 的数据放到 data 里

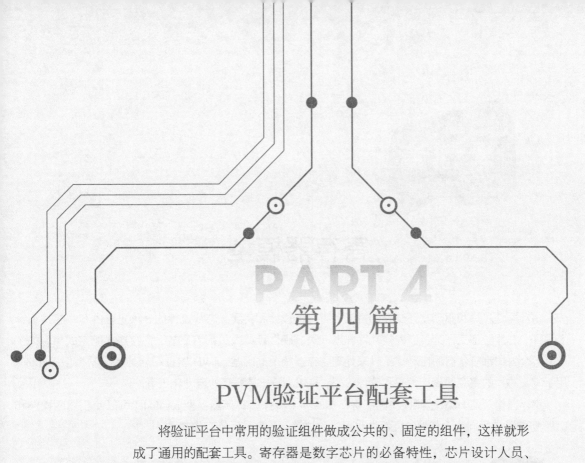

第四篇

PVM验证平台配套工具

将验证平台中常用的验证组件做成公共的、固定的组件,这样就形成了通用的配套工具。寄存器是数字芯片的必备特性,芯片设计人员、验证人员、驱动开发人员都需要处理寄存器相关的设计、验证工作,寄存器模型管理工具 regManager 提供了相关的功能。为了验证芯片的健壮性,根据数字芯片的故障模式,设计了信号故障注入工具,其中的某些故障注入手段在其他验证平台中实现起来比较困难,是 PVM 验证平台独有的功能特性。

本篇先介绍 PVM 验证平台的两个主要配套工具:寄存器模型管理工具和信号故障注入工具,最后展示基于 Eagle 编程语言和 PVM 验证平台的 Demo,方便用户快速学会构建项目的验证平台。

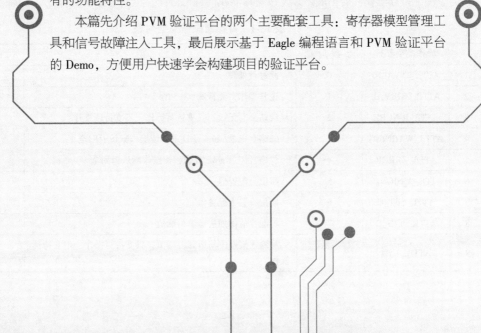

第13章

寄存器模型

>>>>>>>

寄存器是芯片和驱动软件交互的桥梁，寄存器设计和实现是芯片设计的一项重要内容。芯片设计工程师、芯片验证工程师、嵌入式软件开发人员、硬件设计人员都需要基于寄存器才能完成相应的工作，各个公司都有各自的自动化工具来处理寄存器相关的问题。PVM 验证平台的寄存器模型 regBlock 用于定义芯片的寄存器设计代码和验证代码，regManager 是配套的自动化工具。

寄存器模型是 DUV 被测模块内部寄存器的一个镜像，寄存器模型 regModel 可以使用后门操作和 DUV 寄存器进行同步。其他验证组件也可以通过读写函数访问寄存器模型。

13.1 寄存器属性

根据硬件功能的需要，芯片寄存器被定义成不同的属性，每家芯片厂商定义的属性可能有不同，regManager 是开放性工具，用户可以根据需要进行定制。

为了便于寄存器属性的扩展，以及按寄存器属性进行操作，定义了如表 13-1 所示的寄存器操作类型。

表 13-1　寄存器操作类型列表

序号	操作类型参数	参数取值	说　　明	配置参数
1	ATTR_INVALID	0	跳过预处理	
2	ATTR_NORMAL	1	正常操作，无特殊	
3	ATTR_IGNORE	2	忽略，写无效，只支持写操作，不支持读操作	
4	ATTR_WARNING	3	忽略且记录 warning 日志，读操作默认返回全 1	
5	ATTR_ERROR	4	忽略且记录 error 日志，读操作默认返回全 1	
6	ATTR_ASSIGN_C	5	赋值为配置值	int 类型
7	ATTR_SET_C	6	按位设置为配置值	0、1
8	ATTR_ADD_C	7	与配置值做加法运算再赋值	int 类型
9	ATTR_AND	8	与输入值做位与运算再赋值，只支持写操作，不支持读操作	

（续）

序号	操作类型参数	参数取值	说 明	配置参数
10	ATTR_OR	9	与输入值做位或运算再赋值，只支持写操作，不支持读操作	
11	ATTR_NOT	10	按位取反	
12	ATTR_XOR	11	与输入值做位异或运算再赋值，只支持写操作，不支持读操作	
13	ATTR_ONCE	12	该操作只能执行一次	

带 "_C" 后缀的操作类型需要配置参数，其他操作类型不需要配置参数，这些配置参数统一设置为 0。

上述操作类型由系统定义，用户只能使用这些类型。

通过定义操作配置表，即可动态实现寄存器属性的扩展。常用寄存器类型操作配置表定义如表 13-2 所示。

表 13-2　常用寄存器类型操作配置表

属性 ID	属性名	预处理方式	写 操 作		读 操 作	
			操 作 类 型	配 置 参 数	操 作 类 型	配 置 参 数
0	RO	—	ATTR_IGNORE	—	ATTR_NORMAL	—
1	RW	—	ATTR_NORMAL	—	ATTR_NORMAL	—
2	RC	—	ATTR_IGNORE	—	ATTR_ASSIGN_C	0
3	RS	—	ATTR_IGNORE	—	ATTR_SET_C	1
4	WRC	—	ATTR_NORMAL	—	ATTR_ASSIGN_C	0
5	WRS	—	ATTR_NORMAL	—	ATTR_SET_C	1
6	WC	—	ATTR_ASSIGN_C	0	ATTR_NORMAL	—
7	WS	—	ATTR_SET_C	1	ATTR_NORMAL	—
8	WSRC	—	ATTR_SET_C	1	ATTR_ASSIGN_C	0
9	WCRS	—	ATTR_ASSIGN_C	0	ATTR_SET_C	1
10	W1C	ATTR_NOT	ATTR_AND	—	ATTR_NORMAL	—
11	W1S	—	ATTR_OR	—	ATTR_NORMAL	—
12	W1T	—	ATTR_XOR	—	ATTR_NORMAL	—
13	W0C	—	ATTR_AND	—	ATTR_NORMAL	—
14	W0S	ATTR_NOT	ATTR_OR	—	ATTR_NORMAL	—
15	W0T	ATTR_NOT	ATTR_XOR	—	ATTR_NORMAL	—
16	W1SRC	—	ATTR_OR	—	ATTR_ASSIGN_C	0
17	W1CRS	ATTR_NOT	ATTR_AND	—	ATTR_SET_C	1
18	W0SRC	ATTR_NOT	ATTR_OR	—	ATTR_ASSIGN_C	0

（续）

属性 ID	属性名	预处理方式	写 操 作		读 操 作	
			操作类型	配置参数	操作类型	配置参数
19	W0CRS	—	ATTR_AND	—	ATTR_SET_C	1
20	WO	—	ATTR_NORMAL	—	ATTR_ERROR	—
21	WOC	—	ATTR_ASSIGN_C	0	ATTR_ERROR	—
22	WOS	—	ATTR_SET_C	1	ATTR_ERROR	—
23	W1	—	ATTR_ONCE	—	ATTR_NORMAL	—
24	WO1	—	ATTR_ONCE	—	ATTR_ERROR	—
25	WAND	—	ATTR_AND	—	ATTR_NORMAL	—
26	WOR	—	ATTR_OR	—	ATTR_NORMAL	—
27	WNOT	—	ATTR_NOT	—	ATTR_NORMAL	—
28	WXOR	—	ATTR_XOR	—	ATTR_NORMAL	—
29	WCNT	—	ATTR_ADD_C	1	ATTR_NORMAL	—
30	RCNT	—	ATTR_IGNORE		ATTR_ADD_C	1
31	WRCNT	—	ATTR_ADD_C	1	ATTR_ADD_C	1

说明：

- 表中的无关项"—"统一配置为 0。
- read( ) 函数和 write( ) 函数使用各自不同的配置参数。
- read( ) 函数操作和"预处理方式"无关；write( ) 函数操作可能和"预处理方式"有关，"预处理方式"目前支持 ATTR_NOT(10) 和 ATTR_INVALID(0)。
- 系统会自带这个配置表，用户可以根据需要按固定格式修改这个表的配置。

13.2　regBlock 类

regBlock 类定义一系列寄存器，实现寄存器读写接口。寄存器读写方式包括如下 4 种。

- 原始数据读写。
- 按属性读写。
- 后门读写。
- 前门读写。

第一种方式使用赋值符"="即可实现，示例如下。

```
// rba 是 regBlock 的一个子类,r1 是 rba 中的一个寄存器,f1 是寄存器 r1 中的一个数据域,下同
rba rb1
rb1.r1 = 5
int rd = rb1.r1
```

另外三种读写方式需要使用函数来完成。

 13.2.1　按属性读写

模拟芯片软件操作，根据寄存器属性读写寄存器，寄存器的值会根据属性设置发生不同的
变化。

（1）write( )

按属性写函数 write( ) 的函数原型如表 13-3 所示。

表 13-3　write( ) 函数原型

函数原型	write( ) write(int data)
参数	data，写入的数据
返回值	无
示例	rb1.r1.write( ) rb1.r1.write(100) rb1.r1.f1.write( ) rb1.r1.f1.write(5)

（2）read( )

按属性读函数 read( ) 的函数原型如表 13-4 所示。

表 13-4　read( ) 函数原型

函数原型	byte read( )
参数	无
返回值	读出的数据
示例	byte B B = rb1.r1.read( ) B = rb1.r1.f1.read( )

按属性读写寄存器的代码示例如下。

```
rba rb1
int rd

// r1 的属性为 WC,表示写清零
rb1.r1 = 5
rb1.r1.write()          // 使用 r1 的原始值,对 r1 寄存器按其属性进行写,r1 的值会发生变化
rd = rb1.r1            // rd = 0

rb1.r1.write(5)        // 不管 r1 的原始值,向 r1 写入数据 5,对 r1 寄存器按其属性进行写,r1 的值会发
生变化
rd = rb1.r1            // rd = 0
```

```
// 按属性读
// r1 的属性为 RC,表示读清零
rb1.r1 = 5
rd = rb1.r1.read()
rd = rb1.r1                // rd = 0
```

按属性读写函数可以对寄存器进行整体读写，也可以对寄存器域进行读写。示例如下。

```
rba rb1
int rd

// r1.f1 的属性为 WC,表示写清零
rb1.r1.f1 = 5
// 使用 r1.f1 的原始值,对 r1 寄存器的位域 f1 按其属性进行写,r1.f1 的值会发生变化
rb1.r1.f1.write()
rd = rb1.r1.f1            // rd = 0

// 不管 r1.f1 的原始值,向 r1.f1 写入数据 5,对 r1 寄存器的位域 f1 按其属性进行写,r1.f1 的值会发生变化
rb1.r1.f1.write(5)
rd = rb1.r1.f1            // rd = 0

// 按属性读
// r1.f1 的属性为 RC,表示读清零
rb1.r1.f1 = 5
rd = rb1.r1.f1.read()
rd = rb1.r1.f1            // rd = 0
```

▶▶ 13.2.2 后门读写

后门读写与寄存器的属性无关，后门读写后寄存器的值和 DUV 内寄存器的值保持一致。

（1）bdWrite( )

后门写函数 bdWrite( )的函数原型如表 13-5 所示。

表 13-5　bdWrite( )函数原型

函数原型	bdWrite( ) bdWrite(int data) bdWrite(int data, bool UPDATE)
参数	data, 写入的数据，支持的类型有 int、uint、bit、byte UPDATE, 是否同时更新寄存器的值，默认更新
示例	rb1.r1.bdWrite(100, false) rb1.r1.f1.bdWrite(5, true)

（2）bdRead( )

后门读函数 bdRead( )的函数原型如表 13-6 所示。

表 13-6　bdRead( ) 函数原型

函数原型	byte bdRead( )
参数	无
返回值	读出的数据
示例	byte B B = rb1.r1.bdRead( ) B = rb1.r1.f1.bdRead( )

后门读写寄存器的代码示例如下。

```
rba rb1
int rd

rb1.r1 = 5
rb1.r1.bdWrite()          // 使用 r1 的原始值,对 DUV 寄存器进行后门写

rb1.r1.bdWrite(5)         // 向 r1 寄存器写入数据 5,并向 DUV 寄存器后门写入 5
rd = rb1.r1               // rd = 5

rb1.r1.bdWrite(6, false)  // 不更新 r1 寄存器,只向 DUV 寄存器后门写入 6
rd = rb1.r1               // rd = 5

rd = rb1.r1.bdRead()      // 返回 DUV 寄存器的值,同时更新 r1 寄存器。假设读取值为 8
rd = rb1.r1               // rd = 8
```

▶▶ 13. 2. 3　前门读写

（1）fdWrite( )

前门写操作可以只写 DUV，也可以同时写 DUV 和寄存器。前门写函数 fdWrite( ) 的函数原型如表 13-7 所示。

表 13-7　fdWrite( ) 函数原型

函数原型	fdWrite( ) fdWrite(int data) fdWrite(int data, bool UPDATE)
参数	data，写入的数据，支持的类型有 int、uint、bit、byte UPDATE，是否同时更新寄存器的值，默认更新
示例	rb1.r1.fdWrite( ) rb1.r1.fdWrite(5) rb1.r1.fdWrite(5, false)

（2）fdRead( )

前门读函数只能读 DUV，不能同时读 DUV 和寄存器。前门读函数 fdRead( ) 的函数原型如表 13-8 所示。

表 13-8 fdRead( ) 函数原型

函数原型	byte fdRead( )
参数	无
返回值	读出的数据
示例	byte B B = rb1.r1.fdRead( )

前门读写寄存器的代码示例如下。

```
rba rb1
int rd

rb1.r1 = 5
rb1.r1.fdWrite()            // 使用 r1 的原始值,对 DUV 寄存器进行前门写

rb1.r1.fdWrite(5)          // 向 DUV 寄存器前门写入 5,并按属性改变寄存器的值
rd = rb1.r1                // rd = 5

rb1.r1.fdWrite(5, true)    // 向 DUV 寄存器前门写入 5,并按属性更新 r1 的值
rd = rb1.r1                // rd = 5

rd = rb1.r1.fdRead()       // 前门读 DUV 寄存器的值,并把读出的结果按属性写入 r1
```

13.2.4 批量后门读写

regBlock 可以对寄存器和 DUV 进行批量读写。

（1）bdWrite( )

批量后门写函数 bdWrite( ) 的函数原型如表 13-9 所示。

表 13-9 bdWrite( ) 函数原型

函数原型	bdWrite( ) bdWrite(list<int> attrList)
参数	attrList，寄存器属性列表，只对指定属性的寄存器进行后门写操作
示例	parameter RW = 1 rb1.bdWrite( ) rb1.bdWrite([RW])

（2）bdRead( )

批量后门读函数 bdRead( ) 的函数原型如表 13-10 所示。

表 13-10 bdRead( ) 函数原型

函数原型	byte bdRead( ) byte bdRead(bool UPDATE) byte bdRead(list<int> attrList) byte bdRead(list<int> attrList, bool UPDATE)

（续）

参数	attrList，寄存器属性列表，只对指定属性的寄存器进行后门读操作 UPDATE，更新选项，表示是否同步更新寄存器的值，默认更新
返回值	读出的数据
示例	parameter WC = 3 rb1.bdRead( ) rb1.bdRead（[WC]，true)

批量后门读写寄存器的代码示例如下。

```
rba rb1
int rd
list<int> attrList = [WR, WO]
byte B

// 批量后门读写,按属性过滤寄存器
rb1.bdWrite()                    // 后门写,将 rb1 所有寄存器值写入 DUV
rb1.bdWrite(attrList)            // 后门写,将 rb1 所有指定属性的寄存器值写入 DUV

// 后门读,将 DUV 所有寄存器数据读出,rb1 寄存器值同步更新(含比较功能),B 存放实际读取的值
B = rb1.bdRead()
// 后门读,将 DUV 所有寄存器数据读出,rb1 寄存器值同步更新(含比较功能),B 存放实际读取的值
B = rb1.bdRead(true)
// 后门读,将指定属性的 DUV 寄存器数据读出,B 存放实际读取的值
B = rb1.bdRead(attrList)
// 后门读,将指定属性的 DUV 寄存器数据读出,rb1 寄存器值同步更新,B 存放实际读取的值
B = rb1.bdRead(attrList, true)
```

▶▶ 13.2.5 批量前门读写

（1）fdWrite( )

批量前门写操作只能写 DUV。批量前门写函数 fdWrite( ) 的函数原型如表 13-11 所示。

表 13-11 fdWrite( ) 函数原型

函数原型	fdWrite( ) fdWrite(list<int> attrList)
参数	attrList，寄存器属性列表，只对指定属性的寄存器进行批量前门写操作
示例	parameter WC = 3 rb1.fdWrite（[WC]）

（2）fdRead( )

前门读函数只能读 DUV，不能同时读 DUV 和寄存器。批量前门读函数 fdRead( ) 的函数原型如表 13-12 所示。

表 13-12 fdRead( ) 函数原型

函数原型	byte fdRead( )
	byte fdRead(bool UPDATE)
	byte fdRead(list<int> attrList)
	byte fdRead(list<int> attrList, bool UPDATE)
参数	attrList, 寄存器属性列表, 只对指定属性的寄存器进行批量前门读操作
	UPDATE, 更新选项, 表示是否同步更新寄存器的值, 默认按寄存器读写属性更新
返回值	读出的数据
示例	parameter RW = 5
	rb1.fdRead([RW] , false)

批量前门读写寄存器的代码示例如下。

```
rba rb1
int rd
list<int> attrList = [WR, WO]
byte B

// 批量前门读写(需要指定 drvVC),按属性过滤寄存器
rb1.fdWrite()                    // 前门写,将 rb1 所有指定类型的寄存器值写入 DUV
rb1.fdWrite(attrList)            // 前门写,将 rb1 所有指定类型的寄存器值写入 DUV

// 前门读,将 DUV 寄存器数据全部读出,寄存器值根据属性变化(含比较功能),B 存放实际读取的值
B = rb1.fdRead()
// 前门读,将指定属性的 DUV 寄存器数据读出,寄存器值根据属性变化(含比较功能),B 存放实际读取的值
B = rb1.fdRead(attrList)

// 前门读,将 DUV 寄存器数据全部读出,寄存器值不变(含比较功能),B 存放实际读取的值
B = rb1.fdRead(false)
// 前门读,将指定属性的 DUV 寄存器数据读出,寄存器值不变(含比较功能),B 存放实际读取的值
B = rb1.fdRead(attrList, false)
```

▶▶ 13.2.6 其他常用函数

regBlock 类提供了对其内部寄存器进行初始化的函数、数据保存函数, 以及数据比较函数。

(1) initial( )

寄存器块构造函数 initial( ), 定义寄存器块的大小和位宽。函数原型如表 13-13 所示。

表 13-13 initial( ) 函数原型

函数原型	int initial( )
	int initial(int rows)
	int initial(int rows, int width)

（续）

参数	rows，寄存器个数，默认个数为 1 width，寄存器位宽，默认位宽为 32
返回值	无
示例	//对象例化时，自动调用 initial( )函数 regBlock rb1　　　　　　// 1 个寄存器，位宽为 32bit regBlock rb1(5)　　　　　// 5 个寄存器，位宽为 32bit regBlock rb1(5, 64)　　　// 5 个寄存器，位宽为 64bit

（2）format( )

单个寄存器的定义函数 format( )，定义寄存器的偏移地址、名称、属性、数据域分配及初始值。函数原型如表 13-14 所示。

表 13-14　format( )函数原型

函数原型	bool format(int row, int offset, string name, int rowAttr, list<string> field, list<int> field-Width, list<int> fieldAttr, list<int> fieldValue)
参数	row，寄存器行号 offset，寄存器偏移地址 name，寄存器名称 rowAttr，寄存器属性 field，寄存器数据域名称列表 fieldWidth，数据域位宽列表 fieldAttr，数据域属性列表 fieldValue，数据域初始值列表
返回值	寄存器定义是否成功
示例	bool flag = rb1.format(1, 0x04, "reg1", 0, ["f1", "f2", "f3"], [12, 7, 13], [0, 1, 2], [5, 7, 8])

（3）setEnv( )

setEnv( )函数用于设置 regBlock 寄存器块的执行环境，指定 pvmID、drvVCID 和后门读写路径。函数原型如表 13-15 所示。

表 13-15　setEnv( )函数原型

函数原型	setEnv(int pvmID, drvVCID) setEnv(string signalPath) setEnv(int pvmID, drvVCID, string signalPath)
参数	pvmID，pvm 编号 drvVCID，驱动验证组件编号 signalPath，后门读写使用的 net 网表信号路径
返回值	无
示例	reb1.setEnv(3, 200, " tb.duv.m1")

（4）setBase( )

setBase( )函数用于设置 regBlock 寄存器块的基地址函数。函数原型如表 13-16 所示。

表 13-16　setBase( )函数原型

函数原型	setBase(int baseAddr)
参数	baseAddr，基地址
返回值	无
示例	rb1.setBase(0xFF00_EE00)

（5）init( )

init( )函数使用二维 byte 类型数据对寄存器进行初始化。函数原型如表 13-17 所示。

表 13-17　init( )函数原型

函数原型	int init(byte B)
参数	B，byte 类型的二维初始化数据
返回值	完成初始化的寄存器数量
示例	byte B(1024, 32) rb1.init(B)

（6）dump( )

dump( )函数用于完整保存寄存器数据到二维 byte 类型变量中。函数原型如表 13-18 所示。

表 13-18　dump( )函数原型

函数原型	byte dump( )
参数	无
返回值	读出的数据
示例	byte B = rb1.dump( )

（7）cmp( )

cmp( )函数用于将寄存器的数据和一个二维 byte 类型数据进行比较。函数原型如表 13-19 所示。

表 13-19　cmp( )函数原型

函数原型	int cmp(byte B)
参数	B，待比较的 byte 类型数据
返回值	数据相同的寄存器个数
示例	byte B(1024) int cnt = b1.cmp(B)

（8）band( )

band( )函数用于实现寄存器或寄存器数据域的位与操作。函数原型如表 13-20 所示。

表 13-20　band( )函数原型

函数原型	band(int data)
参数	data，操作数据，支持的数据类型有 int、uint、bit、byte
返回值	无
示例	int a = 0xABCD_FE00 rb1.r1.band(a) rb1.r1.f1.band(a)

（9）bor( )

bor( )函数用于实现寄存器或寄存器数据域的位或操作。函数原型如表 13-21 所示。

表 13-21　bor( )函数原型

函数原型	bor(int data)
参数	data，操作数据，支持的数据类型有 int、uint、bit、byte
返回值	无
示例	int a = 0xABCD_FE00 rb1.r1.bor(a) rb1.r1.f1.bor(a)

（10）bnot( )

bnot( )函数用于实现寄存器或寄存器数据域的按位取反操作。函数原型如表 13-22 所示。

表 13-22　bnot( )函数原型

函数原型	bnot( )
参数	无
返回值	无
示例	rb1.r1.bnot( ) rb1.r1.f1.bnot(a)

（11）bxor( )

bxor( )函数用于实现寄存器或寄存器数据域的位异或操作。函数原型如表 13-23 所示。

表 13-23　bxor( ) 函数原型

函数原型	bxor(int data)
参数	data，操作数据，支持的数据类型有 int、uint、bit、byte
返回值	无
示例	int a = 0xABCD_FE00 rb1.r1.bxor(a) rb1.r1.f1.bxor(a)

（12）llshift( )

llshift( ) 函数用于实现寄存器或寄存器数据域的逻辑左移操作。函数原型如表 13-24 所示。

表 13-24　llshift( ) 函数原型

函数原型	llshift(int num)
参数	num，移位的位数
返回值	无
示例	rb1.r1.llshift(2) rb1.r1.f1.llshift(2)

（13）lrshift( )

lrshift( ) 函数用于实现寄存器或寄存器数据域的逻辑右移操作。函数原型如表 13-25 所示。

表 13-25　lrshift( ) 函数原型

函数原型	lrshift(int num)
参数	num，移位的位数
返回值	无
示例	rb1.r1.lrshift(2) rb1.r1.f1.lrshift(2)

（14）rlshift( )

rlshift( ) 函数用于实现寄存器或寄存器数据域的循环左移操作。函数原型如表 13-26 所示。

表 13-26　rlshift( ) 函数原型

函数原型	rlshift(int num)
参数	num，移位的位数
返回值	无
示例	rb1.r1.rlshift(2) rb1.r1.f1.rlshift(2)

（15） rrshift（ ）

rrshift（ ）函数用于实现寄存器或寄存器数据域的循环右移操作。函数原型如表 13-27 所示。

表 13-27　rrshift（ ）函数原型

函数原型	rrshift（int num）
参数	num，移位的位数
返回值	无
示例	rb1.r1.rrshift（2） rb1.r1.f1.rrshift（2）

（16） toint（ ）

toint（ ）函数用于将寄存器或寄存器数据域的数据转换为 int 类型。函数原型如表 13-28 所示。

表 13-28　toint（ ）函数原型

函数原型	int toint（ ）
参数	无
返回值	转换的结果
示例	int a a = rb1.r1.toint（ ） a = rb1.r1.f1.toint（ ）

（17） touint（ ）

touint（ ）函数用于将寄存器或寄存器数据域的数据转换为 uint 类型。函数原型如表 13-29 所示。

表 13-29　touint（ ）函数原型

函数原型	uint touint（ ）
参数	无
返回值	转换的结果
示例	uint a a = rb1.r1.touint（ ） a = rb1.r1.f1.touint（ ）

（18） tobit（ ）

tobit（ ）函数用于将寄存器或寄存器数据域的数据转换为 bit 类型。函数原型如表 13-30 所示。

表 13-30　tobit（ ）函数原型

函数原型	bit tobit（ ）
参数	无
返回值	转换的结果
示例	bit a a = rb1.r1.tobit（ ） a = rb1.r1.f1.tobit（ ）

（19）tobyte( )

tobyte( )函数用于将寄存器或寄存器数据域的数据转换为 byte 类型。函数原型如表 13-31 所示。

表 13-31   tobyte( ) 函数原型

函数原型	byte tobyte( )
参数	无
返回值	转换的结果
示例	byte a a = rb1.r1.tobyte( ) a = rb1.r1.f1.tobyte( )

信号故障注入工具

设计芯片时要进行可靠性、容错性设计，在激励中插入故障数据是验证芯片质量的一种重要手段。有两种故障注入方法。

- 激励数据故障：比如 CRC 校验数据错误、包长超出范围等。在构造数据激励时很容易插入这类数据故障。
- 信号时序故障：比如某个信号固定在某个值、出现毛刺信号、时钟发生抖动、状态机状态翻转异常等。

在介绍信号注入故障的方法之前，先介绍两个和信号相关的函数：获取信号值的函数 getv( )，产生高精度时钟的函数 clock( )。这两个函数不属于故障注入函数，只是和信号密切相关。

注意：使用 VCS 仿真器时，vcs 的编译需要增加 "-debug_access+cbk -debug_access+f" 或 "-debug_access+all" 选项，信号故障注入命令才能正常工作，但仿真时间会增加。

14.1 获取信号值

在 Eagle 代码中，可以使用 getv( ) 函数获取一个 Verilog 信号的值。获取信号值不属于故障注入。函数原型如表 14-1 所示。

表 14-1   getv( ) 函数原型

函数原型	int getv(string signal, out bit value)
参数	signal，net 网表名称 value，获取的值
示例	string signal = "top.duv.m1.reg" bit val(16) getv(signal, val)

14.2 高精度时钟

在搭建芯片验证平台时，全局时钟产生器是一个必备模块，有的芯片还需要多个全局时钟。时钟一般使用频率 F 来表示，Verilog 代码只能使用周期 T 来产生时钟。周期 $T = 1/F$，使用到除法，大概率会除不尽，周期 T 的值会四舍五入，这样产生出来的时钟信号频率和期望频率有偏差，并且随着周期数增加，会出现累计误差。对于只有单个全局时钟的芯片而言不是大问题，但对于有多个不同频率的全局时钟且时钟直接有关联的芯片而言，这种累计误差不能忽略。

clock( ) 函数用于产生高精度时钟信号，不会因为除法除不尽出现频率偏差，也不会出现累计误差。函数原型如表 14-2 所示。

表 14-2　clock( ) 函数原型

函数原型	clock(string signal, int frequence)
参数	signal，clock 信号名称 frequence，时钟频率，单位为 MHz
返回值	无
示例	string signal = "top.clk" clock(signal, 33)

对于频率为 33MHz 的时钟，周期 $T = 1/33\mu s \approx 30.303\,0ns$，半周期约为 $15.151\,5ns$，是无限循环小数。使用 Verilog 代码来产生这样的时钟，周期会选取为 30ns，产生的时钟频率为 $33.333\,3MHz$，有 1% 的频偏，10 000 个时钟周期的累计误差为 3030ns。使用 clock( ) 函数产生的时钟，频率会维持在 33MHz，任何时候的累计误差都只有 0.303ns。

如果 Verilog 代码设置 timescale 1ns/10ps，则时钟周期可以精确到 30.30ns，任何时候的累计误差都只有 0.003 03ns。

14.3 单信号故障注入

单信号故障注入是指强制改变一个信号的值，或在一个信号中随机添加毛刺，并可以设置延迟时间和持续时间。

（1）setv( )

setv( ) 函数用于将 net 网表强制到一个固定的值，使其一直有效或者持续一段时间。可以将信号的值强制设置为高阻 "z" 或未知 "x"。函数原型如表 14-3 所示。

表 14-3　setv( ) 函数原型

函数原型	setv(string signal, int v)
	setv(string signal, int v, int delay, int duration)
	setv(string signal, string xzV)
	setv(string signal, string xzV, int delay, int duration)

（续）

参数	signal，net 网表名称 v，设置的值 xzV，字符串，只能是"x","z"，或"X"，"Z" delay，延迟时间，单位为 ns duration，持续的仿真时间，单位为 ns。延迟 delay（>=0）时长后，开始改变信号的值，持续 duration 时长
返回值	无
示例	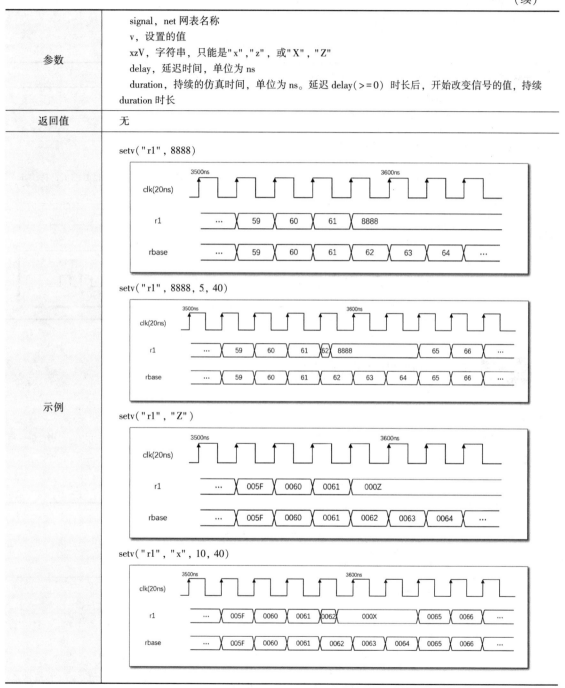

（2）pulse（）

pulse（）函数用于在信号上添加毛刺，延迟 delay （>=0）时长后，在持续 druation 时间内，开始随机添加 width 宽度的多个毛刺（最少 min 个，最多 max 个），持续 duration 时长。其中 duration > 2 *
width * max。函数原型如表 14-4 所示。

表 14-4 pulse( ) 函数原型

函数原型	pulse(string signal, int width, int min, int max, int delay, int duration)
参数	signal，net 网表名称 width，毛刺的宽度，单位为 ns min，毛刺个数最小值 max，毛刺个数最大值 delay，延迟时间（>=0），单位为 ns duration，持续的仿真时间，单位为 ns。延迟 delay（>=0）时长后，开始改变信号的值，持续 duration 时长
返回值	无
示例	pulse("clk", 1, 1, 5, 100, 300)

14.4 基于事件的信号故障注入

（1）setv( )

setv( )函数用于实现当某个 net 网表的值为指定值时，将 net 网表强制到一个固定的值，使其一直
有效或者持续一段时间。函数原型如表 14-5 所示。

表 14-5 setv( ) 函数原型

函数原型	setv(string esignal, int ev, string signal, int v) setv(string esignal, int ev, string signal, int v, int delay, int duration) setv(string esignal, int ev, string signal, string xzV) setv(string esignal, int ev, string signal, string xzV, int delay, int duration)
参数	esignal，事件信号名称 ev，事件信号值 signal，net 网表名称 v，设置的值 xzV，字符串，只能是"x"，"z"，或"X"，"Z" delay，延迟时间，单位为 ns duration，持续的仿真时间，单位为 ns。延迟 delay（>=0）时长后，开始改变信号的值，持续 duration时长
返回值	无

（续）

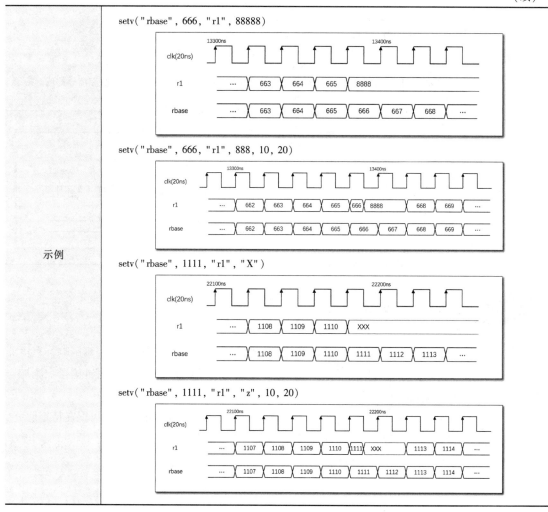

示例

setv（"rbase"，666，"r1"，88888）

setv（"rbase"，666，"r1"，888，10，20）

setv（"rbase"，1111，"r1"，"X"）

setv（"rbase"，1111，"r1"，"z"，10，20）

（2）pulse（）

pulse（）函数用于实现当某个 net 网表的值为指定值时，对 net 网表施加毛刺，延迟 delay（>=0）时长后，开始随机添加 width 宽度的毛刺（最少 min 个，最多 max 个），持续 duration 时长。duration > 2 * width * max。函数原型如表 14-6 所示：

表 14-6　pulse（）函数原型

函数原型	pulse（string esignal，int ev，string signal，int v，int width，int min，int max，int delay，int duration）
参数	esignal，触发事件的网表名称 ev，触发事件的网表值 signal，net 网表名称 v，设置的毛刺值

（续）

参数	width，毛刺的宽度，单位为 ns min，毛刺个数最小值 max，毛刺个数最大值 delay，延迟时间（>=0），单位为 ns duration，持续的仿真时间，单位为 ns。延迟 delay（>=0）时长后，开始改变信号的值，持续 duration 时长
返回值	无
示例	pulse("rbase", 666,"clk_1", 3, 3, 3, 0, 300) 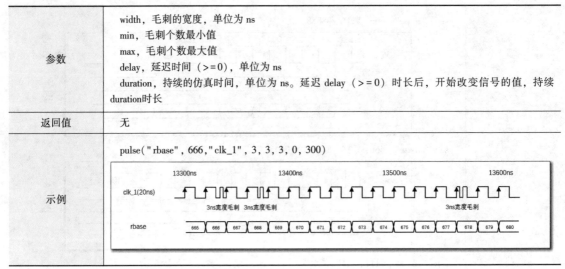

14.5 时钟信号故障注入

时钟信号是芯片最重要的信号，受外部环境温度、电磁干扰、物理实现扰动等因素影响，有可能出现频偏、占空比变化。在多时钟域的场景，同步设计缺陷可能导致功能失常。在时钟信号上施加一定的故障，可以在前期发现同步设计缺陷。

clock()函数产生一个相位、周期、占空比、抖动、持续时长可调的时钟信号。可以在特定时间，对已有的时钟信号施加这种改变，使其持续一段时间后恢复正常时钟，如图 14-1 所示。

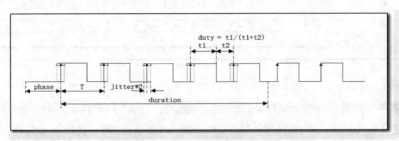

● 图 14-1 时钟信号故障注入时序示意图

clock()函数原型如表 14-7 所示。

表 14-7   clock() 函数原型

函数原型	clock(string signal, int phase, int T, int duty, int jitter, int duration)
参数	signal，net 网表名称 phase，相位延迟时间（>=0），单位为 ns

（续）

参数	T，时钟周期，单位为 ns duty，占空比，取值范围为 10~90 jitter，抖动大小，单位为 ns，取值范围为 0~10 duration，持续的仿真时间，单位为 ns。-1 表示无限长
返回值	无
示例	clock("clk", 0, 24, 25, 3, 200) 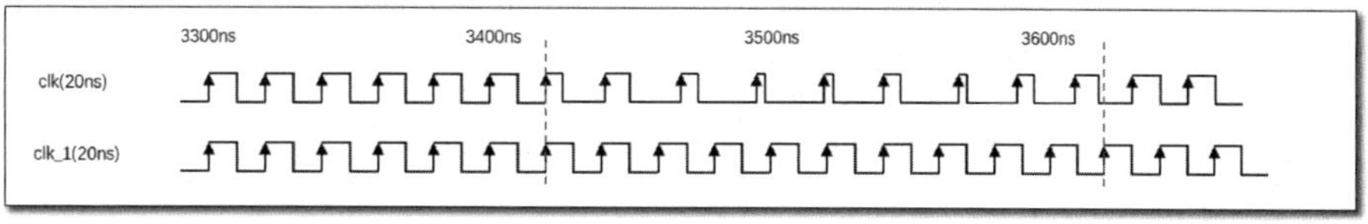 clock("clk", 0, 20, 75, 2, 200) 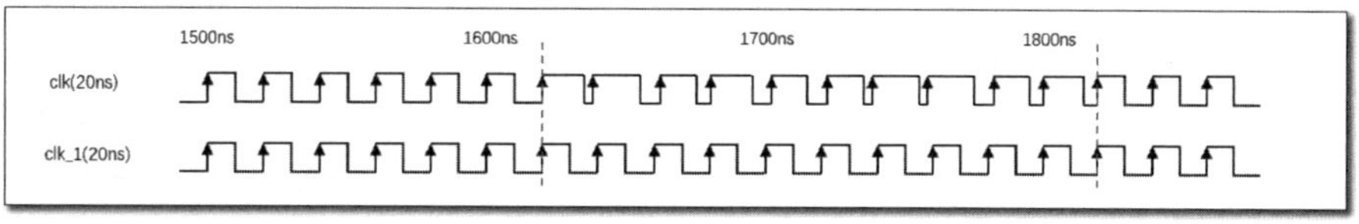

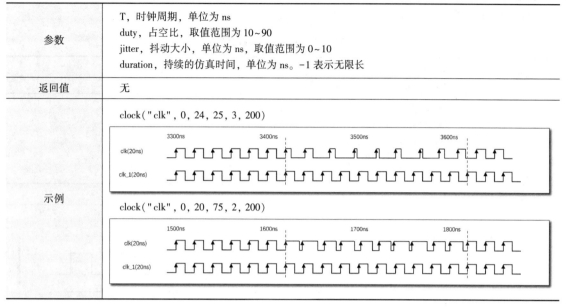

14.6 状态机故障注入

为了测试状态机的健壮性，state( )函数用于强制改变状态机的跳转。有以下三种跳转模式。

- MODE1：不进入某种状态，跳转到指定的其他 next 状态。
- MODE2：在某种状态下，在下一个时钟跳变沿跳转到指定的其他 next 状态。
- MODE3：在某种状态下，在下一个状态跳转到指定的其他 next 状态。

图 14-2 的状态机有两个状态 S1 和 S2，正常从 S1 跳转到 S2。现在插入故障，使用 MODE1，S1 状态被 next 状态取代。使用 MODE2，当出现 S1 状态后，下一个时钟周期就会跳转到 next 状态。使用

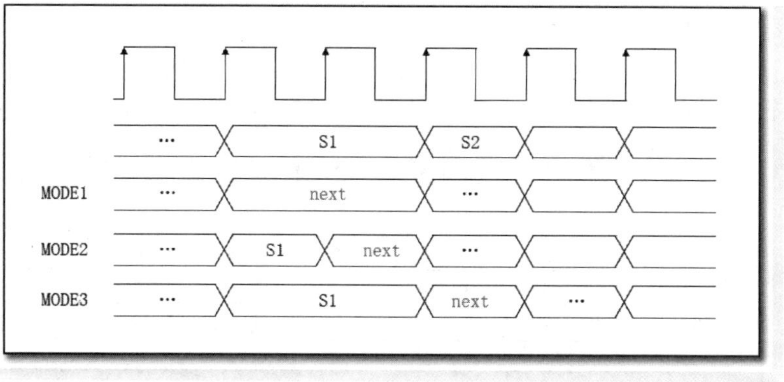

● 图 14-2　状态机故障注入时序图

MODE3，当要从 S1 跳转到下一个 S2 状态时，S2 状态被 next 状态取代。

state( ) 函数根据模式设置改变状态机的跳转。函数原型如表 14-8 所示。

表 14-8　state( ) 函数原型

函数原型	state(string signal, int S1, int next, int mode) state(string signal, string clk, int S1, int next)
参数	signal，状态机 net 网表名称 clk，MODE2 下指定的时钟信号，上升沿有效 S1，状态值 next，下一个状态值 mode，模式，取值为 1，3。MODE2 不用设置模式
返回值	无
示例	state("state", 3, 0, 1) state("state", 3, 0, 3) state("state", "clk_2", 4, 2)

第15章

▶▶▶▶▶▶

验证平台示例

本章通过 4 个示例，介绍如何使用 PVM 搭建不同类型的验证平台。这 4 个示例分别如下。

- 模块级的验证平台：shaDemo。
- 可重用的验证平台：socDemoI。
- 级联 PVM 验证平台：基于 socDemoI 构建的级联 PVM 验证平台 socDemoII。
- 分布式 DVM 验证平台：基于 socDemoII 构建的多机、分布式 DVM 验证平台 socDemoIII。

说明： 本章展示的 4 个示例的代码会随 PVM 验证平台版本一同发布，其中的代码也可能会调整，以实际发布版本的代码为准。

15.1 sha 模块验证平台：shaDemo

sha 模块是一个加密算法模块，内部例化了 4 个 sha1 算法模块，可以并行进行 4 个数据流的 sha1 运算，其框架图如图 15-1 所示。

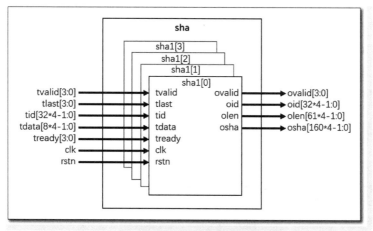

● 图 15-1 sha 模块框架图

▶▶ 15.1.1   shaDemo 验证平台架构

为实现 sha 模块的验证，PVM 验证平台架构图如图 15-2 所示。

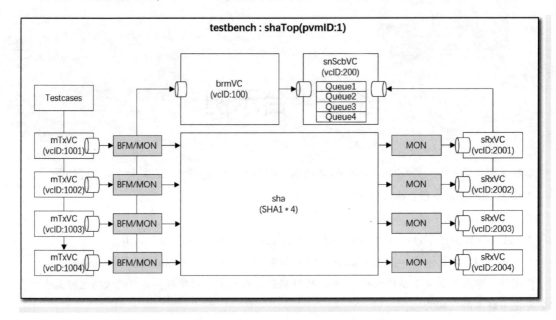

● 图 15-2   sha 模块 PVM 验证平台架构图

在 sha 模块的输入端，有 4 路主发送验证组件 mTxVC，通过 BFM/MON 向 sha 模块发送激励数据，同时将激励数据发送给行为级参考模型验证组件 brmVC 处理，得到预期结果后存入带序列号的记分牌验证组件 snScbVC 中。在输出端，4 路从接收验证组件 sRxVC 通过 MON 从 sha 模块获取结果数据，再将结果数据存入带序列号的记分牌验证组件的不同队列中。带序列号的记分牌验证组件在收到结果数据后，进行结果比较。

shaDemo 验证平台配置文件 default.pvmcfg 的代码示例如下。

```
// ===========================================================================
// PVM Verification Component and Packet Configuration
// ===========================================================================
// default.pvmcfg
[pvm: testbench/1]
    [vc: mtx/1001]
       [packet : shaPacket]
    [vc: mtx/1002]
       [packet : shaPacket]
    [vc: mtx/1003]
       [packet : shaPacket]
    [vc: mtx/1004]
```

```
            [packet : shaPacket]
    [vc: srx/2001]
    [vc: srx/2002]
    [vc: srx/2003]
    [vc: srx/2004]

    [vc: brm/3001]
    [vc: cmp/[4001: [2001]]]
```

在配置文件中，例化了 4 个主发送验证组件 mtx、4 个从接收验证组件 srx、1 个行为级参考模型验证组件 brm 和 1 个结果比较验证组件 cmp。

▶▶ 15. 1. 2　BFM 设计

在输入端是激励发送 mTxBFM，其实现代码如下。

```
`timescale 1ns / 1ns
module mTxBFM #(
    parameter portID  = 1001,
    parameter MEM_SIZE = 1024
) (
    input      rst_n,
    input      clk,
    input      tready,
    output reg  tvalid,
    output reg  tlast,
    output reg [31:0]  tid,
    output reg [7:0]   tdata
);

    // define state
    parameter INIT = 0, RECV = 1, WAIT = 2, SEND = 3;
    reg [1:0] state;
    reg       sending;
    reg       sendDone;

    integer rc;

    // define memary
    reg [7:0] mem      [MEM_SIZE-1:0];

    // state
    always @ (negedge rst_n or posedge clk) begin
        if (rst_n == 1'b0) begin
            state <= INIT;
            sendDone <= 1'b0;
            sending <= 1'b0;
        end else if (state == INIT) state <= RECV;
        else if (state == RECV) state <= WAIT;
```

```
        else if (state == WAIT && tready == 1'b1) begin
            state <= SEND;
            sendDone <= 1'b0;
        end else if (state == SEND && sendDone == 1'b1) begin
            state  <= RECV;
            sending <= 0;
        end
    end

// receive and send data
always @ (posedge clk or negedge rst_n) begin
    if (rst_n == 1'b0) begin
        tid <= 32'b0;
        tvalid <= 1'b0;
        tlast <= 1'b0;
        tdata <= 8'b0;
    end else begin
        if (state == RECV) begin
            rc = txPkt(1, portID, mem, state);
            svrReqFunc(1, 2, mem, mem);
        end else if (state == SEND && sending == 1'b0) begin
            sendData;
        end
    end
end

// task of senddata
integer i;
reg [31:0] shaLen;
reg [31:0] packetNo;
reg [7:0] last;
task sendData;
    begin
        packetNo = {mem[24], mem[25], mem[26], mem[27]};
        shaLen = {mem[28], mem[29], mem[30], mem[31], mem[32], mem[33], mem[34], mem[35]};
        last = mem[36];
        tid <= packetNo;
        tvalid <= 1'b1;
        sending <= 1'b1;
        for (i = 0; i < shaLen; i = i + 1) begin
            tdata <= mem[37+i];
            if (i == shaLen - 1 && last == 1) tlast <= 1'b1;
            @ (posedge clk);
        end
        tid <= 32'b0;
        tvalid <= 1'b0;
        tlast <= 1'b0;
        sendDone <= 1'b1;
    end
```

```
        endtask

endmodule
```

激励发送 BFM 主要由一个状态机 state 组成，它有 4 种状态：INIT、RECV、WAIT 和 SEND。在 RECV 状态使用 txPkt( ) 函数从发送验证组件中获取要发送的激励数据，在 SEND 状态，调用 sendData 任务将激励数据发送给 sha 模块。

在输出端是数据接收 sRxBFM，其实现代码如下。

```
`timescale 1ns / 1ns
module sRxBFM #(
    parameter portID  = 2001,
    parameter MEM_SIZE = 1024
) (
        input rst_n,
        input clk,
        input ovalid,
        input wire [31:0] oid,
        input wire [60:0] olen,
        input wire [159:0] osha
);
    // define state
    parameter INIT = 0, READ = 1, SEND = 2;
    reg [1:0] state;

    // define memary
    reg [7:0] mem[MEM_SIZE-1:0];

    // state
    always @ (negedge rst_n or posedge clk) begin
        if (rst_n == 1'b0) state <= INIT;
        else if (state == INIT) state <= READ;
        else if (state == READ && ovalid == 1'b1) state <= SEND;
        else if (state == SEND) state <= READ;
    end

    // read and send data
    always @ (posedge clk) begin
        if (state == SEND) rxPkt(1, portID, 2, mem);
        else if (state == READ && ovalid == 1'b1) begin
            readData;
        end
    end

    // read data task
    integer i;
    task readData;
        begin
            {mem[20], mem[21], mem[22], mem[23]} = 32;
```

```
            {mem[24], mem[25], mem[26], mem[27]} = oid;
            {mem[28], mem[29], mem[30], mem[31], mem[32], mem[33], mem[34], mem[35]} = olen;
            for (i = 0; i < 20; i = i + 1) mem[36+i] = osha[i* 8+:8];
        end
    endtask
endmodule
```

数据接收 BFM 主要由一个状态机 state 组成，包含 3 个状态：INIT、READ 和 SEND。在 READ 状态，调用 readData 任务从 sha 模块获取结果数据，在 SEND 状态调用 rxPkt( )函数向接收验证组件发送结果数据。

▶▶ 15.1.3　验证组件设计

sha 模块验证平台中有 1 种数据包产生器和 4 种验证组件：发送验证组件 mtx、接收验证组件 srx、参考模型验证组件 brm 和结果比较验证组件 cmp。下面分别介绍。

（1）激励数据包产生器

shaPacket 是 sha 模块的激励数据包产生器，实现代码如下。

```
// shaPacket.egl
package shaDemo
use eaglepvm

class shaPacketof packet:
    byte No(4)
    byte len(8)
    byte last(1)
    byte shaData

    onConfig():
        setField(No,PVM_ALL_ON)
        setField(len,PVM_ALL_ON)
        setField(last,PVM_ALL_ON)
        setVField(shaData, PVM_ALL_ON,len)

    int drandom
    int data
    bool isStart = true

    byte gen():
        coverDict["shaCov"].random()
        last = coverDict["shaCov"].last
        drandom = coverDict["shaCov"].random
        len = coverDict["shaCov"].len
        data = coverDict["shaCov"].data

        if isStart:
            No = pktSn()
            if last == 0:
```

```
            isStart = false
        elif last == 1:
            isStart = true

        shaData.resize(1, len)

        if drandom == 1:
            shaData.random()
        else:
            shaData.set(data)
        pvmInfo(f"generate a packet(%d): length is %d", toint(No), toint(len))
        return pack()
```

gen( ) 函数用于产生随机激励数据包，随机激励数据源由 shaCov 对象产生，在 tc10001.covcfg 测试用例配置文件中设置，如下所示。

```
// tc10001.covcfg
    [packet : shaPacket]
        [cross: "shaCov"]
        {
            len : [120, [121: 200]]
            data: [85]
        }
```

gen( ) 函数由发送验证组件在调度器中调用。

（2）发送验证组件设计

发送验证组件 mtx 调用 shaPacket 的 gen( ) 函数，获取激励发送数据，调用 toduv( ) 函数将激励数据发送给 mTxBFM，同时调用 tobrm( ) 函数将激励数据发送给 BRM 处理。mtx 级联发送验证组件的实现代码如下。

```
package shaDemo
use eaglepvm

class mtx of mTxVC:
    onPreProcess():
        raiseFlag()

    onProcess():
        byte tFeedback
        byte tPacket
        byte packet
        byte txHeader(PACKET_HEADER_LEN)

        while ready():
            if packetList[0].getScore() >= 1:
                break
            packet = packetList[0].gen()
            txHeader[20, 4] = packet.size()
            tPacket = txHeader..packet
```

```
        toduv(tPacket, tFeedback)
        tobrm(3001, tPacket, 0)
        pvmInfo("TX", "toduv txPacket", 1200)

    onPostProcess():
        lowerFlag(1200)
        pvmInfo("TX", sprintf("packets coverage: %f", packetList[0].getScore()))
```

在 onPreProcess( ) 函数中，调用 raiseFlag( ) 函数升旗，在 onPostProcess( ) 函数中调用 lowerFlag( ) 函数降旗，并将仿真延迟时间设置为 1200ns。这种升降旗机制能够确保测试用例能够正常退出。

在 sha 模块的验证平台中，不能使用 watchdog（看门狗）来实现测试用例的正常退出，这是因为 sha 模块的输入输出是一种不间断的码流，即使没有输入激励，也会有结果数据输出，无法判断结果数据是否为无效码流，这样，接收验证组件就会持续"喂狗"，导致 watchdog 无法正常退出。

激励发送模块在查询到功能覆盖率到达 100% 之后退出循环，不再发送激励数据。

（3）接收验证组件设计

接收验证组件 srx 的实现代码如下。

```
package shaDemo
use eaglepvm

class srx of sRxVC:
    onProcess():
        int rPacketNo = 0
        int shalen = 0
        int rc
        int srcID
        byte rPacket

        while ready():
            rc = rcvPkt(srcID, rPacket)
            if rc == E_SUCCESS:
                rPacketNo = rPacket[PACKET_HEADER_LEN, 4]
                shalen = rPacket[PACKET_HEADER_LEN + 4, 8]
                end2scb(4001, QUEUEID, rPacket, rPacketNo)
                pvmInfo("RX", sprintf("slave RX received a packet(%d), shalen is: %d", rPacketNo,
shalen))
```

接收验证组件 srx 调用 rcvPkt( ) 函数从 sRxBFM 获取实际的结果数据，再调用 end2scb( ) 函数将实际的结果数据发送给 scoreboard 进行结果比较。

（4）行为级参考模型验证组件设计

行为级参考模型验证组件 brm 的实现代码如下。

```
package shaDemo
use eaglepvm
use cmodel
```

```
class brm of brmVC:
    onProcess():
        int rc
        int shaLen = 0
        int tPacketNo = 0
        int last = 0
        byte tPacket
        dict<int, byte> cmodelIn
        byte cmodelResult(20)
        byte finalResult(56)
        int srcID

        while ready():
            rc = getPkt(srcID, tPacket)
            if rc == E_SUCCESS:
                tPacketNo = tPacket[PACKET_HEADER_LEN, 4]
                last = tPacket[PACKET_HEADER_LEN + 12]

                if last == 0:
                    if cmodelIn.find(tPacketNo):
                        cmodelIn[tPacketNo] = cmodelIn[tPacketNo] .. tPacket[37:]
                    else:
                        cmodelIn[tPacketNo] = tPacket[37:]
                else:
                    if cmodelIn.find(tPacketNo):
                        cmodelIn[tPacketNo] = cmodelIn[tPacketNo] .. tPacket[37:]
                        SHA1(cmodelResult, cmodelIn[tPacketNo])
                        shaLen = cmodelIn[tPacketNo].size()
                        cmodelIn.erase(tPacketNo)
                    else:
                        SHA1(cmodelResult, tPacket[37:])
                        shaLen = tPacket[PACKET_HEADER_LEN + 4, 8]

                    finalResult[20, 4] = 32
                    finalResult[PACKET_HEADER_LEN, 4] = tPacketNo
                    finalResult[PACKET_HEADER_LEN + 4, 8] = shaLen

                    // cmodel 高位先输出,这里要颠倒回来
                    for int i [20]:
                        finalResult[36 + i] = cmodelResult[19 - i]
                    // pvmInfo("BRM", sprintf("toscb txPacket: %s length: %d sn: %d", tPack-
et, shaLen, tPacketNo), 1200)
                    pvmInfo("BRM", sprintf("brm processed a packet (% d), shalen is: %d",
tPacketNo, shaLen))
                    front2scb(4001, QUEUEID,  finalResult, tPacketNo)
```

行为级参考模型验证组件 brm 调用 getPkt() 函数获取发送的激励数据,调用算法函数 SHA1() 得到预期的处理结果 cmodelResult,再转换为最终的预期处理结果 finalResult,最后调用 front2scb() 将最终的预期处理结果发送到 scoreboard 中。

（5）结果比较验证组件设计

结果比较验证组件 cmp 的实现代码如下。

```
package shaDemo
use eaglepvm

class cmp of snScbVC:
    int brmshalen
    int rxshalen
    int brmsn
    int rxsn
    onCompare(int queueId, int sn, byte inBrmData, byte inRxData):
        if inBrmData.size() <= PACKET_HEADER_LEN || inRxData.size() <= PACKET_HEADER_LEN:
            pvmInfo("SCB", sprintf("SCB received packet size too small, size from BRM: %d, size from RX: %d",inBrmData.size(), inRxData.size()))
            return
        brmsn = inBrmData[PACKET_HEADER_LEN, 4]
        rxsn = inRxData[PACKET_HEADER_LEN, 4]
        // pvmInfo("SCB", sprintf("inBrmData: %s sn: %d \n inRxData: %s rxsn: %d", inBrmData, sn, inRxData, rxsn), 1200)
        if(inBrmData[36:] == inRxData[36:]):
            pvmInfo("SCB", "Congratulations! inBrmData compared same with inRxData")
        else:
            pvmInfo("SCB", "Oops! inBrmData compared not equal with inRxData")
```

结果比较验证组件 cmp 继承于带序列号的记分牌验证组件 snScbVC，在 onCompare（）函数中实现预期结果数据和实际结果数据的比较，若数据不相等，则打印出错信息。

▶▶ 15.1.4 测试用例设计

通过.covcfg 配置文件来设计测试用例，这样的测试用例文件不需要编译。tc10001.covcfg 测试用例配置如下。

```
// tc10001.covcfg
[pvmID  : 1]
   [vcID: 1001]
      [packet : shaPacket]
         [cross: "shaCov"]
         {
             len : [120, [121: 200]]
             data: [85]
         }
   [vcID: 1002]
      [packet : shaPacket]
         [cross: "shaCov"]
         {
             len : [120, [121: 200]]
```

```
                    data: [170]
                }
    [vcID: 1003]
        [packet : shaPacket]
        [cross: "shaCov"]
            {
                len : [120, [121: 200]]
                data: [255]
            }
    [vcID: 1004]
        [packet : shaPacket]
        [cross: "shaCov"]
            {
                len : [120, [121: 200]]
                data: [0]
            }
```

4 个发送验证组件都例化了 shaPacket 激励产生器，每个激励产生器的输入随机数据由 cross cover 类型的 shaCov 对象来定义，各自包含 len 和 data 两个随机变量。

15.2 可重用 PVM 验证平台：socDemoI

以一个简单的模块为例，基于 PVM 设计一个模块级的、可重用的验证平台 socDemoI。后续介绍的级联 PVM 验证平台 socDemoII，以及多机、分布式 DVM 验证平台都基于该 socDemoI 验证平台，通过一些配置即可实现。

图 15-3 是待验证设计（DUV）的框架图，该 DUV 是交换网模块，3 路输入，3 路输出，同时有一个 axi 配置接口。

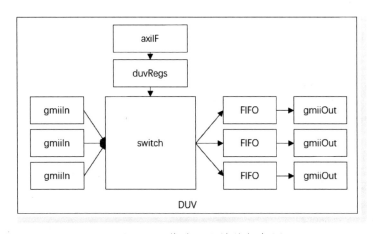

● 图 15-3　待验证设计的框架图

▶▶ 15.2.1 验证平台架构

该 DUV 的 PVM 验证平台架构如图 15-4 所示。

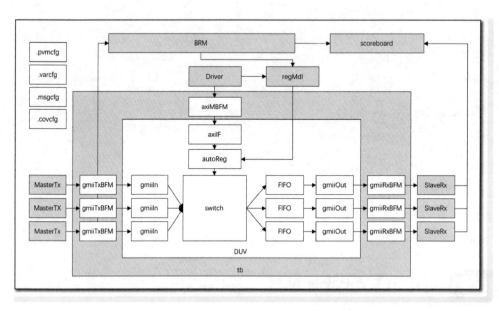

● 图 15-4 DUV 的 PVM 验证平台架构图

DUV 模块 duv.v 实现 3 输入 3 输出的交换网功能，包括一个 AXI 总线接口。

PVM 验证平台包括两部分。

- Verilog 代码部分，包括 3 种 BFM：AXI 总线主接口 axiMBFM、gmii 发送 gmiiTxBFM、gmii 接收 gmiiRxBFM。
- Eagle 代码部分，包括 3 个发送验证组件、3 个接收验证组件、1 个驱动验证组件、1 个寄存器验证组件、1 个行为级参考模型验证组件和 1 个记分牌验证组件。使用 default.pvmcfg 配置文件的方式定义验证平台，配置格式如下。

```
// ==============================================================================
// PVM Verification Component and Packet Configuration
// ==============================================================================

// default.pvmcfg
[pvm: Testbench/1]
    [vc: MasterTX/1001]
        [packet : eth8023]
    [vc: MasterTX/1002]
        [packet : eth8023]
    [-vc: MasterTX/1003]
```

```
        [packet : eth8023]

    [vc: SlaveRX/2001]
    [vc: SlaveRX/2002]
    [vc: SlaveRX/2003]

    [vc: BRM/101]
    [vc: Scoreboard/[201: [2001, 2002, 2003]]]

    [vc: Driver/3001]
```

下文分别对各个验证组件进行详细设计。

▶▶ 15.2.2　eth8023 数据包

使用 packet 的子类定义以太网 eth8023 数据包和 IP 数据包。IP 数据包定义如下。

```
/*
*  COPYRIGHT NOTICE
*  Copyright (C) 2022 Jinan Xinyu Software Technology Co., Ltd
*  All rights reserved.
* /

package verification
use eaglepvm

class ip of packet:
    bit version(4) = 4
    bit headerLen(4)        //headerLen unit: 32bit
    bit tos(8)
    bit totalLen(16)        //totalLen unit: byte
    byte header1(4)
    byte header2(4)
    byte sip(4)
    byte dip(4)
    byte option
    byte data

    int optionLen
    int dataLen

    onConfig():
        setField(version, PVM_ALL_ON)
        setField(headerLen, PVM_ALL_ON)
        setField(tos, PVM_ALL_ON)
        setField(totalLen, PVM_ALL_ON)
        setField(header1,PVM_ALL_ON)
        setField(header2,PVM_ALL_ON)
        setField(sip, PVM_ALL_ON)
        setField(dip, PVM_ALL_ON)
```

```
        setVField(option, PVM_ALL_ON, optionLen)
        setVField(data, PVM_ALL_ON, dataLen)

    byte gen(dict<string, int> d):
        assure(d.size() == 2)
        optionLen = d["optionLen"]
        totalLen = d["totalLen"]
        dataLen = totalLen - optionLen* 4- 20
        headerLen = optionLen + 5
        option.resize(1, optionLen)
        data.resize(1, dataLen)
        option.set(@xff)//assume to set 1
        data.random()
        return pack()
```

IP 数据包内有两个可变长度域：option 和 data。在产生激励数据时，需要确定这两个可变域的长度。

eth8023 数据包定义如下。

```
/*
* COPYRIGHT NOTICE
* Copyright (C) 2022 Jinan Xinyu Software Technology Co., Ltd
* All rights reserved.
*/

package verification
use eaglepvm

class eth8023 of packet:
    byte preamble(8) = xAAAA AAAA AAAA AAAB
    byte dmac(6)
    byte smac(6)
    byte length(2)
    ip payload
    byte fcs(4)

    dict<string, int> dip

    onConfig():
        setField(preamble,PVM_ALL_ON)
        setField(dmac,PVM_ALL_ON)
        setField(smac,PVM_ALL_ON)
        setField(length,PVM_ALL_ON)
        setPacket(payload)
        setField(fcs,PVM_ALL_ON)

    byte gen(int para):
        coverDict["ipCov"].random()
        dip = coverDict["ipCov"].todict()
```

```
payload.gen(dip)
coverDict["ethCov"].random()
dmac = coverDict["ethCov"].targetRXID
length = payload.size()

if payload.dataLen > 0:
    payload.data[payload.dataLen - 2,2] = pktSn()
else:
    payload.option[payload.optionLen - 2,2] = pktSn()
fcs = (dmac .. smac .. length .. payload).crc32()
return pack()
```

eth8023 数据包内嵌一个 IP 数据包，使用 IP 数据包例化得到。eth8023 数据包内包含一个可变长度域：payload，其长度由 IP 数据包的长度来决定（为简便起见，一个 eth8023 数据包只内嵌一个 IP 数据包，不做分包、组包操作）。

gen( ) 函数用于产生激励数据包，供发送验证组件调用。在产生激励数据包时，为每个数据包添加一个全局不重复的序列号 SN（调用 pktSn( ) 函数获取全局唯一的序列号），用于结果比较时对数据包进行区分。

eth8023 数据包产生由 ipCov 和 ethCov 的 cover 对象产生的随机数来控制。ipCov 和 ethCov 在测试用例配置文件 tcbase1.covcfg 和 tc10001.covcfg 中定义，其配置示例如下。

```
// tcbase1.covcfg
[pvmID  : 1]
   [vcID: 1001]
      [packet : eth8023]
         [cross: "ethCov"]
         {
             targetRXID: [2001, 2002, 2003]
         }
         [cross: "ipCov"]
         {
             optionLen : [0, 10, [1:9]]
             totalLen  : [46, 1500, [47:1499, 3]]
         }
```

ipCov 定义了 opitionLen 和 totalLen 两个变量，两个变量在多个范围内进行随机组合。ethCov 定义了一个变量 targetRXID，决定 eth8023 数据包发送的目的端口，在 3 个端口间随机。

▶▶ 15.2.3　发送验证组件设计

发送验证组件的主要功能是产生相应的数据包（可以有不同的来源），并按需要进行调度，再通过 BFM 发送给 DUV。

下段代码中 vcID 为 1001 的验证组件，其发送的数据包来源有 3 个来源。

● packet 数据包：eth8023 数据包。

- tunnel 隧道数据包：在 DVM 环境下，由其他仿真进程发送来的数据包。
- 其他验证组件发送来的数据包。

在测试用例 tcbase1.covcfg 配置文件中，scheduler 定义了调度方式，发送验证组件根据 scheduler 产生的随机数进行激励的调度。

```
// tcbase1.covcfg
[pvmID  : 1]
    [vcID: 1001]
        [scheduler]
            [comb: "scheduler"]
            {
                source    : [1, 1, 1, 2  , 3]  // 1:packet; 2:tunnel; 3:other VC;
                sourceId  : [1, 1, 2, 100, 0]
                para      : [1, 2, 1, 0  , 0]  // parameter
            }
```

发送验证组件 MasterTx.egl 的代码如下。

```
/*
 * COPYRIGHT NOTICE
 * Copyright (C) 2022 Jinan Xinyu Software Technology Co., Ltd
 * All rights reserved.
 * /

package verification
use eaglepvm

class MasterTX of mTxVC:
    int enable = 1

    onPreProcess():
        enableWatchDog()
        startWatchDog(60000)
        // raiseFlag()
        get("enable", enable)

    onProcess():
        byte txPacket
        byte packet
        byte feedback
        dict<string, int> d
        int source, sourceId, para
        int length, sn
        int delayTime
        int dvmDataID

        while ready():
            if isCfgDone():
                if enable == 0:
                    break
```

```
        if packetList[0].getScore() >= 1:
            pvmInfo("TX cover done!")
            break
        d = schCover.random()
        source = d["source"]
        sourceId = d["sourceId"]
        para = d["para"]

        if (source == 1):
            byte txPktHeader(PACKET_HEADER_LEN)
            txPktHeader[0, 2] = getPVMID()
            txPktHeader[2, 2] = getVCID()
            gget("delayTime", delayTime)
            txPktHeader[10, 4] = delayTime // delay
            assure(packetList.size() == 1)
            packet = packetList[sourceId - 1].gen(para)
            txPktHeader[20, 4] = packet.size()
            txPacket = txPktHeader..packet
            if toduv(txPacket, feedback) != E_SUCCESS:
                pvmWarning("TX", "toduv is failed!")
                continue
            length = txPacket[20, 4]
            sn = txPacket[txPacket.size() - 8, 4]
            pvmInfo("TX", sprintf("toduv txPacket sn: %d length: %d", sn, length), 1200)
        elif (source == 2):
            if dvmRxPkt(sourceId, dvmDataID, txPacket) != E_SUCCESS:
                pvmWarning("TX", "get dvmRxPkt failed!")
                continue
            gget("delayTime", delayTime)
            txPacket[0, 2] = getPVMID()
            txPacket[2, 2] = getVCID()
            txPacket[6, 4] = 0
            txPacket[10, 4] = delayTime
            length = txPacket[20, 4]
            sn = txPacket[txPacket.size() - 8, 4]
            pvmInfo("TX", sprintf("get packet from tunnel: %d sn: %d length: %d",
sourceId, sn, length))
            if toduv(txPacket, feedback) != E_SUCCESS:
                pvmWarning("TX", "toduv is failed!")
            else:
                    pvmInfo("TX", sprintf("toduv txPacket sn: %d length: %d", sn,
length), 1200)
        elif (source == 3):
            break
        else:
            pvmWarning("TX", sprintf("source %d is unknown!", source))
            break
```

```
onPostProcess():
    // lowerFlag(100000)
    pvmInfo("TX", sprintf("packets coverage: %f", packetList[0].getScore()))
```

在 onPreProcess( )函数内启动 WatchDog（看门狗），看门狗时间设置为 60 000ns。

每个发送验证组件，在 onPreProcess( )函数内升旗，在 onPostProcess( )函数内降旗，并将降旗后的延迟时间设置为 100 000ns。升降旗机制可以确保测试用例能正常结束。

在 onProcess( )函数中，只有在 DUV 完成配置后（使用 isCfgDone( )函数判断配置是否完成），发送验证组件才开始发送激励。当发送验证组件相关的功能覆盖率达到 100%时，会退出 onProcess( )函数的执行，结束本激励模块发送激励数据。

schCover 对象产生调度随机数，得到 source、sourceID、para 信息，调度器根据这些数据对输入激励进行调度。当 source = 1 时，调用 eth8023 数据包的 gen( )函数产生激励，调用 toduv( )函数将激励发送给 DUV。当 source = 2 时，使用 dvmRxPkt( )函数从 tunnel 隧道中获取数据激励。

▶▶ 15.2.4 发送 BFM 设计

本节不描述 gmii 接口时序的实现，只描述发送 BFM 和发送验证组件的通信接口。

发送验证组件使用 int toduv( )函数和 BFM 进行通信，gmiiTxBFM 使用 txPkt( )函数从发送验证组件获取数据，并反馈状态（可选），示例代码如下。

```
/*
 * COPYRIGHT NOTICE
 * Copyright (C) 2022 Jinan Xinyu Software Technology Co., Ltd
 * All rights reserved.
 * /

`timescale 10ns / 10ns

module gmiiTxBFM #(
    parameter portid = 1001,
    parameter cycle = 10,
    parameter D_WIDTH = 8,
    parameter MEM_SIZE = 1024,
    parameter PVM_ID = 1
) (
    input rst_n,
    input clk,

    input                    ready,
    output reg               Tx_en,
    output reg [D_WIDTH - 1 : 0] Tx_data
);

    reg    [D_WIDTH - 1 : 0] mem    [MEM_SIZE - 1 : 0];
    reg    [         31:0] delay;
    reg    [         31:0] length;
```

```verilog
reg    [          31:0] cnt;
// state machine:
// INITAL
// GET
// DELAY
// SEND
// FINISH
parameter INITAL = 0;
parameter GET = 1;
parameter DELAY = 2;
parameter SEND = 3;
parameter FINISH = 4;
reg [3:0] state;
reg [15:0] vcStatus;
reg [15:0] bfmStatus;
integer rc;

// state
always @ (negedge (rst_n) or posedge (clk)) begin
    if (rst_n == 1'b0) state <= INITAL;
    else if (state == INITAL) state <= GET;
    else if (state == GET) begin
        rc = txPkt(PVM_ID, portid, mem, bfmStatus);
        datapack;
        if(length == 0) begin
            if (vcStatus > 60000)
                state <= FINISH;
            else
                state <= INITAL;
        end
        else begin
            tobrm(PVM_ID, 101, 0, mem);
            // svrReqFunc(PVM_ID, 2, mem, mem);
            state <= DELAY;
        end
    end
    else if (state == DELAY && delay == 0 && ready == 1'b1) begin
        if (0 < length) state <= SEND;
        else state <= INITAL;
    end
    else if (state == SEND && length == 0) begin
        state <= INITAL;
    end
end

// delay
always @ (negedge (rst_n) or posedge (clk)) begin
    if (rst_n == 1'b0) delay <= 0;
```

```
            else if (state == DELAY && ready == 1'b1) delay <= delay - 1;
        end

        // length
        always @(negedge (rst_n) or posedge (clk)) begin
            if (rst_n == 1'b0) length <= 0;
            else if (state == SEND) length <= length - 1;
        end

        // Tx_en, Tx_data
        always @(negedge (rst_n) or posedge (clk)) begin
            if (rst_n == 1'b0 || length == 0) begin
                Tx_en   <= 0;
                Tx_data <= 'hzz;
            end
            else if (state == SEND) begin
                Tx_en   <= 1;
                Tx_data <= mem[cnt+24];
            end
            else if (state == INITAL) begin
                Tx_en <= 1'b0;
            end
        end

        // cnt
        always @(posedge (clk)) begin
            if (state != SEND) cnt <= 0;
            else if (state == SEND) cnt <= cnt + 1;
        end

        task datapack;
            begin
                delay   = {mem[10], mem[11], mem[12], mem[13]};
                length = {mem[20], mem[21], mem[22], mem[23]};
                vcStatus = {mem[4], mem[5]};
            end
        endtask
endmodule
```

BFM 中有一个状态机 state，在 GET 状态从发送验证组件获取需要发送的激励数据，在 SEND 状态向 DUV 发送激励。

▶▶ 15.2.5 驱动验证组件设计

驱动验证组件模拟驱动软件的行为，对 DUV 寄存器进行前门读写，示例代码如下。

```
/*
 * COPYRIGHT NOTICE
```

```
package verification
use eaglepvm

class Driver of drvVC:

    onProcess():
        reg wPacket(8* 24)
        reg rPacket(8* 24)
        int addr
        dict<string, int> xData

        while ready():
            if isCfgDone():
                if coverList[0].score() >= 1:
                    pvmInfo("DRV cover done!")
                    break
                xData = coverList[0].random()
                assure(xData.find("addr"))
                addr = xData["addr"]
                wPacket.random()

                if regWriteDone(addr, wPacket) != E_SUCCESS:
                    pvmWarning("DRV", sprintf("write to addr:% d failed!", addr))
                    continue
                else:
                    pvmInfo("DRV", sprintf("write to addr:% d success!", addr))
                if regRead(addr, rPacket) != E_SUCCESS:
                    pvmWarning("DRV", sprintf("read the addr:% d failed!", addr))
                    continue
                else:
                    pvmInfo("DRV", sprintf("read the addr: %d success!", addr))
                if rPacket == wPacket:
                     pvmInfo("DRV", sprintf("Congratulations! read same data after write use
addr: %d", addr))
                else:
                    pvmInfo("DRV", sprintf("Oops! read different data after write use addr: %
d", addr))

    onPostProcess():
        pvmInfo("DRV", sprintf("DRV cover: %f", coverList[0].score()))
```

驱动验证组件使用 regRead( )、regWrite( )和 regWriteDone( )函数通过 axiBFM 读写 DUV 内部的寄存器。

▶▶ 15. 2. 6　寄存器读写 BFM 设计

axiBFM 遵循 AXI 总线接口时序实现对 DUV 内部寄存器的读写功能，部分 Verilog 代码实现如下。

```
/*
* COPYRIGHT NOTICE
* Copyright (C) 2022 Jinan Xinyu Software Technology Co., Ltd
* All rights reserved.
* /

`timescale 1ns / 1ns

module axiMBFM #(
    parameter cycle          = 10,
    parameter A_WIDTH        = 64,
    parameter D_WIDTH        = 32,
    parameter D_SIZE         = 2,   // 2 ^ D_SIZE *  8 = D_WIDTH
    parameter STRB_WIDTH     = 4,   // STRB_WIDTH = D_WIDTH / 8
    parameter MEM_SIZE       = 42,
    parameter PVM_ID         = 1
) (
    // global signal
    input rst_n,
    input clk,

    // AXI: write address channel
    output reg [             3:0] AWID,
    output reg [             3:0] AWLEN,
    output reg [             2:0] AWSIZE,
    output reg [             1:0] AWBURST,
    output reg [             1:0] AWLOCK,
    output reg [             3:0] AWCACHE,
    output reg [             2:0] AWPROT,
    output reg                   AWVALID,
    output reg [A_WIDTH - 1 : 0] AWADDR,
    input                        AWREADY,

    // AXI: write data channel
    output reg [             3:0] WID,
    output reg [             3:0] WSTRB,
    output reg                   WLAST,
    output reg                   WVALID,
    output reg [D_WIDTH - 1 : 0] WDATA,
    input                        WREADY,

    // AXI: write response channel
    input      [3:0] BID,
    input      [1:0] BRESP,
    input            BVALID,
    output reg       BREADY,

    // AXI: read address channel
    output reg [             3:0] ARID,
    output reg [             3:0] ARLEN,
```

```
    output reg [          2:0] ARSIZE,
    output reg [          1:0] ARBURST,
    output reg [          1:0] ARLOCK,
    output reg [          3:0] ARCACHE,
    output reg [          2:0] ARPROT,
    output reg                 ARVALID,
    output reg [A_WIDTH - 1 : 0] ARADDR,
    input                      ARREADY,

    // AXI: read data channel
    input      [          3:0] RID,
    input      [          1:0] RRESP,
    input                      RLAST,
    input                      RVALID,
    input      [D_WIDTH - 1 : 0] RDATA,
    output reg                 RREADY
);

    //get and send data to TB
    always @ (negedge rst_n or posedge clk) begin
        if (rst_n == 1'b0) begin
            rstmem;
            write_lock <= 0;
        end else begin
            //get command
            if (mra_state == MRA_CMD && mwa_state == MWA_CMD && write_lock == 1'b0) begin
                rstmem;
                rwCmd(PVM_ID, 3001, cmdmem);
                //check command success or not
                if (cmdmem[15] == 1 || cmdmem[15] == 2 || cmdmem[15] == 3) begin
                    write_lock <= 1'b1;
                    $display("[Verilog Display] Receive command ok! command is: %d", cmdmem[15]);
                end
                else if (cmdmem[15] == 0);
                else begin
                    $display("[Verilog Display] Receive command error! command is: %d", cmdmem[15]);
                end
            end

            //clear the write lock
            if (write_lock == 1'b1 && (w_cnt == data_len/4 && w_cnt != 0 || r_cnt == data_len/
4 && r_cnt != 0))
                    write_lock <= 1'b0;

            //send read data
            if (mrd_state == MRD_END) begin
                rwData(PVM_ID, 3001, rwmem);
            end
        end
```

```
        end

    endmodule
```

限于篇幅，上述示例代码只展示了系统函数调用的部分代码，省略了 AXI 总线读写的时序操作。rwCmd( )函数从驱动验证组件获取读写操作指令，根据指令执行相应的读或写操作。如果是读操作，在获取数据后，需要调用 rwData( )函数向驱动验证组件返回读数据。

▶▶ 15. 2. 7　接收 BFM 设计

接收 BFM 示例代码如下。

```
/*
 * COPYRIGHT NOTICE
 * Copyright (C) 2022 Jinan Xinyu Software Technology Co., Ltd
 * All rights reserved.
 * /

`timescale 10ns / 10ns

module gmiiRxBFM #(
    parameter portid = 2001,
    parameter cycle = 10,
    parameter D_WIDTH = 8,
    parameter MEM_SIZE = 1024,
    parameter PVM_ID = 1
) (
    input rst_n,
    input clk,

    output reg                Rx_ready,
    input                     Rx_en,
    input      [D_WIDTH - 1 : 0] Rx_data
);

    integer                  i;
    reg     [D_WIDTH - 1 : 0] mem    [MEM_SIZE - 1 : 0];
    reg     [         31:0] delay;
    reg     [         31:0] length;
    reg     [         31:0] cnt;

    // Rx_ready
    always @ (negedge rst_n or posedge clk) begin
        if (rst_n == 0) Rx_ready <= 0;
        else Rx_ready <= 1'b1;
    end

    // cnt
    always @ (negedge rst_n or posedge clk) begin
        if (rst_n == 0) cnt <= 0;
```

```
        else if (Rx_en == 1'b1) cnt <= cnt + 1;
        else cnt <= 0;
    end

    // mem
    always @ (posedge clk) begin
        if (Rx_en == 1'b1) mem[cnt+24] <= Rx_data;  // header: 24byte
    end

    // send data
    always @ (negedge Rx_en) begin
        if (Rx_ready == 1'b1) begin
            packdata;
            rxPkt(PVM_ID, portid, 2, mem);
        end
    end

    task packdata;
        begin
            {mem[2], mem[3]} = portid;  // portID
            length = {mem[44], mem[45]} + 26;
            {mem[20], mem[21], mem[22], mem[23]} = length;  // length
        end
    endtask
endmodule
```

gmiiRxBFM 从 DUV 获取数据保存在 mem 中，当接收完成后调用 rxPkt( )函数，将结果数据包发送给接收验证组件。

▶▶ 15. 2. 8 接收验证组件设计

接收验证组件在接收到数据包后，可能发送的目的地有：①scoreboard；②参考模型组件；③发送验证组件；④DVM tunnel 隧道。还可以是其他任何验证组件，以及多个目的地的组合。可以列举出所有的情况，并进行编号。接收验证组件调度器根据编号来决定数据包的目的地，如表 15-1 所示。

rxVC 接收到数据包后，可能的目的地组合包括：

- scbVC1。
- scbVC1 + txVC。
- scbVC1 + tunnel。

在指定其他验证组件时，可能需要指定 pvmID 和 vcID。在指定 tunnel 时，可能需要指定 tunnelID 等。即每种组合需要带多个参数，不使用的参数使用默认值。

表 15-1　接收数据调度目的地组合

组　合	目　的　地	pvmID/tunnelID	vcID
1	scbVC1		
2	scbVC1 + txVC	txVC：pvmID(2)	txVC：vcID(1001)
3	scbVC1 + tunnel	tunnelID(101)	

以上组合可以在变量配置文件 default.varcfg 中进行配置，其配置如下。

```
// default.varcfg
[pvmTop]
    ["delayTime": 100]

    [pvmID: 1]

        [vcID:1001]
            ["enable": 1]
        [vcID:1002]
            ["enable": 1]
        [vcID:1003]
            ["enable": 1]

        [vcID:2001]
            ["dstPVMId": 0 ]          // 0:no packets to other PVM;
            ["dstTxId" : 0 ]
            ["tunnelID": 0 ]          // 0:no packets to tunnels;
        [vcID:2002]
            ["dstPVMId": 0 ]          // 0:no packets to other PVM;
            ["dstTxId" : 0 ]
            ["tunnelID": 0 ]          // 0:no packets to tunnels;
        [vcID:2003]
            ["dstPVMId": 0 ]          // 0:no packets to other PVM;
            ["dstTxId" : 0 ]
            ["tunnelID": 0 ]          // 0:no packets to tunnels;
```

接收验证组件从该变量配置文件中获取相应的配置，将接收到的数据包发送到相应的目的地。接收验证组件 SlaveRx.egl 的代码如下。

```
/*
 * COPYRIGHT NOTICE
 * Copyright (C) 2022 Jinan Xinyu Software Technology Co., Ltd
 * All rights reserved.
 * /

package verification
use eaglepvm

class SlaveRX of sRxVC:
    onProcess():
        byte result
        int length, sn, srcID
        byte feedback
        int delayTime
        int dstPVMId, dstTxId, dstBrmId, tunnelID

        gget("delayTime", delayTime)
        get("dstPVMId", dstPVMId)
        get("tunnelID", tunnelID)
```

```
        while ready():
            if rcvPkt(srcID, result) != E_SUCCESS:
                pvmWarning("RX", "get rcvPkt failed!")
                continue
            assure(result.size() > PACKET_HEADER_LEN)
            length = result[20, 4]
            sn = result[result.size() - 8, 4]
            pvmInfo("RX", sprintf("get rxPacket sn: %d length: %d", sn, length), 1200)
            end2scb(SCB_VCID + 1, getVCID(), result, sn)

            if dstPVMId != 0:
                if getPVMID() == dstPVMId:
                    continue
                else:
                    get("dstTxId", dstTxId)
                    result[6, 4] = 0
                    result[10, 4] = delayTime
                    if toduv(dstPVMId, dstTxId, result, feedback) != 0:
                        pvmWarning("RX", "toduv is failed!")
                    else:
                        pvmInfo("RX", sprintf("toduv txPacket sn: %d length: %d", sn, length), 1200)

            if tunnelID != 0:
                if dvmTxPkt(tunnelID, result) != 0:
                    pvmWarning("RX", "dvmTxPkt is failed!")
                else:
                    pvmInfo("RX", sprintf("packet to tunnel: %d sn: %d length: %d", tunnelID,
sn, length))
```

接收验证组件使用 rcvPkt( ) 函数获取结果数据包后，调用 end2scb( ) 函数将数据包发送给 score-board 记分牌。接收验证组件根据 dstPVMId 设置确定是否将数据包发送到其他 PVM 中；根据 tunnelID 的设置确定是否将数据包发送到 DVM 平台的其他 PVM 中。

▶▶ 15.2.9 brmVC 验证组件设计

行为级参考模型验证组件对发送的激励数据包进行分析，得出预期的结果数据包，将其放到 scoreboard 记分牌中，示例代码如下。

```
/*
 * COPYRIGHT NOTICE
 * Copyright (C) 2022 Jinan Xinyu Software Technology Co., Ltd
 * All rights reserved.
 */

package verification
use eaglepvm
```

```
class BRM of brmVC:
    onProcess():
        byte txPacket
        int sn, targetID
        int addr = 0
        bit wPacket(32)
        bit rPacket(32)
        int srcID

        while ready():
            if getPkt(srcID, txPacket) != E_SUCCESS:
                continue
            assure(txPacket.size() > PACKET_HEADER_LEN)
            int length = txPacket[20, 4]
            txPacket = txPacket[0, length + PACKET_HEADER_LEN]
            sn = txPacket[txPacket.size() - 8, 4]
            targetID = txPacket[32, 6]
            front2scb(SCB_VCID + 1, targetID, txPacket, sn)

            if addr > 7:     // BRM read/write regModel/duvReg
                continue
            else:
                int rwMode = RW_REG
                wPacket = addr
                if regWrite(REG_VCID + 1, addr, wPacket, rwMode) != E_SUCCESS:
                    pvmWarning("BRM", sprintf("write to reg addr: %d failed!", addr))
                else:
                    pvmInfo("BRM", sprintf("write to reg addr: %d success!", addr))
                if regRead(REG_VCID + 1, addr, rPacket, rwMode) != E_SUCCESS:
                    pvmWarning("BRM", sprintf("read reg addr: %d failed!", addr))
                else:
                    pvmInfo("BRM", sprintf("read reg addr: %d success!", addr))
                addr = addr + 1
```

行为级参考模型验证组件调用 getPkt( ) 函数获取发送的激励数据包，调用 front2scb( ) 函数将预期结果数据包放入 scoreboard 记分牌中。

参考模型可以访问寄存器验证组件的寄存器模型 regModel 内的寄存器，或 DUV 中的寄存器（通过后门访问方式）。

▶▶ 15. 2. 10　snScbVC 验证组件设计

记分牌验证组件完成预期结果数据包和实际结果数据包的比较，示例代码如下。

```
/*
 * COPYRIGHT NOTICE
 * Copyright (C) 2022 Jinan Xinyu Software Technology Co., Ltd
 * All rights reserved.
 */
```

```
package verification
use eaglepvm

class Scoreboard of snScbVC:
    onCompare(int queueID, int sn, byte expPacket, byte actPacket):
        if expPacket.size() <= PACKET_HEADER_LEN && actPacket.size() <= PACKET_HEADER_LEN:
            return
        if expPacket[PACKET_HEADER_LEN:expPacket.size() - 4] == actPacket[PACKET_HEADER_
LEN:actPacket.size() - 4]:
            pvmInfo("SCB", sprintf("Congratulations! queueID: %d sn: %d compared same with-
out last 4 byte CRC", queueID, sn))
        else:
            pvmInfo("SCB", sprintf("Oops! queueID: %d sn: %d compared not equal even without
last 4 byte CRC", queueID, sn))
```

其他验证组件每次往记分牌验证组件中存放数据，只要存在两份数据，onCompare( )函数就会被调用。onCompare( )函数由用户实现，实现两个数据包的比较。

▶▶ 15.2.11 测试用例设计

本 Demo 使用配置文件来设计测试用例，使用 tcbase1.covcfg 做基本配置，使用 tc10001.covcfg 在基本配置的基础上做一些微小调整即可。tcbase1.covcfg 配置如下所示。

```
// tcbase1.covcfg
[pvmID : 1]
    [vcID: 1001]
        [scheduler]
            [sequence: "scheduler"]
            {
                source   : [1, 1, 1, 2 , 3]   // 1:packet; 2:tunnel; 3:other VC;
                sourceId : [1, 1, 2, 100, 0]
                para     : [1, 2, 1, 0 , 0]   // parameter
            }
        [packet : eth8023]
            [cross: "ethCov"]
            {
                targetRXID: [2001, 2002, 2003]
            }
            [cross: "ipCov"]
            {
                optionLen : [0, 10, [1:9]]
                totalLen  : [46, 1500, [47:1499, 3]* 5]
            }
        [vcID: 1002]
            [scheduler]
                [sequence: "scheduler"]
                {
```

```
                    "source"    : [1, 1, 1, 2  , 3]  // 1:packet; 2:tunnel; 3:other VC;
                    "sourceId"  : [1, 1, 2, 100, 0]
                    "para"      : [1, 2, 1, 0  , 0]  // parameter
                }
        [packet : eth8023]
            [cross: "ethCov"]
            {
                targetRXID: [2001, 2002, 2003]
            }
            [cross: "ipCov"]
            {
                optionLen : [0, 10, [1:9]]
                totalLen  : [46, 1500, [47:1499, 3]* 5]
            }

        [vcID: 1003]
            [scheduler]
                [sequence: "scheduler"]
                {
                    source   : [1, 1, 1, 2  , 3]  // 1:packet; 2:tunnel; 3:other VC;
                    sourceId : [1, 1, 2, 100, 0]
                    para     : [1, 2, 1, 0  , 0]  // parameter
                }
            [packet : eth8023]
                [cross: "ethCov"]
                {
                    targetRXID: [2001, 2002, 2003]
                }
                [cross: "ipCov"]
                {
                    optionLen : [0, 10, [1:9]]
                    totalLen  : [46, 1500, [47:1499, 3]* 5]
                }

        [vcID: 3001]
            [cross: "drv30010001"]
            {
                addr: [0, 1, [2:7]]
            }
```

测试用例 tc10001.covcfg 和 tcbase1.covcfg 的配置格式完全一样，仅在 tcbase1.covcfg 的基础上对变量的取值范围做一些更改调整即可，这样可以产生一系列测试用例。

15.3 级联 PVM 验证平台：socDemoII

级联 PVM 验证平台就是将两个以上的 PVM 验证平台级联在一起构建成新的 PVM 验证平台。socDemoII 就是在 socDemoI 的基础上，将 Testbench 例化为两个实例，让两个 PVM 验证平台一同协同工作。这样的 PVM 验证平台架构如图 15-5 所示。

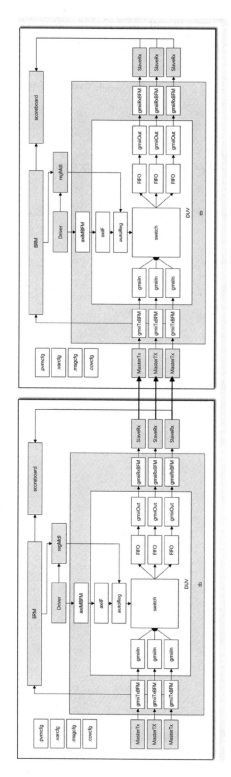

● 图15-5 两级PVM验证环境集成架构图

图 15-5 中，上一级 PVM 验证平台的 SlaveRx 验证组件将接收到的数据直接发给下一级 PVM 验证平台的 MasterTx 验证组件。实现上述级联，需要完成以下几步。

（1）DUV 级联

将 socDemoI 的 DUV 当作两个模块，在新的 Testbench 中例化两个实例 tb1 和 tb2，Verilog 代码如下所示。

```verilog
/*
 * COPYRIGHT NOTICE
 * Copyright (C) 2022 Jinan Xinyu Software Technology Co., Ltd
 * All rights reserved.
 */

`timescale 1ns / 1ns
module top();
    parameter sim_time = 300000;
    parameter cycle = 10;
    parameter D_WIDTH = 8;
    parameter MEM_SIZE = 2048;
    parameter A_WIDTH = 64;
    reg rst_n;
    reg clk;
    string tc;

    tb #(
        .cycle(cycle),
        .D_WIDTH(D_WIDTH),
        .MEM_SIZE(MEM_SIZE),
        .PVM_ID(1),
        .A_WIDTH(A_WIDTH)
        ) tb1 (
        .clk(clk),
        .rst_n(rst_n)
        );

    tb #(
        .cycle(cycle),
        .D_WIDTH(D_WIDTH),
        .MEM_SIZE(MEM_SIZE),
        .PVM_ID(2),
        .A_WIDTH(A_WIDTH)
        ) tb2 (
        .clk(clk),
        .rst_n(rst_n)
        );

    initial begin
        tc = "";
        $value $plusargs("tc=%s", tc);
```

```
        $initPVM(tc,"top.clk");
        clk   <= 1'b0;
        rst_n <= 1'b1;
        $startPVM();
        #8 rst_n <= 1'b0;
        #105 rst_n <= 1'b1;
    end

    initial begin
        $dumpfile("socDemoII.vcd");
        $dumpvars(0, top);
        // #sim_time;
        // $exitPVM();
        // $finish();
    end

    always begin
        #(cycle / 2) clk <= !clk;
    end
endmodule
```

（2）PVM 级联

将 socDemoI 的 PVM 验证平台例化两个实例即可，使用 default.pvmcfg 配置文件进行实例例化，配置示例如下。

```
// ============================================================================
// PVM Verification Component and Packet Configuration
// ============================================================================
// default.pvmcfg
[pvm: Testbench/1]
    [vc: MasterTX/1001]
        [packet : eth8023]
    [vc: MasterTX/1002]
        [packet : eth8023]
    [vc: MasterTX/1003]
        [packet : eth8023]

    [vc: SlaveRX/2001]
    [vc: SlaveRX/2002]
    [vc: SlaveRX/2003]

    [vc: BRM/101]
    [vc: Scoreboard/[201:[2001, 2002, 2003]]]

    [vc: Driver/3001]

[pvm: Testbench/2]
    [vc: MasterTX/1001]
        [packet : eth8023]
```

```
[vc: MasterTX/1002]
    [packet : eth8023]
[vc: MasterTX/1003]
    [packet : eth8023]

[vc: SlaveRX/2001]
[vc: SlaveRX/2002]
[vc: SlaveRX/2003]

[vc: BRM/101]
[vc: Scoreboard/[201: [2001, 2002, 2003]]]

[vc: Driver/3001]
```

（3）变量配置

PVM 验证平台级联后，下一级 PVM 验证平台中的 MasterTx 验证组件不需要激励产生功能，将 enable 变量配置为 0，即可关闭其激励产生功能。新的级联 PVM 验证平台的变量配置文件 default. varcfg 如下所示。

```
// default.varcfg
[pvmTop]
    ["delayTime": 100]

    [pvmID: 1]

        [vcID:1001]
            ["enable": 1]
        [vcID:1002]
            ["enable": 1]
        [vcID:1003]
            ["enable": 1]

        [vcID:2001]
            ["dstPVMId": 2  ]          // 0:no packets to other PVM;
            ["dstTxId" : 1001]
            ["tunnelID": 0  ]          // 0:no packets to tunnels;
        [vcID:2002]
            ["dstPVMId": 2  ]          // 0:no packets to other PVM;
            ["dstTxId" : 1002]
            ["tunnelID": 0  ]          // 0:no packets to tunnels;
        [vcID:2003]
            ["dstPVMId": 2  ]          // 0:no packets to other PVM;
            ["dstTxId" : 1003]
            ["tunnelID": 0  ]          // 0:no packets to tunnels;

    [pvmID: 2]
        [vcID:1001]
            ["enable": 0]
        [vcID:1002]
            ["enable": 0]
```

```
[vcID:1003]
    ["enable": 0]
[vcID:2001]
    ["dstPVMId": 0 ]              // 0:no packets to other PVM;
    ["dstTxId" : 0 ]
    ["tunnelID": 0 ]             // 0:no packets to tunnels;
[vcID:2002]
    ["dstPVMId": 0 ]              // 0:no packets to other PVM;
    ["dstTxId" : 0 ]
    ["tunnelID": 0 ]             // 0:no packets to tunnels;
[vcID:2003]
    ["dstPVMId": 0 ]              // 0:no packets to other PVM;
    ["dstTxId" : 0 ]
    ["tunnelID": 0 ]             // 0:no packets to tunnels;
```

上一级 PVM 验证平台（pvmID 为 1）的 3 个接收验证组件（vcID 为 2001、2002、2003）的 dst-PVMID 变量都指向下一级 PVM 验证平台（pvmID 为 2），这样，PVM1 的接收验证组件接收到结果数据包后，会将结果数据包发给 PVM2 对应的发送验证组件。

以上 PVM 级联过程通过配置文件来实现，不涉及代码的修改（Verilog 代码除外），实现了 Eagle 代码的完全重用，同时减少了编译环节。

15.4 DVM 分布式验证平台：socDemoIII

将 socDemoII 的仿真任务启动两个仿真进程 socDemoIII1 和 socDemoIII2，在两个仿真进程间建立一个 tunnel 隧道，用于进程间收发数据包。这样就构建了分布式验证平台（DVM），其示意图如图 15-6 所示。

图 15-6 中有蓝色线表示 tunnel 数据包隧道，通过该隧道，上一级 PVM 验证平台向下一级 PVM 验证平台传递数据包。这样的 DVM 验证环境使用 default.dvmcfg 文件来配置，示例如下。

```
// ================================================================================
// DVM-tunnel and Server-Proxy Configuration
// ================================================================================

// default.dvmcfg
[env]
    [proxy : 0]
        [ip          : "192.168.18.7"]
        [port        : "19000-29000"]
        [path        : "/home/wangsheng/publish/bin/dvmproxy"]
        [log         : "/home/wangsheng/demo/eaglepvm/demo/pvmdemo/socDemoIII/dvmproxy.log"]
```

```
[server]
    [ip      : "192.168.18.7"]
    [port    : "18000-18020"]
    [log     : "/home/wangsheng/demo/eaglepvm/demo/pvmdemo/socDemoIII/dvmserver.log"]
// ------------------------------------------------------------------------
[dvm]
    [sync    : 1000]    // <= 0: disable, >0: enable; unit: ns; default 1000, max 10s
    [sim     : 0]
        [proxyID  : 0]
        [path     : "/home/wangsheng/demo/eaglepvm/demo/pvmdemo/socDemoIII/socDemoIII1/
bin/socDemoIII1"]

    [sim     : 1]
        [proxyID  : 0]
        [path     : "/home/wangsheng/demo/eaglepvm/demo/pvmdemo/socDemoIII/socDemoIII2/
bin/socDemoIII2"]

    [tunnel    : 9999]
    [srcSim    : 0]
    [dstSim    : 1]
```

env 配置项用于配置 DVM 的服务器环境，主要包括服务器的 IP 地址和端口号。dvm 配置项用于配置 DVM 环境的组成，主要包括仿真进程启动配置、tunnel 隧道配置，示例中配置了编号为 9999 的隧道号。

在 socDemoIII1 的 default.varcfg 变量配置文件中，将 vcID 为 2002 的接收验证组件的 tunnelID 变量配置为 9999，当该接收验证组件收到数据包后，会将数据包发送到该隧道中。default.varcfg 部分配置如下。

```
// default.varcfg
[pvmTop]
    [pvmID: 2]
        [vcID:2001]
            ["dstPVMId": 0  ]        // 0:no packets to other PVM;
            ["dstTxId" : 0  ]
            ["tunnelID": 0  ]        // 0:no packets to tunnels;
        [vcID:2002]
            ["dstPVMId": 0  ]        // 0:no packets to other PVM;
            ["dstTxId" : 0  ]
            ["tunnelID": 9999]       // 0:no packets to tunnels;
        [vcID:2003]
            ["dstPVMId": 0  ]        // 0:no packets to other PVM;
            ["dstTxId" : 0  ]
            ["tunnelID": 0  ]        // 0:no packets to tunnels;
```

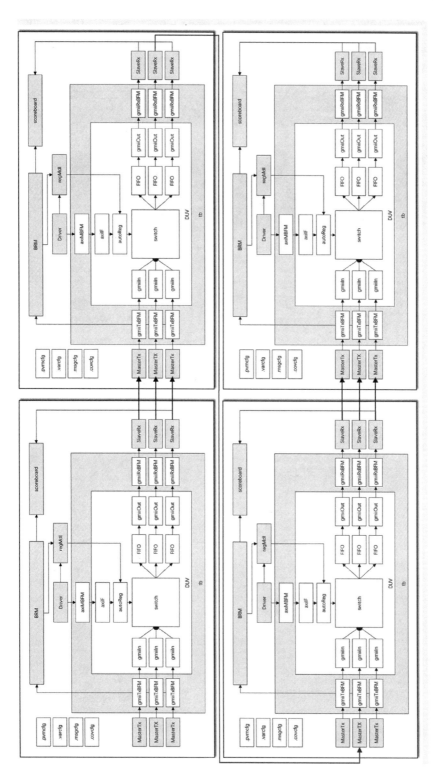

● 图 15-6　分布式验证平台架构图

在 socDemoIII2 的 tc10001.covcfg 配置中，将 vcID 编号为 1002 的发送验证组件的调度器 scheduler 为 source:2，sourceId:9999，这样发送验证组件会从 tunnel 编号为 9999 的隧道中获取激励数据包。tc10001.covcfg 部分配置如下。

```
[pvmID  : 3]
  [vcID: 1002]
    [scheduler]
      [sequence: "scheduler"]
      {
          "source"    : [2]  // 1:packet; 2:tunnel; 3:other VC;
          "sourceId"  : [9999]
          "para"      : [0]  // parameter
      }
```

术　语

为了方便读者理解本书的内容，表 A-1 列举了本书使用到的常用术语及其说明。部分术语是芯片验证领域的通用术语，部分术语是本书使用的专用术语。

表 A-1　术语表

术　语	术　语　说　明
Verification	验证，特指芯片的仿真验证
test	测试，往往和验证混合使用，但和验证有所不同，本书第 2.1.3 节专门讨论测试和验证的区别
VLM	Vector Level Modeling，向量级建模。早期芯片验证产生的激励以 vector 向量为主，为描述方便，本书使用向量级建模（与 TLM 相对）描述早期的芯片验证方法
TLM	Transaction Level Modeling，事务级建模。TLM 是在 VLM 基础上发展起来的验证方法，将芯片激励数据中的时序信息剥离出去，便于数据的产生和处理。通过 BFM 将激励数据按芯片接口的时序转换为 vector 向量激励
PLM	Packet Level Modeling，数据包级建模，和 TLM 是同一个概念，内涵相同，名称更易理解
CDV	Coverage-Driven Verification，功能覆盖率驱动的验证方法学
CDDV	Coverage Direct Driven Verification，功能覆盖率直接驱动的验证方法学
vAdvisor	Verification Advisor，验证指导师。由 Verisity 公司发明的基于 E 语言的验证方法和验证平台
eRM	e Reusable Methodology，由 Verisity 公司发明基于 E 语言的可重用验证方法学和验证平台
URM	Universal Reusable Methodology，由 Candence 公司推出的基于 System Verilog 语言的通用可重用验证方法学和验证平台
RVM	Reusable Verification Methodology，由 Synopsys 公司推出的基于 Vera 语言的可重用验证方法学
VMM	Verification Methodology Manual，由 Synopsys 公司推出的基于 System Verilog 语言的验证方法学手册
AVM	Advanced Verification Methodology，由 Mentor 公司推出的基于 System Verilog 和 SystemC 语言的高级验证方法学
OVM	Open Verification Methodology，由 Cadence 公司和 Mentor 公司共同推出的开放验证方法学和验证平台
UVM	Universal Verification Methodolog，通用验证方法学。基于该方法学的验证平台称为 UVM 验证平台。UVM 是基于 System Verilog 语言、宏构建的验证平台框架
EagleLang	Eagle 语言，对应的编译器为 eagle 编译器。由新语软件公司发明的新一代编程语言

（续）

术　语	术 语 说 明
egl	eagle 的缩写，是 Eagle 代码源文件的文件扩展名
def	definition 的缩写，是 Eagle package 程序包定义文件的文件扩展名
PVM	Parallel Verification Methodology，由新语软件公司推出的基于 Eagle 语言、新一代并行验证方法学或验证平台。采用多线程技术，实现仿真任务的多核并行执行
DVM	Distributed Verification Methodology，分布式验证方法学或分布式验证平台。DVM 是基于 PVM 平台实现多机多进程、分布式的联合仿真验证平台架构，进程间通过 tunnel 隧道进行数据交互
DUV	Design Under Verification，待验证设计，指待验证对象或待测对象，即使用 Verilog 或 VHDL 语言编写的芯片代码
BFM	Bus Function Model，总线功能模型。使用 Verilog 或 System Verilog 编写而成，实现接口或总线信号的时序驱动。常用的总线如 PCIe、USB、UART、I^{2}C、SPI、AXI、AHB、GMII 等
MON	Monitor，数据检测器，其功能类似 BFM。使用 Verilog 或 System Verilog 编写而成，从总线信号的时序中检测出数据
VC	Verification Component，验证组件。即验证平台中实现特定功能的模块。一个验证平台中有多种类型的验证组件，每个验证组件都运行在独立的线程中。验证组件一般使用高级语言，如 System Verilog、C/C++ 编写而成。本书提及的验证组件使用 Eagle 语言和 C/C++语言编写而成。每个验证组件已带有 1 个或 2 个 tube 通信管道
tube	管道，用于验证组件之间或验证组件和 DUV 之间进行数据交换的通道。有各种不同类型的管道，如 mtube、stube、mdtube、sdtube、rwtube、utube、wtube、mfifo、snfifo。由于验证组件是多线程程序，因此 tube 管道需要做到线程安全
tunnel	隧道，用于 DVM 平台中各个 PVM 平台进行数据交换的通道，是进程间的数据交换通道
BRM	Behavioral Reference Model，行为级参考模型。芯片或模块的参考模型，行为级表示不包含时序，是芯片或模块的功能模型。BRM 是一种验证组件
SCB	scoreboard，记分牌，用于保存预期结果数据，在收到实际结果数据后，对两种数据进行比较，从而判断芯片功能是否正确
Function Coverage	功能覆盖率，用于度量验证充分性、完备性的工具和手段。需要通过编码对功能覆盖率进行定义，在验证执行过程中对数据进行收集，在验证执行结束后输出功能覆盖率报告
VS	Verification Space，验证空间。是对验证场景形象的描述，有一维、多维的验证空间，每一个维度对应一个变量。如果用 n 表示变量的个数，则验证空间为 n 维空间
VST	Verification Space-Time，验证时空。是验证空间概念的扩展和升华，验证空间只包含空间概念，没有包含时间概念。时间叠加在空间上，更能反映芯片验证场景的实际情况，芯片验证需要覆盖的场景更多的是验证空间在时间轴上的转换。如果用 n 表示变量的个数，则验证时空为 $n+1$ 维空间，其中的 1 表示时间维度。 Eagle 语言的 cover 功能覆盖率数据结构可以方便定义芯片的验证时空，并根据定义产生相应的激励
cross	交叉组合类型的功能覆盖率
comb	combination 的缩写，排列组合类型的功能覆盖率
sequence	顺序组合类型的序列功能覆盖率

（续）

术　语	术 语 说 明
cover	功能覆盖率，是 cross、comb 和 sequence 的统称。是 Eagle 语言的数据结构语法，用于定义一个或多个变量的交叉组合、排列组合或顺序组合功能覆盖率
factory	工厂模式，一种编程模式，使用类名的字符串来创建对象实例，实现一定的动态编程能力
testcase	测试用例，用于描述一次测试所要覆盖的验证场景。在 PVM 架构中，使用 cross、comb、sequence 描述验证场景